应用数学
——概率与统计

主　编　朱媛媛　郭文婷　花　威

副主编　赵成鳖　陈　婷　李　华

　　　　陈　丹　汪　洋

主　审　易同贸

重庆大学出版社

内容提要

本书的主要内容是概率论和统计学,包括随机事件和概率、随机变量及其分布、数字特征和大数定律、统计学概论、统计资料的搜集与整理、统计资料分析所需要的基本指标和统计资料分析方法共 7 个模块。每个任务后配有能力训练,可帮助学生及时巩固所学知识,同时配有拓展延伸阅读材料,通过数学文化、时事案例等内容的渗透,落实立德树人的根本任务。

本书可作为普通高等院校、高等职业院校工科类和财经类专业的应用数学课程教材,也可作为读者学习应用数学的参考用书。

图书在版编目(CIP)数据

应用数学:概率与统计/朱媛媛,郭文婷,花威主编.--重庆:重庆大学出版社,2023.1

高职高专公共课系列教材

ISBN 978-7-5689-3633-0

Ⅰ.①应… Ⅱ.①朱… ②郭… ③花… Ⅲ.①概率论—高等职业教育—教材 ②数理统计—高等职业教育—教材 Ⅳ.①O21

中国版本图书馆 CIP 数据核字(2022)第 223351 号

应用数学——概率与统计
YINGYONG SHUXUE — GAILÜ YU TONGJI

主　编　朱媛媛　郭文婷　花　威

策划编辑:范　琪

责任编辑:陈　力　　版式设计:范　琪
责任校对:谢　芳　　责任印制:张　策

*

重庆大学出版社出版发行

出版人:饶帮华

社址:重庆市沙坪坝区大学城西路 21 号

邮编:401331

电话:(023)88617190　88617185(中小学)

传真:(023)88617186　88617166

网址:http://www.cqup.com.cn

邮箱:fxk@cqup.com.cn(营销中心)

全国新华书店经销

重庆市正前方彩色印刷有限公司印刷

*

开本:787mm×1092mm　1/16　印张:16.5　字数:404 千

2023 年 1 月第 1 版　　2023 年 1 月第 1 次印刷

ISBN 978-7-5689-3633-0　定价:48.00 元

前　言

　　当前职业教育已经进入"提质培优、增值赋能"的新阶段,《国家职业教育改革实施方案》提出职业教育是"面向人人的终身教育",肩负着培养高素质技术技能人才的使命。党的二十大报告提出,"实施科教兴国战略,强化现代化建设人才支撑""办好人民满意的教育""深入实施人才强国战略",为新时代职业教育改革发展明确了发展方向,绘就了宏伟蓝图。根据专业人才培养方案,结合《应用数学》课程标准,在充分对专业、企业、教师和学生调研的基础上,认真总结了多年教学改革经验而编写本教材。我们希望编写一本适应"互联网+职业教育"发展需求,配合教师运用现代信息技术改进教学方式的新形态教材。教材突出应用数学"为专业服务,为学生终身发展服务"的理念,坚持数学的应用性和实用性,不仅使学生获得与其专业学习和发展所需要的概率论与统计学的相关知识和技能,也兼顾学生后继发展的需要。我们将在党的二十大精神指引下,贯彻落实习近平总书记考察湖北重要讲话精神,把总书记对职业教育"大有可为"的殷切期盼转化为职业教育"大有作为"的生动实践。

　　本教材具有以下特点:

　　1. 教材内容突出实用性,强调打好概率论与统计学的基础,注重培养学生的数学核心素养和统计的实践操作能力。在教材内容的选取上,将概率论和统计学等知识结合在一起,使内容更符合高职教学人才培养方案,更加满足专业需求。

　　2. 综合考虑高等职业院校学生素质和能力的培养、实际工作的需求和模块化教材的编写要求,将本书分为不同模块,满足了高职院校经管、机电、水利、测信和城建等学院不同专业的需求,在教学过程中,可以根据不同专业要求,灵活选择不同模块进行教学。

　　3. 注重任务驱动和案例导向,吸收和借鉴了已有的高职概率论和统计学相关教材中的精华,并融入了与专业有关的最新案例和数据资料,引导学生分析任务,探索研究,边学边练。精心设计的任务贯彻整个模块,加深学生对知识的理解,培养学生的自学能力和分析解决实际问题的能力,同时培养了学生的合作精神。

　　4. 注重学生数学软件应用能力的培养,将 Excel 在概率与统计学中的应用编入教材,以提高学生应用数学软件解决问题的能力。

5.本书附带有二维码扫码使用的微课资源,可方便学生利用手机扫码随时随地学习,丰富学习载体,提升学习质量。

本书对概率论与统计学原理知识进行整合,内容共分为 7 个模块:随机事件和概率、随机变量及其分布、数字特征和大数定律、统计学概论、统计资料的搜集与整理、统计资料分析所需要的基本指标和统计资料分析方法。

参与编写本书的人员均来自长江工程职业技术学院,其中 75% 是数学教师,25% 是专业教师。在本书立项、调研、教材大纲编写阶段,参与编写的老师提供了重要的编写资料和具有建设性的编写建议。本书由朱媛媛、郭文婷、花威担任主编,易同贸担任主审,赵成鳌、陈婷、李华、陈丹和汪洋担任副主编,参与编写工作的还有陈吉琴、刘艳妮和王景等。

由于编写水平有限,书中难免有疏漏和不足之处,恳请同行与读者批评指正,以便进一步修改完善。

编　者

2022 年 11 月

CONTENTS 目 录

书刊检验
合格证

模块一
随机事件和概率

　　1654 年的某一天，法国一个名为梅雷的赌徒在与国王的一个侍卫官赌掷骰子时，遇到了实际的分配赌金纠纷，梅雷写信求助于青年数学家帕斯卡，帕斯卡觉得这个问题价值非凡，就于 1654 年 7 月 29 日把这类赌金分配问题和自己的见解写信寄给数学家费马，他们之后多次通信沟通，正确解决了梅雷请教的"赌金分配问题"，从而标志着概率论的产生.

　　我们把"分配赌金问题"简化为：甲和乙各下赌金 100 法郎玩赌大小，约定赌满 5 局，谁赢 3 局就获得全部赌金. 赌了 3 局后，甲赢了 2 局，乙赢了 1 局，这时甲有事要先离开，那么赌金怎么分配呢？同学们可以尝试思考.

　　概率论的第一本专著是 1713 年问世的伯努利的《推测术》，在书中，他表述并证明了著名的"大数定律"。1933 年，数学家柯尔莫哥洛夫发表了著名的《概率论的基本概念》，书中构建了概率的公理化体系，这个体系是概率论发展史上的里程碑，为现代概率论的发展奠定了理论基础.

　　随着科学技术的不断发展，概率论的方法已经广泛应用于近代物理、自动控制、地震预报、气象预报、产品控制、农业技术、军事技术、金融和经济管理等各个方面，甚至一些纯人文的社会学科如政治、社会、语言、历史等也可觅得其踪影，正如 1812 年，拉普拉斯在《概率的分析基础》一书中写的那样："……值得注意的是，概率论起源于机会游戏的科学，终将成为人类知识宝库中最重要的组成部分.……生活中那些最重要的问题绝大部分是概率论问题". 因此概率论和统计学已成为科技工作者必备的一种数学工具.

　　我们一生会遇到很多需要做出选择的时候. 为了做出最恰当的选择，需要针对不同的情况计算得失，这时，合理并且周全的思考会助我们一臂之力.

任务一　随机事件

学习目标

- 能够表达随机现象与随机试验的基本概念
- 理解随机事件的概念
- 能写出随机试验的样本空间
- 运用事件关系的符号正确表示复杂事件

任务描述与分析

1. 任务描述

洪水预报是防洪非工程措施的重要内容,直接为防汛抢险、水资源合理运用与保护、水利工程和调度运用管理,以及工农业的安全生产服务.

在中国古代人们就发现"凡黄水消长必有先兆,如水先泡则方盛,泡先水则将衰"的规律,也就是说人们可以根据黄河的水泡情况预估黄河洪水的涨落趋势. 1949 年以后,我国通过全面规划布局了水文站网和制订了统一的报讯方法,洪水预报技术迅速发展. 1954 年长江和淮河特大洪水、1958 年黄河特大洪水、1963 年河海特大洪水,1981 年长江上游特大洪水、1983 年汉江上游特大洪水等,都由于洪水预报准确及时,为正确作出防汛决策提供了科学依据.

洪水预报是个综合系统的工作,离不开概率论的相关知识,那么同学们先思考下面的问题:

假设某地位于甲、乙两河流的汇合处,当任一条河流洪水泛滥时,该地即遭受水灾. 请找出这句话中的随机事件,并描述这些事件之间的关系,用符号表示出来.

2. 任务分析

同学们找出的随机事件有哪些呢? 用大写字母分别将它们表示出来,再利用事件关系的含义厘清关系.

知识链接

一、随机现象与随机事件

(一) 随机现象

1. 随机现象

【案例 1.1.1】　小龙的一天. 清晨,小龙起床拉开窗帘看到太阳已经升

微课:随机现象与随机事件

起,他洗漱完后去食堂,食堂的人非常多,他吃完早餐,时间刚好 8 点整,小龙赶忙跑去教室,才 8 点 6 分前三排已经座无虚席.今天的第一节课为"应用数学",小龙被抽到 2 次回答老师的问题,还好顺利过关.在下午的体育课上小龙投篮 10 次,命中 5 次.

在小龙的一天里,他遇到的事情哪些是必然发生的,哪些不是呢?

在我们的实际生活和工作中发生的现象是多种多样的,这些现象大致可以分成两类:确定性现象和随机现象.

现象的分类

确定性现象:在一定条件下必定会发生或必定不会发生的现象.

随机现象:在一定条件下有多种可能结果,且事先无法预知哪种结果会出现的现象.

【**例 1.1.1**】　观察这些现象哪些是随机现象,哪些是确定性现象?

①在标准大气压下,水加热到 100 ℃必沸腾.

②在常温下生铁必定不会熔化.

③观察某地在一天内是否下雨.

④从含有 5 个次品的一批产品中,任意抽取 2 件,观察到两件产品中的次品数.

【**案例 1.1.2**】　若抛一枚硬币的次数越来越多时,那么出现正面的次数有什么规律性呢?

对于随机现象,人们事先不能断定它将发生哪一种结果.从表面上看,好像其结果纯粹是偶然性在起支配作用,其实不然.实践证明:随机现象在相同条件下重复进行多次观察,它的结果会呈现出一定的规律性,这种规律性称为**统计规律性**.

比如一瓶矿泉水中每一个水分子都在无序地运动,但整体上看这些水分子会给瓶壁稳定的水压力.我们不知道彩票开奖的数字是什么,但彩票公司这期彩票的收益率是确定的.对于一个城市,哪些家庭今天会生孩子、婴儿在哪一刻诞生,这些都是随机的、未知的,但是总体上看,城市的出生率、每年新生儿的数量却是确定的.

概率论不是帮你预测下一秒会发生什么,而是为你刻画世界的整体的确定性,而正是这种整体的、全局的思考框架,才使得概率成为众多学科的基础.

2. 随机试验

为了研究和揭示随机现象的统计规律性,我们需要对随机现象进行大量重复的观察、测量或者试验,为了方便,将它们统称为**随机试验**(简称试验),用 E 表示.随机试验具备下面 3 个特征:

①可观测性:每次试验的可能结果不止一个,并且能事先明确试验的所有可能结果.

②随机性:进行一次试验之前无法确定哪一个结果会出现.

③可重复性:可以在同一条件下重复进行试验.

例如,E_1:抛一颗骰子,观察出现的点数.

E_2:抛两枚硬币,观察两枚硬币出现正反面的情况.

E_3:记录一年中某地出现暴雨的次数.

（二）随机事件

1. 样本空间

【案例1.1.3】 狄青抛铜钱. 北宋时期,大将军狄青讨伐南蛮人造反的依智高. 由于南方环境恶劣,瘴气丛生,北方士兵内心害怕,士气低落. 大军来到桂林时,狄青当众焚香祷告:"现在我用一百个铜钱向神明请示,如果这次出征能获胜,就让这一百个铜钱全部正面朝上." 在几万大军的注视下,狄青猛一挥手,把一百个铜钱撒在地上,奇迹般的每个铜钱都是正面朝上. 全军将士欢呼雷动,响彻云霄. 然后狄青向神明祷告:"等我凯旋,一定要重谢神灵,再取回铜钱." 大军带着高昂的士气去平叛了,果然凯旋而归.

你知道为什么狄青敢向士兵说所有的铜钱会正面朝上么? 100 枚铜钱全部正面朝上的概率是多少呢?

在概率问题的研究中,确切而恰当地建立样本空间是解决问题的关键,建立样本空间的核心之处在于弄清随机试验的所有的基本结果(基本结果就是指不能分解为更简单的结果)是什么. 那什么是样本空间呢?

样本点、样本空间的定义

随机试验中,所有的基本结果构成的集合称为**样本空间**,记为 Ω.

每一个基本结果称为试验的一个**样本点**,记为 ω. 即 $\Omega = \{\omega_1, \omega_2, \cdots, \omega_n\}$.

【例1.1.2】 请写出下面随机试验的样本空间.

E_1:抛一枚硬币,观察出现正面(通常用"H"表示)、出现反面(通常用"T"表示)的情况.

E_2:抛两枚硬币,观察两枚硬币出现正反面的情况.

E_3:抛一颗骰子,观察出现的点数.

E_4:记录一年中某地出现暴雨的次数.

E_5:在一批灯泡中任意抽取一只,测试它的寿命(以小时计).

解:在试验 E_1 中,有两个基本结果,即 $\omega_1 = \{$出现正面$\} = \{H\}$,$\omega_2 = \{$出现反面$\} = \{T\}$,则样本空间 $\Omega_1 = \{H, T\}$;

在试验 E_2 中,尽管问题很简单,但大家不要掉以轻心,列举时一定要细心. 大家是不是很快速地给出了样本空间为"两个正面""两个反面"和"一正一反",那么这个结果正确吗? 进一步思考一下,"一正一反"这个结果可以分解为硬币 1 为正面、硬币 2 为反面以及硬币 1 为反面、硬币 2 为正面. 毕竟硬币只是外观相同,但是它们还是两个不同的硬币. 因此本问题的样本空间 $\Omega_2 = \{HH, HT, TH, TT\}$.

在试验 E_3 中,样本空间 $\Omega_3 = \{1, 2, 3, 4, 5, 6\}$.

在试验 E_4 中,样本空间 $\Omega_4 = \{0, 1, 2, \cdots\}$.

在试验 E_5 中,灯泡的寿命取值为大于等于零的实数,那么表示样本空间时,不能再使用列举法,所以样本空间 $\Omega_5 = \{t | t \geqslant 0\}$.

【例1.1.3】 党的二十大报告提出,"持续深入打好蓝天、碧水、净土保卫战""统筹水资源、水环境、水生态治理",水质检测是水生态治理的重要一环. 现在水质检测员需要从 3 份待检测饮用水样本中抽取两杯检测,3 份待检测饮用水样本依次标记为 W_1, W_2, W_3,抽取方式分为有放回取两次和不放回抽两次,观察抽取的结果,请你写出两种抽取方式下的试验的样本空间.

解:不放回地取两次,则样本空间 $\Omega_1 = \{(W_1, W_2), (W_1, W_3), (W_2, W_1), (W_2, W_3), (W_3, W_1), (W_3, W_2)\}$.

有放回地取两次则样本空间 $\Omega_2 = \{(W_1, W_1), (W_1, W_2), (W_1, W_3), (W_2, W_1), (W_2, W_2), (W_2, W_3), (W_3, W_1), (W_3, W_2), (W_3, W_3)\}$.

2. 随机事件

【案例 1.1.4】 狄青抛铜钱. 在狄青抛铜钱问题中,100 枚铜钱中出现正面的枚数一共有 101 种可能的结果,那么每一种结果都称为一个随机事件.

随机事件及相关定义

在随机试验中,样本空间的一个子集称为**随机事件**(简称**事件**). 通常用大写英文字母 A, B, C 等表示事件.

在一定条件下必然要发生的事件,称为**必然事件**(记作 Ω);在一定条件下必然不发生的事件,称为**不可能事件**(记作 $\varnothing$). 通常把它们看作两种特殊的随机事件.

只包含一个样本点的事件称为**基本事件**(也可以称为**简单事件**).

包含两个或两个以上的样本点的事件称为**复合事件**.

【注】事件 A(在一次试验中)发生 $\Leftrightarrow$ 试验中有利于 A 的样本点出现.

二、事件间的关系与运算规律

事件是用集合来描述的,于是我们将集合的关系与运算推广到事件的关系与运算,通过这种推广,复杂的事件可以用较为简单的事件表示出来,在后面的学习中我们会看到很多时候复杂的事件概率问题也可以转化为简单事件概率的问题进行研究,这将会非常有意义.

微课:事件关系
与运算

【案例 1.1.5】 掷骰子试验. 掷骰子一次,观察出现的点数,记事件 A 表示{掷出偶数点} = {2,4,6},事件 B 表示{掷出点数小于3} = {1,2},那么我们来考虑一种更为复杂的事件,事件 A 和事件 B 都发生,既出现的点数为偶数点又点数小于3,那么这个事件就是{2},这个结果相当于进行了 A, B 集合的交集的运算.

可以看出,事件的关系与集合的各种关系类似,我们通过这种相似性定义了事件之间的几个重要的关系.

(一)事件的关系及运算

①**包含:**若事件 A 发生,必然导致事件 B 发生,那么称事件 A 包含于事件 B(或称事件 A 是事件 B 的子事件),记作 $A \subset B$(或 $B \supset A$).

如掷骰子试验中,$A = \{2,4\}$,$B = \{$出现了偶数点$\}$,由于出现了"2"或者"4"点都必然导致出现了偶数点,所以 $A \subset B$.

若观察某种动物的寿命,$A = \{$活到10岁$\}$,$B = \{$活到12岁$\}$,由于"活到12岁"一定导致"活到10岁",所以 $B \subset A$.

②**事件相等:**若两事件 A 与 B 相互包含,即 $A \subset B$ 且 $B \subset A$,那么称事件 A 与 B 相等,记作 $A = B$.

③**和事件:**"事件 A 与事件 B 中至少有一个发生"这一事件称为 A 与 B 的和事件,记作

$A \cup B$(或 $A+B$).

如掷骰子试验中,$A=\{2,4,6\}$,$B=\{1,2\}$,则 $A \cup B=\{1,2,4,6\}$.

④**积事件**:"事件 A 与事件 B 同时发生"这一事件称为 A 与 B 的积事件,记作 $A \cap B$(简记为 AB).

如掷骰子试验中,$A=\{2,4,6\}$,$B=\{$掷出的点数小于3$\}$,则 $AB=\{2\}$.

若观察某种动物的寿命问题中,$A=\{$活到10岁$\}$,$B=\{$活到12岁$\}$,$AB=\{$活到12岁$\}$.

⑤**互斥事件**:若事件 A 和 B 不能同时发生,即 $AB=\varnothing$,那么称事件 A 与 B 互不相容(或互斥).

如掷骰子试验中,$A=\{1\}$,$B=\{$掷出偶数点$\}$,则 A、B 为互不相容事件.

⑥**对立事件**:若事件 A 和 B 互不相容、且它们中必有一事件发生,即 $AB=\varnothing$ 且 $A \cup B=\Omega$,那么,称 A 与 B 是对立的.事件 A 的对立事件(或逆事件)记作 $\bar{A}$.

如掷骰子试验中,$A=\{$掷出的点数小于3$\}$,则 $\bar{A}=\{$掷出的点数不小于3$\}=\{3,4,5,6\}$.

⑦**差事件**:若事件 A 发生且事件 B 不发生,那么,称这个事件为事件 A 与 B 的差事件,记作 $A-B$.常用等式:如 $A-B=A-AB$ 或 $A-B=A\bar{B}$ 等.

事件关系对应的文氏图如图1.1.1所示.虽然表达事件的关系使用了集合的运算符号,但两者在理解上还是有差异,请同学们注意区分.

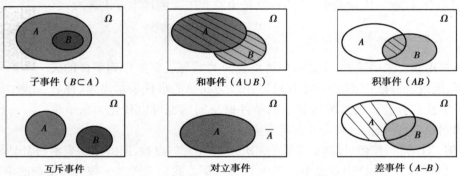

子事件($B \subset A$) 和事件($A \cup B$) 积事件(AB)

互斥事件 对立事件 差事件($A-B$)

图 1.1.1 事件关系对应的文氏图

将上述的事件关系与符号整理见表1.1.1.

表 1.1.1 事件关系与运算

事件的关系与运算	记号	概率论含义
事件的包含	$A \subset B$	若 A 发生,则 B 必发生
事件相等	$A=B$	$A \subset B$ 且 $B \subset A$
和事件	$A \cup B$	A 与 B 至少有一个发生
积事件	$A \cap B$(或 AB)	A 与 B 同时发生
差事件	$A-B$	A 发生但 B 不发生
互斥事件	$AB=\varnothing$	A 与 B 不能同时发生
对立事件	$\bar{A}$	A 不发生

【注1】和、积运算可推广到有限个或可列无穷多个.

如"n 个事件 $A_1,A_2,\cdots,A_n$ 中至少有一事件发生"这一事件称为 $A_1,A_2,\cdots,A_n$ 的和,记作 $A_1\cup A_2\cup\cdots\cup A_n$.

"n 个事件 $A_1,A_2,\cdots,A_n$ 同时发生"这一事件称为 $A_1,A_2,\cdots,A_n$ 的积事件,记作 $A_1A_2\cdots A_n$.

【注2】A 与 B 互斥与 A 与 B 对立的**区别**:A 与 B 对立,则它们一定互斥,但反之不然.

【例1.1.4】　观察掷出一颗骰子,若 A 表示{掷出偶数点},B 表示{掷出点数小于3},试表示出 $AB,A\cup B,A-B,\bar{A}$.

解:$AB=\{2\}$,$A\cup B=\{1,2,4,6\}$,$A-B=\{4,6\}$,$\bar{A}=\{1,3,5\}$.

（二）事件的运算规律

将事件看作集合后,就可以用集合的观点来处理事件.集合之间的关系和运算可以不加证明地移植过来.

①**交换律**:对任意两个事件 A 和 B 有
$$A\cup B=B\cup A,\ AB=BA.$$

②**结合律**:对任意事件 A,B,C 有
$$A\cup(B\cup C)=(A\cup B)\cup C,\ A(BC)=(AB)C.$$

③**分配律**:对任意事件 A,B,C 有
$$A\cup(BC)=(A\cup B)(A\cup C),\ A(B\cup C)=AB\cup AC.$$

④**德·摩根(De Morgan)法则**:对任意事件 A 和 B 有
$$\overline{A\cup B}=\bar{A}\ \bar{B},\ \overline{AB}=\bar{A}\cup\bar{B}.$$

【例1.1.5】　通过水位监测系统监测的水位数据,可以研究水位变化情况.记 $A=${第一天水位超标},$B=${第二天水位超标},$C=${第三天水位超标}.试用这三个事件的运算表示下列事件:

①第一天水位超标,但是第二、三天水位不超标;

②这三天中至少有一天水位超标;

③这三天水位都不超标;

④这三天水位都超标;

⑤这三天中不多于一天水位超标;

⑥这三天中至少有两天水位超标.

解:①$A\bar{B}\ \bar{C}$;②$A\cup B\cup C$;③$\bar{A}\ \bar{B}\ \bar{C}$;④$ABC$;⑤$\bar{A}\ \bar{B}\cup\bar{B}\ \bar{C}\cup\bar{A}\ \bar{C}$;⑥$AB\cup BC\cup AC$.

任务实施

对于任务中的 $A=${甲河洪水泛滥},$B=${乙河洪水泛滥},$C=${该地遭受水灾}.

由于甲河洪水泛滥会导致该地遭受水灾,但是该地遭受水灾并不一定有甲河洪水泛滥,所以 $A\subset C$.同理 $B\subset C$.

由于甲、乙任一条河洪水泛滥都可以导致该地遭受水灾,所以 $A\cup B=C$.

拓展延伸

歧路亡羊出自《列子·说符篇》,话说杨子之邻人亡羊,既率其党,又请杨子之竖追之.杨子曰:"嘻!亡一羊,何追者之众?"邻人曰:"多歧路."既反,问:"获羊乎?"曰:"亡之矣."曰:"奚亡之?"曰:"歧路之中又有歧焉,吾不知所之,所以反也."

我们来研究一下杨子的邻人找到丢失的羊的可能性有多大.假定所有的分岔口都各有两条新的歧路,这样,每次分岔的总歧路数分别为 $2^1,2^2,2^3,2^4,\cdots$,到第 n 次分岔时,共有 2^n 条歧路.因为丢失的羊走到每条歧路去的可能性是相同的,所以当羊走过 n 个分岔口后,就可能找羊的人分配不过来了,例如,当 $n=5$ 时,即使杨子的邻人动员了 6 个人去找羊,找到羊的可能性也不及五分之一.可见,邻人空手而返,是很自然的事儿了!

能力训练

一、选择题

1. 将一枚硬币向上抛掷 10 次,其中正面向上恰有 5 次是(　　).

A. 必然事件　　　　B. 随机事件　　　　C. 不可能事件　　　　D. 无法确定

2. 观察一只狗的寿命,A 表示"该动物活到 5 岁",B 表示"该动物活到 10 岁",以下正确的是(　　).

A. $A \subset B$　　　　B. $B \subset A$　　　　C. $A = B$　　　　D. 无法确定

3. 观察两天的天气情况,假设 $A=\{$第一天下雨$\}$,$B=\{$第二天下雨$\}$,两天都下雨可表示为(　　).

A. $A \cup B$　　　　B. AB　　　　C. $\overline{A}\ \overline{B}$　　　　D. $\overline{AB}$

4. 观察两天的天气情况,假设 $A=\{$第一天下雨$\}$,$B=\{$第二天下雨$\}$,两天不都下雨可表示为(　　).

A. $A \cup B$　　　　B. AB　　　　C. $\overline{A}\ \overline{B}$　　　　D. $\overline{AB}$

二、讨论题

1. 写出下列随机试验的样本空间及随机事件 A 和 B:

①掷一颗骰子,记录出现的点数. $A=$"出现奇数点".

②将一颗骰子掷两次,记录出现点数. $A=$"两次点数之和为 10",$B=$"第一次的点数,比第二次的点数大 2".

③一个口袋中有 5 只外形完全相同的球,编号分别为 1,2,3,4,5;从中同时取出 3 只球,观察其结果,$A=$"球的最小号码为 1".

④将 a,b 两个球,随机放入甲、乙、丙三个盒子中,观察放球情况,$A=$"甲盒中至少有一球".

⑤记录在一段时间内,通过某桥的汽车流量(车辆数),$A=$"通过汽车不足 5 台",$B=$"通过的汽车不少于 3 台".

2. 从一批产品中每次取出一个产品进行检验,不返回抽样,用 A_i 表示事件"第 i 次取到合

格品"($i=1,2,3$). 试用 A_1, A_2, A_3 表示下列事件:

①三次都取到合格品.

②三次中只有第一次取到合格品.

③三次中只有一次取到合格品.

④三次中至少有一次取到合格品.

⑤三次都没有取到合格品.

⑥三次中恰有两次取到合格品.

课件:随机事件

任务二　概率的定义与性质

学习目标

- 能陈述概率的统计学定义和几何概型
- 能计算古典概型中随机事件的概率
- 记住概率的性质
- 会用概率的性质计算事件的概率

任务描述与分析

1. 任务描述

某地位于甲、乙两河流的汇合处,当任一条河流洪水泛滥时,该地就会遭受水灾. 根据该地长期实测资料显示,每年甲河洪水泛滥的概率(实为频率)为0.1,乙河洪水泛滥的概率为0.2,甲、乙河同时发生洪水泛滥的概率为0.05,则该地发生水灾的概率为多少?

2. 任务分析

(1)条件分析

条件中给出了3个随机事件的概率,那么应该先将这3个随机事件表示出来. 表示时注意先表示最基本的事件,复杂事件在分析了与基本事件的关系后再用事件关系的符号表示出来.

(2)目标分析

要求出该地发生水灾的概率,那该地发生水灾这个随机事件与条件中的事件有什么关系呢? 最后合理地运用公式就可以解决问题了.

知识链接

一、概率的定义

（一）统计学定义

【案例 1.2.1】 选派球员. 若你是一个乒乓球队的教练,你准备选择队里几个实力最强的球员去参加比赛. 虽然在平时比赛中谁获胜是一个不确定的事件,但获胜的可能性却是你关注的,因为衡量实力强弱也就是在度量获胜的可能性.

根据过去队内比赛记录显示,某球员最近 30 场比赛几乎都是输的,那么你还会选择他么? 他的胜率怎么表示呢?

那么,我们来探讨概率的定义.

灯泡的合格率,种子的发芽率,机器的维修率都是生活中常见的刻画事件概率的说法,这些都是从统计学的角度来定义的,这种方式的定义符合我们对概率的直观理解.

1. 频率

在相同条件下将随机试验独立重复进行了 n 次, 随机事件 A 发生的次数 $n_A(0 \leqslant n_A \leqslant n)$ 称为事件 A 发生的**频数**,则比值 n_A/n 称为随机事件 A 发生的**频率**,记作 $f_n(A)$,即 $f_n(A)=n_A/n$, 显然有 $0 \leqslant n_A/n \leqslant 1$.

2. 概率的统计定义

大家先观察表 1.2.1, n 为抛硬币的次数, n_H 为抛出正面的次数, $f_n(H)$ 为出现正面的频率,请你观察,当试验次数越来越多时,出现正面频率的变化趋势?

表 1.2.1 历史上抛均匀硬币的若干结果

实验者	n	n_H	$f_n(H)$
德·摩根	2 048	1 061	0.518 1
蒲丰	4 040	2 048	0.506 9
K. 皮尔逊	12 000	6 019	0.501 6
K. 皮尔逊	24 000	12 012	0.500 5

大量实验证实,当试验次数很大时,频率具有某种稳定性,即当 n 很大时, $f_n(A)$ 以某种极限形式收敛于常数 p. 统计学家通常将其看作事件 A 发生的概率,这就是概率的统计定义.

概率的统计学定义

在进行大量重复试验中,随机事件 A 发生的频率具有稳定性,即当试验次数 n 很大时,频率 $f_n(A)$ 在一个稳定的值 $p(0 \leqslant p \leqslant 1)$ 附近摆动,规定事件 A 发生的频率的稳定值 p 为事件 A 的**概率**,即 $P(A)=p$.

虽然我们将概率看成是大量重复试验事件发生次数的比例,但有些试验不可能重复,比如你投资某个项目,投资成功的概率是个未知数,你也不可能通过重复投资来估计这个值. 但你要

知道你投资这个项目的风险,还是需要估计你投资成功的概率,那么你可以获取类似这种投资的成功比例来加以考虑.虽然在实际生活中,通过大量重复试验来获取事件的概率可能做不到,但这种概率的统计学定义为我们理解概率和得到概率的估计值还是有重要意义的.

【注】概论与频率的关系:

① 频率是概率的近似值.

② 频率是一个随机数.

③ 概率是一个确定数.

④ 概率是频率的稳定值.

微课:概率的
定义-古典概型

(二)概率的古典定义

1.古典概型

【案例 1.2.2】　在统计学定义中,我们知道抛一枚硬币,通过大量重复试验可知抛出正面的概率为 1/2,而这个结果的分母 2 刚好为抛硬币试验的两个结果,这是巧合吗?

为什么我们要这么去猜想这个概率值 1/2 的构成,因为对于绝大多数事件的概率而言,我们难以通过不断地重复试验去得到答案,虽然概率的统计学定义在直观上对我们还是有一定的吸引力的.

这个 1/2 如何更简单地得到呢? 我们先来了解一下基本事件必须遵循的规则,在后面我们会得到更为一般的概率的规则.

基本事件概率的规则

$A_1, A_2, \cdots, A_n$ 样本空间中的基本事件.则

① $0 \leqslant P(A_i) \leqslant 1$;

② $P(A_1) + P(A_2) + \cdots + P(A_n) = 1$.

有了这个基础我们就可以这样推理,由于抛硬币试验只有两个结果,"H"和"T",则 $P(H) + P(T) = 1$,若这两个结果是等可能的,就得到了 $P(H) = P(T) = 1/2$,也就是说试验出现了 2 个等可能性的结果,那每一个结果的概率就是 1/2,那么若是出现 n 个等可能性的结果,则每个结果的概率就是 $1/n$.

我们尝试从这个问题的特点上来构建一种概率计算的模型.

(1)古典概率模型

具有下列两个特征的随机试验的数学模型称为**古典概型**.

古典概型的特征

① 有限性:试验的样本空间 Ω 是个有限集,不妨记作:

$$\Omega = \{e_1, e_2, \cdots, e_n\}$$

② 等可能性:在每次试验中,每个样本点 $e_i (i = 1, 2, \cdots, n)$ 出现的概率相同,即:

$$P(\{e_1\}) = P(\{e_2\}) = \cdots = P(\{e_n\})$$

（2）古典概型中概率的定义

在古典概型中，$P(\{w_i\}) = 1/n$，若事件 A 中包含了 n_A 个基本事件，则事件 A 的概率等于事件 A 中所包含的基本事件的概率和.

古典概型中事件 A 的概率的定义

$$P(A) = \frac{A\ 中所含样本点的个数}{\Omega\ 中所含样本点的个数} = \frac{n_A}{n}$$

【例 1.2.1】 取数. 从 1 到 10 这 10 个自然数中任意取一个数.

①求随机试验的样本空间.

②设事件 A = "任意取一个数为奇数"，求 $P(A)$.

③设事件 B = "任意取一个数是 5 的倍数"，求 $P(B)$.

解：①随机试验的样本空间 $\Omega = \{1,2,3,\cdots,10\}$.

②由于从样本空间中任意取到一个数都是等可能性的，因此这个随机试验符合古典概型的两个特征，样本空间包含的基本事件数 $n = 10$，事件 A 可以表示为 $\{1,3,5,7,9\}$，事件 A 包含的基本事件数 $n_A = 5$，所以 $P(A) = 5/10 = 1/2$.

③由于事件 $B = \{5,10\}$，事件 B 包含 2 个基本事件，即 $n_B = 2$，所以 $P(B) = 2/10 = 1/5$.

【例 1.2.2】 掷两颗骰子试验. 掷两颗均匀的骰子，求出现点数之和为 8 的概率.

解：掷两颗均匀的骰子，则 $\Omega = \{(x,y)|x,y = 1,2,\cdots,6\}$ 共有 36 种等可能结果，那么该试验符合古典概型的特点，且 $n = 36$.

若记事件 A 为"点数之和为 8"，即 $A = \{(2,6),(3,5),(4,4),(5,3),(6,2)\}$，则事件 A 包含有 5 种可能结果，即 $n_A = 5$.

所以 $P(A) = \dfrac{5}{36}$.

【例 1.2.3】 取球问题. 一盒子中有大小重量相同的 5 只球，其中 3 只为白球，2 只为红球，现从中任意抽取两球，求取到 1 只白球 1 只红球的概率.

解：将盒子中的 5 只球分别标记为 1,2,3,4,5，其中 1,2,3 号球为白球，4,5 号球为红球，如图 1.2.1 所示，则 5 球中取出两球的所有结果为 $\Omega = \{(1,2),(1,3),(1,4),(1,5),(2,3),(2,4),(2,5),(3,4),(3,5),(4,5)\}$，共 10 种可能结果，且每一个结果出现都是等可能性的，可知 $n = 10$.

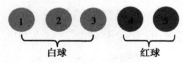

图 1.2.1 3 只白球和 2 只红球

记 A 为"取到两球为 1 只白球 1 只红球"，即 $A = \{(1,4),(1,5),(2,4),(2,5),(3,4),(3,5)\}$，共有 6 种可能结果，$n_A = 6$.

所以 $P(A) = \dfrac{6}{10} = 0.6$.

上述问题中,因为样本空间和事件包含的事件数比较少,我们就直接罗列出样本空间与事件的所有的基本事件从而得到了事件的概率,但有些问题中样本空间与事件包含的基本事件数比较多,此时我们需要使用计数原理来帮助计算事件数.

2. 计数原理

(1)两个计数原理

【案例1.2.3】　运输线路.一个产品可以通过三条不同的运输方式(航空、铁路、公路)运输,且每种运输方式可以通过四种不同的路线运输.那么有多少种不同的方法来运输产品呢?

①加法原理:完成某项工作有 n 类不同的方法.在第一类方法中有 m_1 种方法,在第二类方法中有 m_2 种方法,……在第 n 类方法中有 m_n 种方法,那么完成这件事共有 $N = m_1 + m_2 + \cdots + m_n$ 种不同的方法.

②乘法原理:完成某项工作必须经过 n 个步骤,第一个步骤有 m_1 种方法,第二个步骤有 m_2 种方法,第 n 个步骤有 m_n 种方法,那么完成这件事共有 $N = m_1 \cdot m_2 \cdots \cdot m_n$ 种不同的方法.

③两个计数原理的区别.

加法原理:完成一件事情与分类有关.即每一类各自独立完成,此事即可完成.

乘法原理:完成一件事情与步骤有关.即依次完成每一步骤,此事才能完成.

(2)排列和组合

【案例1.2.4】　为电脑设置密码,密码长度为6位数,若数字不重复使用,计算可能的密码设置的总数;若数字可以重复,计算可能的密码设置的总数.

①排列:从 n 个不同的元素里,任取 $m(1 \leqslant m \leqslant n)$ 个元素,按照一定的顺序排成一排,称为从 n 个不同的元素里取出 m 个元素的一个排列,排列总数记为 A_n^m. 当 $m = n$ 时的排列称为全排列,记为 A_n.

$$A_n^m = n(n-1)(n-2)\cdots(n-m+1) = \frac{n!}{(n-m)!} \ ; A_n = n! \ ;规定\ 0! = 1.$$

②组合:从 n 个不同的元素里,任取 $m(1 \leqslant m \leqslant n)$ 个元素,组成一组,称为从 n 个不同的元素里取出 m 个元素的一个组合,组合总数记为 C_n^m 或 $\binom{n}{m}$.

$$C_n^m = \frac{n(n-1)(n-2)\cdots(n-m+1)}{m!} = \frac{n!}{m!(n-m)!} \ ; C_n^m = C_n^{n-m} ;规定\ C_n^0 = 1.$$

③排列和组合的关系: $A_n^m = C_n^m m!$.

④排列和组合的本质区别:排列与次序有关,而组合与次序无关.

(3)概率的计算举例

利用概率的古典定义来计算概率的关键是计算 n_A 与 n,因此,必须明确考察的样本空间及事件 A 所含有的样本点个数,这就需要用排列和组合来计算.

下面举例说明.

【例1.2.4】　分球入盒问题.将 n 个球随机地放入 $N(N \geqslant n)$ 个盒子中去,求:

①指定的 n 个盒子各有一球的概率;

②恰有 n 个盒子各有一球的概率.

微课:概率的
定义-几何概型

解: ① $P(A) = \dfrac{n!}{N^n}$;

② $P(B) = \dfrac{n! C_N^n}{N^n}$.

(三)几何概型

【案例 1.2.5】 台风登陆. 据气象部门预测,某号台风即将在我国东南沿海某地桩号为 1 000 ~ 2 000 千米的海岸线登陆,在这个区间中任何一点台风登陆都是等可能性的,那么该号台风在桩号为 1 250 ~ 1 500 的区间内登陆的概率是多少.

观察台风登陆点,其样本空间为 $\{d \mid 1\ 000 \leqslant d \leqslant 2\ 000\}$,样本空间中包含有无限个等可能性的样本点,这个特点与古典概型有区别. 那这种问题该怎么讨论呢?

可以想象,若是考察台风在桩号为 1 000 ~ 2 000 千米登陆这个事件的概率,那这个事件的概率为 1.

若是考察台风在桩号为 1 000 ~ 1 500 千米登陆这个事件的概率,由于这个长度是总的事件长度的一半,所以这个事件发生的概率应该为 1/2. 大家可以想到,事件中海岸线的长度越长,则对应的概率会越大,概率 1/2 可以理解为事件与样本空间长度的比值.

那么按照这种思路,要讨论的"台风在桩号为 1 250 ~ 1 500 登陆的"的概率应该为(1 500 - 1 250)/(2 000 - 1 000) = 1/4.

看看什么是几何概型吧!

几何概型的两个特点:

①无限性:试验中所有可能出现的基本事件(结果)有无限多个.

②等可能性:每个基本事件出现的可能性相等.

几何概型的概率计算公式

如果随机试验的样本空间是一个区域(可以是直线上的区间、平面或空间中的区域),且样本空间中每个试验结果的出现具有等可能性,那么规定事件 A 的**概率**为

$$P(A) = \frac{A\ \text{的长度(或面积、体积)}}{\text{样本空间的长度(或面积、体积)}}$$

【例 1.2.5】 会面问题. 甲、乙两人相约在 0 到 1(单位:h)这段时间内在预定地点会面. 先到的人等候另一个人,经过 20 min 后离去. 设每人在 0 到 1 这段时间内各时刻到达该地是等可能的,且两人到达的时刻互不牵连. 求甲、乙两人能会面的概率.

解: 记 $A = \{$甲、乙两人能会面$\}$. 设甲、乙两人到达的时刻分别是 x, y,则 $0 \leqslant x \leqslant 1, 0 \leqslant y \leqslant 1$,如图 1.2.2 所示:

$$S = \{(x, y) \mid 0 \leqslant x, y \leqslant 1\}, A = \left\{(x, y) \mid |x - y| \leqslant \frac{1}{3}\right\}$$

故

$$P(A) = \frac{S_A}{S} = \frac{1 - \left(\dfrac{2}{3}\right)^2}{1} = \frac{5}{9}$$

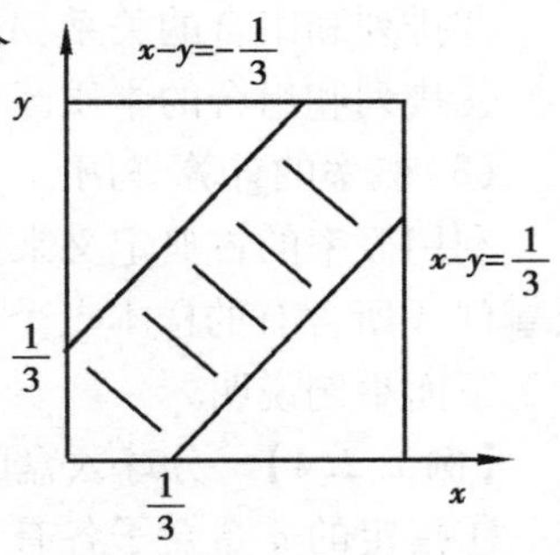

图 1.2.2　例 1.2.5 图示

二、概率的性质

【案例1.2.6】 掷骰子一次试验. 投掷 1 枚质地均匀的骰子, 掷出每一种不同的点数的概率为 1/6 (图 1.2.3), 那么 {掷出偶数点}={2,4,6} 的概率可以用 $P(\{2,4,6\})=P(\{2\})+P(\{4\})+P(\{6\})$ 得到为 1/2, 即基本事件和的概率等于它们概率的和. 在概率的计算中常常将复杂事件的概率转化为更为容易计算的事件的概率, 那么我们需要先了解概率的性质.

微课:概率的性质

| 1 | 2 | 3 |
| 4 | 5 | 6 |

图 1.2.3 掷骰子试验

概率最基本的性质

①非负性: $P(A) \geqslant 0$.

②规范性: $P(\varnothing)=0, P(\Omega)=1$.

③有限可加性: 如果 $A_1, A_2, \cdots, A_n$ 两两互不相容, 即 $A_i A_j=\varnothing (i \neq j)$,

则 $P(A_1 \cup A_2 \cup \cdots \cup A_n)=P(A_1)+P(A_2)+\cdots+P(A_n)$.

以上三条性质是概率最基本的性质, 其他性质可以在这三条性质下推导出来, 同学们可以尝试推导.

【案例1.2.7】 掷骰子一次试验. 若 $A=\{1,4\}$, 则 $\bar{A}=\{2,3,5,6\}$, 如图 1.2.4 所示, 思考 $P(A)+P(\bar{A})=?$

| 1 | 2 | 3 |
| 4 | 5 | 6 |

图 1.2.4 说明逆概公式的文氏图

④对立事件的概率: $P(\bar{A})=1-P(A)$.

【案例1.2.8】 掷骰子一次试验. 若 $A=\{1,2,3\}$, 则 $B=\{1\}$, 思考 $P(A-B)=?$

⑤可减性: 如果 $A \subset B$, 则 $P(B-A)=P(B)-P(A)$.

⑥单调性: 如果 $A \subseteq B$, 则 $P(A) \leqslant P(B)$.

【案例1.2.9】 掷骰子一次试验. 若 $A=\{1,2,3\}$, 则 $B=\{1,4\}$, 如图 1.2.5 所示, 思考 $P(A-B)=? \ P(A \cup B)=?$

| 1 | 2 | 3 |
| 4 | 5 | 6 |

图 1.2.5 说明加、减法公式的文氏图

⑦减法公式: $P(A-B)=P(A)-P(AB)$.

⑧加法公式: 对于任意两个事件 A, B, 有 $P(A \cup B)=P(A)+P(B)-P(AB)$.

【注1】加法公式的推广:三个事件.
$$P(A \cup B \cup C) = P(A) + P(B) + P(C) - P(AB) - P(BC) - P(AC) + P(ABC)$$

【注2】以上公式的理解或者记忆可以结合文氏图,将样本空间的面积看成1,事件的概率看成文氏图中该事件对应的图形面积,就能够很好理解了.

比如图1.2.6中,$A \cup B$ 区域的面积就等于 A 的面积加上 B 的面积再减去 AB 的面积,就对应了公式 $P(A \cup B) = P(A) + P(B) - P(AB)$.

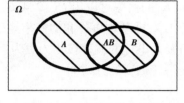

图1.2.6　和事件的文氏图

【例1.2.6】　设事件 A, B,有 $P(A) = 0.4, P(B) = 0.3, P(AB) = 0.1$,求 $P(A-B)$ 与 $P(\bar{A}\,\bar{B})$.

解:$P(A-B) = P(A) - P(AB) = 0.4 - 0.1 = 0.3$

$$
\begin{aligned}
P(\bar{A}\,\bar{B}) &= P(\overline{A \cup B}) \\
&= 1 - P(A \cup B) \\
&= 1 - P(A) - P(B) + P(AB) \\
&= 0.4
\end{aligned}
$$

【例1.2.7】　若 $P(AB) = P(\bar{A}\,\bar{B})$ 且 $P(A) = p$,求 $P(B)$.

解:$P(\bar{A}\,\bar{B}) = 1 - P(A \cup B) = 1 - P(A) - P(B) + P(AB)$

由 $P(\bar{A}\,\bar{B}) = P(AB)$ 得:

$$1 - P(A) - P(B) + P(AB) = P(AB)$$

即

$$1 - P(A) - P(B) = 0$$

则

$$P(B) = 1 - P(A) = 1 - p$$

【例1.2.8】　摸球问题. 口袋中有4个白球2个红球. 从中每次任取一球,有放回取两次,求:

①取到的两球都是白球的概率.

②取到的两球颜色相同的概率.

③取到的两球中至少有一只是白球的概率.

解:设 A = "取到的两球都是白球";B = "取到的两球都是红球";C = "取到的两球中至少有一只是白球". 则"取到的两球颜色相同"可表示为 $A \cup B$,且 $AB = \varnothing$.

①$P(A) = \dfrac{4 \times 4}{6 \times 6} = \dfrac{4}{9}$;

②$P(A \cup B) = P(A) + P(B) = \dfrac{4}{9} + \dfrac{1}{9} = \dfrac{5}{9}$;

③因为 $\bar{C} = B$,所以 $P(C) = 1 - P(\bar{C}) = 1 - P(B) = 1 - \dfrac{1}{9} = \dfrac{8}{9}$.

【例1.2.9】　生日问题. 某班有 n 个人,问至少两个人生日相同的概率?

解:随机选取 n($n \leq 365$)个人,令 A = "n 个人中至少有两个人的生日相同",则 $\bar{A}$ = "n 个人的生日全部都不相同":

$$P(\bar{A}) = \frac{A_{365}^{n}}{365^{n}}$$

所以

$$P(A) = 1 - P(\overline{A}) = 1 - \frac{A_{365}^n}{365^n}$$

经计算可得下述结果(表1.2.2):

表 1.2.2 计算结果

n	10	20	23	30	40	50	100
$P(A)$	0.12	0.41	0.51	0.71	0.89	0.97	0.999 999 7

任务实施

若记 $A = \{$甲河洪水泛滥$\}$，$B = \{$乙河洪水泛滥$\}$，$C = \{$该地发生水灾$\}$，则有 $P(A) = 0.1$，$P(B) = 0.2$，$P(AB) = 0.05$，则 $P(C) = P(A \cup B) = P(A) + P(B) - P(AB) = 0.25$，则该地发生水灾的概率为 0.25.

拓展延伸

钥匙开门问题. 某人有完全相同的 5 把钥匙，但是只有一把是可以开他家的门的，一天晚上他下班后回家，到家门口发现楼道停电了，手机也恰好没电了，他只好摸出钥匙，一把一把地试着开门，如果不是大门的钥匙，他就把它放到一边不再试. 那么他不超过两次就开门的概率为多少呢?

若 $A_i = \{$第 i 把钥匙开了门$\}$，$B = \{$不超过两次就开门$\} = \{$第一把钥匙开了门$\} \cup \{$第一把钥匙没开门但第二把钥匙开了门$\} = \{A_1 \cup \overline{A}_1 A_2\}$，$P(A_1 \cup \overline{A}_1 A_2) = P(A_1) + P(\overline{A}_1 A_2)$，$P(A_1) = \frac{1}{5}$，而 $P(\overline{A}_1 A_2) = P(\overline{A}_1) P(A_2 | \overline{A}_1) = \frac{4}{5} \times \frac{1}{4} = \frac{1}{5}$，所以不超过 2 次就开门的概率为 $\frac{2}{5}$.

能力训练

一、选择题

1. 下列说法正确的是(　　).

A. 任一事件的概率总在 $(0, 1)$ 内　　B. 不可能事件的概率不一定为 0

C. 必然事件的概率一定为 1　　D. 以上均不对

2. 同时抛掷 3 枚均匀的硬币，则恰好有两枚正面朝上的概率为(　　).

A. 0.125　　B. 0.25　　C. 0.375　　D. 0.50

3. 设事件 A，B 互不相容，已知 $P(A) = 0.4$，$P(B) = 0.5$，则 $P(A \cup B) = ($　　$)$.

A. 0.1　　B. 0.4　　C. 0.9　　D. 1

4. 对于任意两事件 A 和 B，$P(A-B) = ($ $)$.

A. $P(A)-P(B)$　　　　　　　　　B. $P(A)+P(AB)$

C. $P(A)-P(AB)$　　　　　　　　　D. $P(A)$

二、填空题

1. 掷 1 枚骰子，点数不超过 5 概率为_____.

2. 一批产品分一、二、三级，其中一级品是二级品的两倍，三级品是二级品的一半，从这批产品中随机抽取一件，试求取到二级品的概率_____.

3. 已知 $P(A)=0.7$，$P(A-B)=0.3$，则 $P(AB)=$_____

4. 设随机事件 $P(A)=0.4$，$P(B)=0.3$，$P(A\cup B)=0.6$，$P(\overline{AB})=$_____.

5. 在区间 $(0,1)$ 中随机地取两个数，则事件"两数之和小于 6/5"的概率为_____.

三、计算题

1. 表 1.2.3 是某种油菜籽在相同条件下的发芽试验结果表，请完成表格并回答题.

表 1.2.3　发芽试验结果表

每批粒数/粒	2	5	10	70	130	700	1 500	2 000	3 000
发芽的粒数/粒	2	4	9	60	116	282	639	1 339	2 715
发芽的频率									

①完成上面表格.

②该油菜籽发芽的概率约是多少？

2. 从 6 名学生中选取 4 人参加数学竞赛，其中甲同学被选中的概率为多少？

3. 桥梁工程师要从 4 座需要维修的桥梁中选出 3 座先行维修，如果桥梁工程师并不知道维修这些桥梁所需的时间是不一样的，那么请你思考下面的概率：工程师选择的桥梁中包含所需时间最少的 2 个.

4. 从数字 1,2,3,4,5 中任取两个数字构成一个两位数，则这个两位数大于 40 的概率为多少？

5. 一批晶体管共 40 只，其中 3 只是坏的，今从中任取 5 只，求：

①5 只全是好的概率.

②5 只中有 2 只坏的概率.

6. 一个员工需要在一周内值班两天，其中恰有一天是星期六的概率是多少？

7. 袋中有编号为 1 到 10 的 10 个球，今从袋中任取 3 个球，求：

①3 个球的最小号码为 5 的概率.

②3 个球的最大号码为 5 的概率.

8. 设 $P(A)=0.7$，$P(A-B)=0.3$，$P(B-A)=0.2$，求 $P(\overline{AB})$ 与 $P(A\cup B)$.

9. 设事件 $P(A)=p$，$P(B)=q$，$P(A\cup B)=r$，求 $P(AB)$ 及 $P(A\cup \overline{B})$.

10. 从 1 到 200 中任取一数. 求：

①能被 6 或者 8 整除的概率.

②不能被 6 整除但能被 8 整除的概率.

③不能被 6 或者 8 整除的概率.

课件:概率的
定义和性质

任务三　概率的计算

学习目标

- 能说出条件概率与事件的独立性的定义
- 能用乘法公式计算概率
- 能分辨出伯努利概型,并会用其计算概率
- 会用全概率公式与贝叶斯公式计算概率

任务描述与分析

1. 任务描述

某地位于甲、乙两河流的汇合处,当任一河流洪水泛滥时,该地就会遭受水灾. 根据该地长期实测资料显示,每年甲河洪水泛滥的概率为 0.1,乙河洪水泛滥的概率为 0.2,甲河洪水泛滥时乙河泛滥的概率为 0.3,则该地发生水灾的概率为多少? 若已知该地发生水灾了,则为甲河流洪水泛滥导致的概率是多少呢?

2. 任务分析

①条件分析:注意条件中几个随机事件的描述.

②目标分析:注意问题中的事件表示和概率公式的使用.

知识链接

一、条件概率与乘法公式

(一)条件概率

若是我们讨论某事件的概率,没有假定特殊的条件,我们称之为**无条件概率**.

当我们知道可能影响结果的附加信息时,可能会改变对事件概率的估计,这种经修正的概率就称为**条件概率**.

微课:概率的运算-条件概率

【**案例 1.3.1**】　身高问题. 某班有 30 名学生,其中 20 名男生,10 名女生. 身高 1.70 米以上的有 15 名,其中 12 名男生,3 名女生.

①任选 1 名学生,问该学生的身高在 1.70 米以上的概率是多少?

②任选 1 名学生,选出来后发现是男生,问该学生的身高在 1.70 米以上的概率是多少?

我们做出图 1.3.1,更好地理解数据:

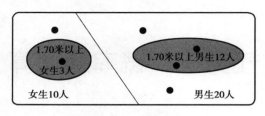

图 1.3.1　身高问题

为了方便讨论假设 B＝"是男生"；A＝"身高在 1.70 米以上"

①这个问题就是一个无条件概率，$P(A)=15/30=1/2$.

②第二个问题讨论的是选出来后发现是男生，问该学生的身高在 1.70 米以上的概率是多少？这里对选出的学生附加了一条信息"是男生"，这就是条件概率的特点. 今后把这种在事件 B 发生的条件下求事件 A 发生的概率称为**条件概率**，记为 $P(A|B)$.

结合图 1.3.2 不难思考，因为任选的这名学生是男生，那么这个问题的样本空间不再是全部的 30 名学生，而是缩减后的样本空间，即 20 名男生，所求事件也变成了选出的学生是男生中 1.70 米以上，对应的事件数为 12，所以 $P(A|B)=12/20$.

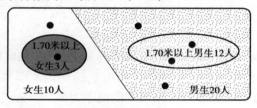

图 1.3.2　身高问题中缩减样本空间图

显然，它不同于前面的 $P(A)=15/30=1/2$.

像这种条件概率的问题，往往做法也像上面我们分析的问题一样，非常基础.

另外，为了找到条件概率与之前我们学习的概率之间的关系，我们可以这样寻求.

这个问题中，通过简单的运算可知：$P(B)=20/30$；$P(AB)=12/30$，

从而有：$P(A|B)=\dfrac{12}{20}=\dfrac{12/30}{20/30}=\dfrac{P(AB)}{P(B)}$.

1. 条件概率

条件概率的定义

设 A，B 为两个事件，且 $P(B)>0$，称 $P(A|B)=\dfrac{P(AB)}{P(B)}$ 为事件 B 发生条件下事件 A 的**条件概率**.

【注】条件概率也是概率. 条件概率具有概率的所有性质，如

$$P(\bar{A}|B)=1-P(A|B),$$
$$P(A\cup B|C)=P(A|C)+P(B|C)-P(AB|C).$$

2. 条件概率的计算

计算条件概率的方法有两种：

①在缩减的样本空间中直接计算；

②利用公式计算：$P(A|B)=\dfrac{P(AB)}{P(B)}$. 此时在原先的样本空间中进行计算. 下面举例说明：

【例 1.3.1】　抽球问题. 箱中有 6 个红球，4 个白球，不放回地依次取出两球，已知第一次取到的是白球，求第二次取到红球的概率.

解法一：设 B="第一次取到的是白球"；A="第二次取到红球"，则第一次取到的是白球后，箱子中变成 6 个红球，3 个白球. 所以

$$P(A|B)=\frac{6}{9}=\frac{2}{3}$$

解法二：利用公式 $P(A|B)=\dfrac{P(AB)}{P(B)}$.

这里 AB="第一次取到的是白球且第二次取到红球". 所以

$$P(AB)=\frac{C_4^1 C_6^1}{C_{10}^1 C_9^1}=\frac{4\times6}{10\times9}=\frac{24}{90}$$

又 $P(B)=\dfrac{C_4^1}{C_{10}^1}=\dfrac{4}{10}$，所以

$$P(A|B)=\frac{P(AB)}{P(B)}=\frac{\dfrac{24}{90}}{\dfrac{4}{10}}=\frac{6}{9}=\frac{2}{3}$$

【例 1.3.2】　动物的寿命. 某动物出生后能活到 4 岁的概率为 40%，能活到 6 岁的概率为 25%，现有一个这样的动物已经 4 岁了，求它能活到 6 岁的概率.

解：设 B="活到 4 岁"，A="活到 6 岁"，显然 $A\subset B$，因此，$AB=A$，则 $P(B)=0.4$，$P(AB)=P(A)=0.25$. 所以

$$P(A|B)=\frac{P(AB)}{P(B)}=\frac{0.25}{0.4}=0.625.$$

（二）乘法公式

【案例 1.3.2】　抽签是公平的. 5 个同学被分到一张 2022 年冬奥会的门票，他们准备用抽签来决定谁去. 他们制作了外观相同的 5 个签，其中只有一张上写了字，并约定谁抽中写了字的签就谁去. 约定好了后，他们又犯了难，谁先抽呢？他们有人认为先抽的中签概率大，有人认为后抽中签的概率大，难道抽签顺序与抽中概率大小有关？

微课：概率的运算-乘法公式

我们讨论一下，若 $A=\{$第一个人抽中$\}$，$B=\{$第二个人抽中$\}$，那么显然有 $P(A)=\dfrac{1}{5}$；再来看 $B=\{$第二个人抽中$\}=\{$第一个人没抽中且第二个人抽中$\}$，则有 $P(B)=P(\overline{A}B)$，这个积的事件的概率可以通过条件概率的公式转化而来，即 $P(\overline{A}B)=P(\overline{A})P(B|\overline{A})=\dfrac{4}{5}\times\dfrac{1}{4}=\dfrac{1}{5}$，那就

是说第一个人抽中与第二人抽中的概率都是相同的,同理我们也可以得出每个人抽中的概率都是 $\frac{1}{5}$,所以抽签是公平的.

有人认为后抽中的概率越大,其实是基于前面都没抽中的前提;也有人认为先抽中签的概率大,因为前面有人抽中了那么后面所有的人抽中的概率都是零. 其实后面抽中的概率若是考虑了前面抽签的情况后,实际上大家抽中的概率都是相同的.

在上述问题的讨论中,计算每个人中签的概率使用到的公式被称为乘法公式.

乘法公式

对于任意两个事件 A 与 B,当 $P(A)>0$,$P(B)>0$ 时,有
$$P(AB) = P(A)P(B|A) = P(B)P(A|B)$$

【注】乘法公式可以推广到多个随机事件的情形:
$$P(A_1A_2A_3) = P(A_1)P(A_2|A_1)P(A_3|A_1A_2),\ P(A_1A_2) > 0$$
一般情况下有 $P(A_1A_2\cdots A_n) = P(A_1)P(A_2|A_1)\cdots P(A_n|A_1\cdots A_{n-1}),(P(A_1A_2\cdots A_{n-1}))>0)$

【例 1.3.3】 产品的正品率问题. 甲、乙两人生产同样的零件共 100 个,其中有 40 个是乙生产的,而在这 40 个零件中有 36 个是正品,现在从这 100 个零件中任取一个.

①求它是乙生产的且为正品的概率是多少?

②通过此例说明 $P(A|B)$ 与 $P(AB)$ 在概念上的差异.

解:①设 A = "取出一个是正品";B = "取出一个是乙生产的";因此 AB = "取出一个是乙生产的且是正品"

方法一:从古典概型的计算角度直接可得 $P(AB) = \frac{36}{100} = 0.36$

方法二:
$$P(B) = \frac{40}{100} = 0.4, P(A|B) = \frac{36}{40} = 0.9$$
$$P(AB) = P(B) \cdot P(A|B) = 0.4 \times 0.9 = 0.36$$

②由上述的计算可知:$P(AB) \neq P(A|B)$,它们在概念上有很大的差异:

$P(A|B)$ 表示:"在取出一个是乙生产的条件下,取出的是正品" 这个事件的概率,计算时考虑的是缩小的样本空间,其样本点总数为 40.

而 $P(AB)$ 表示:"取出一个是乙生产的又是正品" 这个事件的概率,这个事件是在 100 个产品中抽取一件中讨论的,所以该事件计算时样本空间的样本点总数为 100.

【例 1.3.4】 订货单问题. 有 100 张订货单,其中 5 张是订购货物甲的,现从这些订货单中任取 3 次,每次取 1 张,问第三次才取得订购货物甲的订货单的概率是多少?

解:设 A_i = "第 i 次才取到订购货物甲的订货单",$i=1,2,3$.

故"第三次才取到订购货物甲的订货单"即为:$\overline{A_1}\overline{A_2}A_3$

所以 $P(\overline{A_1}\overline{A_2}A_3) = P(\overline{A_1})P(\overline{A_2}|\overline{A_1})P(A_3|\overline{A_1}\overline{A_2}) = \frac{95}{100} \times \frac{94}{99} \times \frac{5}{98} \approx 4.6\%$.

二、事件的独立性与伯努利概型

微课:概率的运算-事件的独立性与二项概率

（一）事件的独立性

【案例 1.3.3】　掷骰子问题.考虑投掷一枚骰子 2 次的试验,定义下面两个事件:

$A = \{$第一次掷出 6 点$\}$,$B = \{$第 2 次掷出 6 点$\}$,如果已知事件 A 已经发生,是否会影响事件 B 发生呢?

直觉上,第一次投掷的结果不会影响第二次投掷的结果,我们来证实一下:

骰子投掷两次的样本空间为 $\Omega = \{(1,1),(1,2),\cdots,(1,6),(2,1),\cdots,(2,6),\cdots,(6,1),\cdots,(6,6)\}$,样本空间中包含 36 种结果,事件 $B = \{(1,6),(2,6),\cdots,(6,6)\}$ 共 6 个基本结果,则 $P(B) = \dfrac{1}{6}$.

那么 $P(B|A)$ 是多少呢?

$P(A) = \dfrac{1}{6}$,$P(AB) = \dfrac{1}{36}$,则 $P(B|A) = \dfrac{1}{6}$.

由刚才的计算可知 $P(B) = P(B|A) = \dfrac{1}{6}$,这个式子说明第一次投出 6 点并不影响第 2 次投出 6 点,其实不管第一次投出几点也都不会影响第 2 次投掷的结果,当这样的情况发生时,我们就说 A 与 B 事件是**相互独立**的.

1. 两个事件的相互独立性

条件概率反映了某个事件 B 对另一个事件 A 在发生的可能性方面的影响,一般情况下 $P(A)$ 与 $P(A|B)$ 是不同的.但是在某些情况下,事件 B 发生或不发生对另一个事件 A 发生的可能性方面不产生影响,也就是说事件 A 与事件 B 之间存在某种"独立性",即有 $P(A) = P(A|B)$.当事件相互独立时,也有 $P(B) = P(B|A)$.

为了更方便地研究有关事件独立性的问题,我们常常用下面的法则来研究.

事件独立性的法则

事件 A 与 B 相互独立 $\Leftrightarrow$ 事件 A 与 B 满足 $P(AB) = P(A)P(B)$

---

2. 事件独立性的性质

下列四个命题是等价的:

①事件 A 与 B 相互独立;

②事件 A 与 $\bar{B}$ 相互独立;

③事件 $\bar{A}$ 与 B 相互独立;

④事件 $\bar{A}$ 与 $\bar{B}$ 相互独立.

3. 多个事件的独立性

对于任意三个事件 A,B,C,如果满足等式:$\begin{cases} P(AB) = P(A)P(B) \\ P(AC) = P(A)P(C) \\ P(BC) = P(B)P(C) \\ P(ABC) = P(A)P(B)P(C) \end{cases}$

则称**事件 A,B,C 相互独立.**

【注1】若三个事件 A,B,C, 仅仅满足前面三个等式: $\begin{cases} P(AB)=P(A)P(B) \\ P(AC)=P(A)P(C) \\ P(BC)=P(B)P(C) \end{cases}$, 则称 A,B,C

为两两独立. 所以相互独立一定**两两独立.** 反之不然.

【注2】要注意"互不相容"与"独立性"的差异:

互不相容: 指 A,B 不可能同时发生, $AB=\varnothing$, 是事件之间的集合属性, 与概率性质无关.

独立性: 事件 A 与 B 满足 $P(AB)=P(A)P(B)$, 是事件的概率特性.

"互不相容"与"独立性"之间没有因果关系.

【注3】独立性在多数情况下是根据实际问题判断出来的.

【注4】若已知独立, 则和事件通常可以转化为积事件的概率:

$$P(A_1\cup A_2\cup \cdots \cup A_n) = 1 - P(\overline{A_1\cup A_2\cup \cdots \cup A_n})$$
$$= 1 - P(\overline{A_1}\,\overline{A_2}\cdots \overline{A_n}) = 1 - P(\overline{A_1})P(\overline{A_2})\cdots P(\overline{A_n})$$
$$= 1 - [1-P(A_1)][1-P(A_2)]\cdots[1-P(A_n)]$$

【例1.3.5】 洪水预报准确率. 某防汛部门有甲、乙两人各自独立开展洪水预报. 甲预报准确的概率为 0.5, 乙预报准确的概率为 0.6, 求在一次预报中, 试问甲、乙中至少有一人预报准确的概率?

解: 设 A = "甲预报准确", B = "乙预报准确", 则"甲、乙中有一人预报准确"可表示为: $A\cup B$. 由问题可知事件 A 与事件 B 相互独立, 所以得:

$$P(A\cup B) = P(A)+P(B)-P(AB) = P(A)+P(B)-P(A)P(B)$$
$$= 0.5+0.6-0.5\times0.6 = 0.8.$$

【例1.3.6】 洪水预报准确率. 在例 1.3.5 中, 若是该部门有甲、乙、丙三人独自开展洪水预报工作, 甲乙的报准率分别为 0.5、0.6, 丙预报准确的概率为 0.6, 求在一次预报中, 则甲、乙、丙中至少有一人预报准确的概率?

解: 设 A = "甲预报准确", B = "乙预报准确", C = "丙预报准确", 则"甲、乙、丙中至少有一人预报准确"可表示为: $A\cup B\cup C$, 且 A,B,C 相互独立, 所以得:

$$P(A\cup B\cup C) = 1-P(\overline{A}\,\overline{B}\,\overline{C}) = 1-P(\overline{A})P(\overline{B})P(\overline{C})$$
$$= 1-(1-0.5)(1-0.6)(1-0.6) = 0.92.$$

(二) 伯努利概型

【案例1.3.4】 测信学院中 80% 的学生为男生, 在该学院中随机抽出的 3 个人中, 恰有一个是男生的概率是多少?

若 A_i 表示三人中第 i 人为男生, 由案例信息可知, $P(A_i)=0.8(i=1,2,3)$, 3 人中恰有 1 人为男生可以表示为 $A_1\overline{A_2}\,\overline{A_3}, \overline{A_1}A_2\overline{A_3}, \overline{A_1}\,\overline{A_2}A_3$ 这三个简单事件的和事件, 并且这三个事件是互斥的. 有 $P(A_1\overline{A_2}\,\overline{A_3}+\overline{A_1}A_2\overline{A_3}+\overline{A_1}\,\overline{A_2}A_3) = P(A_1\overline{A_2}\,\overline{A_3})+P(\overline{A_1}A_2\overline{A_3})+P(\overline{A_1}\,\overline{A_2}A_3)$.

由案例可得 A_1,A_2,A_3 是相互独立的, 则有 $P(A_1\overline{A_2}\,\overline{A_3}) = P(\overline{A_1}A_2\overline{A_3}) = P(\overline{A_1}\,\overline{A_2}A_3) = 0.8^2\times0.2$.

那么本问题最后的结果可以表示为 $3\times0.8^2\times0.2$. 这个案例的特点符合伯努利概型的特点, 那么什么是伯努利概型呢?

n 重伯努利试验如下所述.

定义:设 E 是随机试验,在相同的条件下将试验 E 重复进行 n 次,若

①各次试验是相互独立的.

②每次试验有且仅有两种结果:事件 A 和 $\bar{A}$.

③每次试验的结果 A 发生的概率相同.

则称该试验为 n **重伯努利试验**,简称为**伯努利试验**.

伯努利公式

设在 n 重伯努利试验中,随机事件 A 发生的概率 $P(A)=p(0<p<1)$,则在 n 次重复独立试验中,事件 A 恰好发生 k 次的概率为

$$P_n(k)=C_n^k p^k(1-p)^{n-k},k=0,1,2,\cdots,n$$

容易验证: $\sum_{k=0}^{n}P_n(k)=\sum_{k=0}^{n}C_n^k p^k(1-p)^{n-k}=(p+(1-p))^n=1$,因此又称这组概率为二项概率.

【例 1.3.7】　暴雨日预测.据统计,武汉夏季 5—9 月任一天出现暴雨的概率(实为频率)为 0.019,假定各日是否出现暴雨相互独立,求任一年夏季恰有 4 个暴雨日的概率.

解:5—9 月共 153 天,把观测每天是否下雨看作一次试验,而假定各日暴雨是否出现相互独立,所以可以将它看成伯努利试验,则 $n=153$, $p=0.019$, $k=4$.

设 $A=$ "恰有 4 个暴雨日",则 $P(A)=P_{153}(4)=C_{153}^4(0.019)^4(1-0.019)^{153-4}\approx0.1641$.

【例 1.3.8】　抽样检测问题.对一个工厂的产品进行重复抽样检查,共取 200 件样品,结果发现其中有 4 件废品,问我们能否相信该工厂出废品的概率不超过 0.005 ?

解:假设该工厂出废品的概率为 0.005,那么在 200 件产品中出现 4 件废品的概率大约为:

$$P_{200}(4)=C_{200}^4(0.005)^4(1-0.005)^{200-4}\approx0.015.$$

这是一个概率很小的事件,"小概率事件在一次试验中实际上几乎是不可能发生的(称为实际推断原理)".现在在一次试验中竟然发生了这样的小概率事件,因此有理由怀疑原来的假设该工厂出废品的概率为 0.005 的正确性,即工厂出废品的概率不超过 0.005 是不可信的.

三、全概率公式和贝叶斯公式

(一)全概率公式

【案例 1.3.5】　测量任务的错误.有 2 个监理人员甲、乙分别承担了某个测量任务的 40%,60%,他们在测量时犯错误的概率分别为 0.01,0.02,那么这个测量任务出现错误的概率是多少?

微课:概率的运算-全概率公式

讨论:这个问题可以用我们以前所学过的方法求解吗?

在前面的学习中,我们已经熟悉了求概率的几种方法:频率方法、古典方法和几何方法,对较简单的事件,这些方法是很好用的,但是当事件比较复杂时,这些方法用起来就显得力不从心了.

在案例 1.3.5 中,事件"出现严重错误"有两种情况可以导致它发生:"甲承担的测量任务部分"和"乙承担的测量任务部分",而甲、乙两人分别承担的测量任务把样本空间划分成了两个互不相容的部分,我们称它为一个划分,具体的定义如下:

1. 划分

定义 设 $B_1, B_2, \cdots, B_n \subset \Omega$,且满足

①(完全性)$B_1 \cup B_2 \cup \cdots \cup B_n = \Omega$;

②(互斥性)对 $\forall i, j, B_i \cap B_j = \varnothing$,

则称 $B_1, B_2, \cdots, B_n$ 构成 Ω 的一个**划分**.

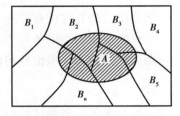

图 1.3.3 空间集 n 的划分

【注1】最简单的划分就是 B 和 $\overline{B}$,划分就好比一块玻璃摔在地上破碎了,各个碎片就是原来玻璃的一个划分(图 1.3.3).

【注2】当 $B_1, B_2, \cdots, B_n$ 构成 Ω 的一个划分,$B_1, B_2, \cdots, B_n$ 也将任一个事件 A 划分成了若干个互不相容的部分,它们分别表示为 $AB_1, AB_2, \cdots, AB_n$,当然,它们中间可能有的是 $\varnothing$.

2. 全概率公式

在案例 1.3.5 中,设 $B =$ "甲承担的测量任务部分",$\overline{B} =$ "乙承担的测量任务部分",则 B 和 $\overline{B}$ 就构成了 Ω 的一个划分,设事件 $A =$ "出现错误",则 A 也被 B 和 $\overline{B}$ 划分为两个互不相容的部分:$AB, A\overline{B}$.

由前面概率的性质知道:$P(A) = P(AB \cup A\overline{B}) = P(AB) + P(A\overline{B})$

$$= P(A|B) \cdot P(B) + P(A|\overline{B}) \cdot P(\overline{B})$$
$$= 0.4 \times 0.01 + 0.6 \times 0.02$$
$$= 0.016.$$

全概率公式

设 $B_1, B_2, \cdots, B_n$ 为样本空间 Ω 的一个划分,如果 $P(B_i) > 0, i = 1, 2, \cdots, n$,则对任一事件 A 有

$$P(A) = \sum_{i=1}^{n} P(B_i) P(A|B_i).$$

【例 1.3.9】 某保险公司把被保险人分为 3 类:"谨慎的""一般的""冒失的".统计资料表明,这 3 种人在一年内发生事故的概率依次为 0.05,0.15 和 0.30;如果"谨慎的"被保险人占 20%,"一般的"占 50%,"冒失的"占 30%,一个被保险人在一年内出事故的概率是多少?

解:设 $B_1 =$ "他是谨慎的",$B_2 =$ "他是一般的",$B_3 =$ "他是冒失的",则 B_1, B_2, B_3 构成了 Ω 的一个划分,设事件 $A =$ "出事故",由全概率公式

$$P(A) = \sum_{i=1}^{3} P(B_i) P(A|B_i)$$
$$= 0.05 \times 20\% + 0.15 \times 50\% + 0.30 \times 30\%$$
$$= 0.175.$$

（二）贝叶斯公式

【案例 1.3.6】 在"测量任务的错误"的案例中,我们反过来思考这样一个问题:假若测量任务出现错误了,那么,是甲承担的部分导致的概率是多少呢?

微课:概率的运算-贝叶斯公式

即已知结果,要求这个结果是由某种原因所导致的概率,这就是贝叶斯公式解决的问题.

贝叶斯公式

设 $B_1, B_2, \cdots, B_n$ 是样本空间 Ω 的一个划分,则

$$P(B_i \mid A) = \frac{P(B_i)P(A \mid B_i)}{\sum_{j=1}^{n} P(B_j)P(A \mid B_j)}, i = 1, 2, \cdots, n.$$

回到上面的例子中,可以求出测量任务出现错误了,是甲承担的部分的概率

$$P(B|A) = \frac{P(B)P(A|B)}{P(B)P(A|B) + P(\bar{B})P(A|\bar{B})} = \frac{0.4 \times 0.01}{0.4 \times 0.01 + 0.6 \times 0.02} = 0.25.$$

【例 1.3.10】 某地区居民的肝癌发病率为 0.000 4,现用甲胎蛋白法进行普查,医学研究表明,化验结果是存在错误的.已知患有肝癌的人其化验结果 99% 呈阳性(有病),而没有患有肝癌的人其化验结果 99.9% 呈阴性(无病),现某人的检验结果为阳性,问他真的患肝癌的概率是多少?

解:记事件 B = "被检查者患有肝癌", A = "检查结果呈阳性",由假设

$P(B) = 0.000\,4, P(\bar{B}) = 0.999\,6, P(A|B) = 0.99, P(A|\bar{B}) = 0.001$,由贝叶斯公式,得

$$P(B|A) = \frac{P(B)P(A|B)}{P(B)P(A|B) + P(\bar{B})P(A|\bar{B})} = \frac{0.000\,4 \times 0.99}{0.000\,4 \times 0.99 + 0.999\,6 \times 0.001} = 0.284.$$

【思考】 这个结果多少让人觉得惊讶,既然检查结果呈阳性真的患肝癌的概率只有 0.284,如何确保诊断的无误呢?

对! 方法就是——复诊! 复诊时,此人患肝癌的概率不再是 0.000 4,而是 0.284.这是因为第一次检查呈阳性,所以对其患病的概率进行了修正,因此将由贝叶斯公式求出的概率称为修正概率.

假若第二次检查还是呈阳性,我们类似可以计算出他患肝癌的概率.

$$P(B|A) = \frac{P(B)P(A|B)}{P(B)P(A|B) + P(\bar{B})P(A|\bar{B})} = \frac{0.284 \times 0.99}{0.284 \times 0.99 + 0.716 \times 0.001} = 0.997.$$

上式表明:如果第二次复查结果仍然呈阳性,那么他患病的概率就达到了 99.7%,此例说明了复查可以提高诊断的准确性.

【注1】 贝叶斯公式的意义在于已知试验中事件 A 发生了,来探讨事件 A 发生的原因.

因此,全概率公式的主导思想是由"因"导"果","全"字的意义就是要把造成 A 发生的原因无一遗漏地加以考察;而贝叶斯公式的主导思想是执"果"索"因",这正是常常把贝叶斯公式又称为"逆"概率公式的意义所在.在实际应用中,往往求使得 $P(B_i|A)$ 为最大的 B_j,因为若 $B_j = \max\limits_{i} P(B_i|A)$,则 B_j 表示引起现象 A 的最可能的原因.

【注2】"先验概率"与"后验概率".

贝叶斯公式是利用"先验概率"来计算"后验概率"的公式,称 $P(B_i)$ 为"先验概率",即试验前我们对事件 B_i 出现"概率"的了解;而 $P(B_i|A)$ 称为"后验概率",即我们通过试验得知事件 A 发生,使得对事件 B_i 出现"概率"有了进一步的了解,是对"先验概率"的一种修正,所以称为"后验概率".

【注3】在实际问题中要严格把 $P(B|A)$ 与 $P(A|B)$ 区别开来,否则可能会造成严重的不良后果.

任务实施

若记 $A=\{$甲河洪水泛滥$\}$,$B=\{$乙河洪水泛滥$\}$,$C=\{$该地发生水灾$\}$,则有 $P(A)=0.1$,$P(B)=0.2$,$P(B|A)=0.3$,则 $P(C)=P(A\cup B)=P(A)+P(B)-P(AB)=P(A)+P(B)-P(A)P(B|A)=0.27$,则该地发生水灾的概率为 0.27.

第二个问题为计算 $P(A|C)=\dfrac{P(AC)}{P(C)}$,又 $A\subset C$,即 $AC=A$,则 $P(A|C)=\dfrac{P(AC)}{P(C)}=\dfrac{P(A)}{P(C)}=\dfrac{0.1}{0.27}\approx$ 0.37,也就是若该地发生水灾了,为甲河流洪水泛滥导致的概率是 0.37.

拓展延伸

敏感性问题调查. 有时候需要去调查一些敏感性问题,比如校长想知道教师对学校绩效分配的满意度,老师想知道多少人考试作弊,调查员想知道家庭收入等,这些问题若是直接问,往往不会得到真实的情况,还容易让人反感.

那么敏感性问题如何调查呢? 比如想知道这次考试有多少人作弊了,那么可以这样设计调查方案,在这个方案里,被调查者只需要回答两个问题中的一个问题,而且只需要回答"是"或"否".

问题 Q_1:你的生日是否在 7 月 1 日之前?

问题 Q_2:你是否在这次考试中作弊了?

这个调查方案看似简单,但为了消除被调查者的顾虑,在操作上有以下关键点:

①被调查者在没有旁人的情况下,独自一人回答.

②被调查者从一个罐子(里面装有需要红色和白色的球,红色的球是白色的球的两倍)中,随机抽出一只球,看过颜色后即放回,若抽到白球回答问题 Q_1,若抽到红球就回答问题 Q_2.

回答完问题后,只需要在答卷上认可的方框内画钩,然后把答卷放入一个密封的投票箱.

这种调查方法,主要在于旁人无法知道被调查者回答的问题是 Q_1 还是 Q_2,由此可以极大地消除被调查者的顾虑.

那么从这个设计方案中,如何得到多少人作弊了,或者说作弊的概率呢?

首先我们可以从 n 个回答的人中统计出回答"是"的人数 k,那么 $P(是)=k/n$,还可以知道抽中白球的概率为 $1/3$,问题 Q_1 中回答是的人数可以认为是 0.5,由全概率公式可以得出 $P(是)=P(抽到白球)P(是|抽到白球)+P(抽到红球)P(是|抽到红球)$,也就是

有 $\frac{k}{n}=\frac{1}{3}\times\frac{1}{2}+\frac{2}{3}P$，那么 $P=\frac{6k-n}{4n}$，若调查了 1 000 人，有 300 人回答的是"是"，那么回答作弊的概率为 20%.

能力训练

一、选择题

1. 某种动物活到 25 岁以上的概率为 0.8，活到 30 岁的概率为 0.4，则现年 25 岁的这种动物活到 30 岁以上的概率是(　　).

A.0.76　　　　　B.0.4　　　　　C.0.32　　　　　D.0.5

2. 若随机事件 A 与 B 相互独立，且 $P(B)=0.5$，$P(A-B)=0.2$，则 $P(A)=($ 　　).

A.0.2　　　　　B.0.4　　　　　C.0.5　　　　　D.0.7

3. 已知 $P(A)=0.5$，$P(B)=0.4$，$P(A\cup B)=0.6$，则 $P(A|B)=($ 　　).

A.0.2　　　　　B.0.45　　　　　C.0.6　　　　　D.0.75

二、填空题

1. 张、王二人独立地向某一目标射击，他们各自击中目标的概率分别为 0.5 和 0.6，则目标被击中的概率为 $p=$ _____.

2. 某种产品需要三道工序进行独立的加工，每道工序出次品的概率分别为 0.05，0.06 和 0.02，则产品为次品的概率为 $p=$ _____.

3. 某人射击三次，其命中率为 0.8，则三次中恰好命中一次的概率为 _____.

4. 某智囊团由 9 名顾问组成，每名顾问的意见正确率都是 0.7，现以多数意见作决策，则决策的正确率 $p=$ _____.

5. 设三次独立试验中，事件 A 出现的概率相等. 若已知 A 至少出现一次的概率等于 19/27，则事件 A 在一次试验中出现的概率为 _____.

6. 一批产品共有 10 个正品和 2 个次品，任意抽取两次，每次抽一个，抽出后不再放回，则第二次抽出的是次品的概率为 _____.

7. 设工厂 A 和工厂 B 的次品率分别为 1% 和 2%，现从由 A 和 B 的产品分别占 60% 和 40% 的一批产品中随机抽取一件，发现是次品，则该次品属 A 生产的概率是 _____.

三、计算题

1. 一箱产品有 100 件，次品率为 10%，出厂时作不放回抽样，开箱连续地抽验 3 件. 若 3 件产品都合格，则准予出厂. 求一箱产品准予出厂的概率？

2. 有甲、乙两批种子，发芽率分别为 0.8 和 0.7，在这两批种子中各自随机取一粒，求下列事件的概率：

①两粒种子都发芽.

②两粒种子中至少有一粒发芽.

③两粒种子中至多有一粒发芽.

3. 一个系统由三个独立工作的元件按 a 与 b 先并联，然后再与 c 串联的方式连接而成，元件 a,b,c 正常工作的概率分别为 0.7，0.8，0.9.

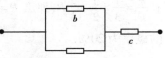

①求系统正常工作的概率.

②若已知系统正常工作,求元件 a 与 c 都正常工作的概率（选做）.

4. 假设一部机器在一天内发生故障的概率为 0.2,机器发生故障时全天停止工作,若一周五个工作日里每天是否发生故障相互独立,试求一周五个工作日里发生 3 次故障的概率.

5. 灯泡耐用时间在 1 000 小时以上的概率为 0.2,求三个灯泡在使用 1 000 小时以后最多只有一个坏了的概率.

6. 已知甲袋中有 6 只红球,4 只白球;乙袋中有 8 只红球,6 只白球. 求下列事件的概率:

①随机取一只袋,再从该袋中随机取一球,该球是红球.

②合并两只袋,从中随机取一球,该球是红球.

7. 有朋自远方来,他坐火车、船、汽车和飞机的概率分别为 0.3,0.2,0.1,0.4,若坐火车,迟到的概率是 0.25,若坐船,迟到的概率是 0.3,若坐汽车,迟到的概率是 0.1,若坐飞机则不会迟到. 求他最后可能迟到的概率.

8. 某工厂有甲、乙、丙三个车间,生产同一产品,每个车间的产量分别占全厂的 25%,35%,40%,各车间产品的次品率分别为 5%,4%,2%.

①求该厂产品的次品率.

②若在该厂任取一件这种产品,该产品为次品,求该产品为甲车间生产的概率.

课件:概率的运算

模块二
随机变量及分布

　　模块一给出了概率定义,并讨论了最简单的概型中随机事件的概率计算问题.在遇到简单的具体事件时,可以先判断其类型,然后求概率.然而,实际中遇到的概率问题往往错综复杂、千变万化,并非都是我们所熟悉的简单概型.这时,需要全面、系统地研究随机试验.为了深入研究随机事件及其概率,本模块将引入随机变量的概念,从而使人们能够进一步应用数学方法来分析和研究随机事件的概率及其性质,更深刻地揭示随机现象的统计规律性.随机变量的引入是概率论发展史上的里程碑,它使得对随机现象的研究转化为对普通函数的研究,为我们运用各种数学工具深入研究随机现象奠定了基础,使概率论研究跃上了一个更高的台阶.可以这样说,没有随机变量,概率论就称不上是一门真正的新学科.

　　引入了随机变量,就可以用它统一表示我们关心的事件.随机变量的不同取值实质上形成了一系列随机事件,这样,关于事件的研究就可以纳入随机变量中,不同事件的概率及相互关系可统一处理,从而有利于研究随机事件的本质规律.可以这样说,随机事件是以静态的孤立的观点来研究随机现象,而随机变量则是用一种动态的、全面的观点研究随机现象.

任务一　离散型随机变量

学习目标

- 理解随机变量的基本概念
- 识别随机变量的分类
- 能写出离散型随机变量的分布律
- 能运用常见的离散型随机变量解决实际问题
- 能写出离散型随机变量的分布函数并计算概率

任务描述与分析

1. 任务描述

2022 年 6 月 19 日,水利部门和中国气象局联合发布 2022 年首个红色灾害气象预警,据专家介绍,此轮南方强降雨具有持续时间长,影响范围广,部分地区小时雨量强等特点,全国 75 条河流都发生了超警戒一级洪水. 智能水位监测系统可以密切关注水情、工情、险情的发展变化,那么对于智能水位监测设备的维护就尤为重要了. 假设某水文监测站有 3 台自动水位监测设备,每台自动水位监测设备是否出现技术故障是相互不影响的,根据以往的统计数据给出每台设备每年出现技术故障的概率情况见表 2.1.1.

表 2.1.1　某水文监测站自动水位监测设备的故障率

设备名称	设备 1	设备 2	设备 3
技术故障的概率	0.01	0.03	0.02

请你对未来 5 年每台设备出现技术故障的年份对应的概率情况进行分析.

2. 任务分析

同学们可以先弄清楚设备 1 出现故障的年份,再分析其对应概率的完整情况,继而分析出其他的设备出现技术故障的年数对应的概率情况.

知识链接

一、随机变量的概念

（一）随机变量（Random Variable）

【案例 2.1.1】　青年强,则国家强。在 2022 年世界瞩目的奥运赛场上,
我国奥运健儿们主动扛起了为国争光的时代重任,向全世界展示了中国青年
微课:随机
变量的概念
可爱可敬可信的卓越风采,每届奥运会的第一块金牌都产生在射击项目上,某位射击运动员
在训练中射击 50 次,命中的环数情况见表 2.1.2.

表 2.1.2　某个射击运动员命中环数情况

试验结果	命中 0 环	命中 1 环	⋯	命中 7 环	命中 8 环	命中 9 环	命中 10 环
次数	0	0	⋯	10	10	15	15

【案例 2.1.2】　实际生活中,乘坐公交汽车,公交车的发车时间间隔 5 ~ 20 分钟不等,某
公交车站某公交车每隔 25 分钟发一趟车,该站点一天内等候此公交车的候车情况见
表 2.1.3.

表 2.1.3　某公交站点一天内等候某公交的情况

试验结果	[0,5)	[5,10)	[10,15)	[15,20)	[20,25]
对应人数/人	54	48	46	52	45

发现:试验结果与实数建立了对应关系.

①每一个试验的结果可以用一个确定的数字或者数集来表示;每一个确定的数字或者数
集都表示一种试验结果.

②同一个随机试验的结果,可以赋不同的数字.

③数字随着试验结果的变化而变化,是一个变量.

随机变量的定义

在随机试验中,我们确定了一个对应关系,使得每一个试验结果都用一个确定的数
字表示. 在这个对应关系下,数字随着试验结果的变化而变化.像这种随着试验结果变化
而变化的变量称为**随机变量**. 随机变量常用大写字母 X、Y、Z 或者希腊字母 ξ、η 等表示,
而取值常用相应的小写字母 x、y、z 等表示.

【例 2.1.1】　指出下列变量是否是随机变量:

①某天我校校办接到的电话的次数.

②标准大气压下,水沸腾的温度.

③在一次比赛中,设一、二、三等奖,你的作品获得的奖次.

④体积 64 立方米的正方体的棱长.

⑤抛掷两次骰子,两次结果的和.

⑥袋中装有 6 个红球,4 个白球,从中任取 5 个球,其中所含白球的个数.

⑦某个人的属相随年龄的变化.

【例 2.1.2】 随机变量与函数有什么联系和区别?

联系:随机变量和函数都是一种映射.

区别:随机变量把随机试验的结果映射为实数,函数把实数映射为实数.试验结果的范围相当于函数的定义域,随机变量的取值范围相当于函数的值域.如:掷一枚骰子一次,向上的点数 X 是一个随机变量,其值域是 $\{1,2,3,4,5,6\}$.

又如:在含有 10 件次品的 100 件产品中,任意抽取 4 件,可能含有的次品件数 X 是一个随机变量,其值域是 $\{0,1,2,3,4\}$.

再如:某长途汽车站每隔 10 分钟有一辆汽车经过,假设乘客在任一时刻到达汽车站是等可能的,则"乘客等候汽车的时间"X 就是一个随机变量,它在 0 ~ 10 分钟取值.

(二)随机变量的分类

由上面的例可以看出,有的随机变量,它的取值能够一一列举出来(包括有限个或无穷可列个);但有的随机变量,它的取值不能够一一列举出来(包括无限不可列个或取值充满某个实数区间).我们把前面一类称为离散型随机变量,把后面一类称为非离散型随机变量(其中最主要的,最重要的是连续型随机变量),如图 2.1.1 所示.

图 2.1.1 随机变量的分类

二、离散型随机变量及其分布

(一)离散型随机变量(Discrete Random Variable)

【案例 2.1.3】 某城市的发电厂有 5 台发电机组,每台机组在一个季度里停机维修率为 1/3. 设停机维修的台数为随机变量 X,请讨论一下该城市在一个季度里停机维修的台数情况.

离散型随机变量的定义

离散型随机变量:如果一个随机变量 X 所有可能取到的不相同的值是有限个或无限可数个,并且以确定的概率取这些不同的值,则称 X 为**离散型随机变量**.

【例 2.1.3】 指出下列随机变量是否是离散型随机变量,并说明理由.

①从 10 张已编好号码的卡片(从 1 号到 10 号)中任取一张,被取出卡片的号码.

②一个袋中装有 5 个白球和 5 个黑球,从中任取 3 个,其中所含白球的个数.

③某林场树木最高达 30 米,则此林场中树木的高度.

④某加工厂加工的某铜管的外径与规定的外径尺寸之差.

⑤某座大桥一天经过的中华牌轿车的辆数为 X.

⑥某网站中歌曲《爱我中华》一天内被点击的次数为 X.

⑦射手对目标进行射击,击中目标得 1 分,未击中目标得 0 分,用 X 表示该射手在一次射击中的得分.

【例 2.1.4】 写出下列各随机变量的可能取值,并说明随机变量所取的值表示的随机试验的结果.

①抛掷甲、乙两枚骰子,所得点数之和 Y.

②设一汽车在开往目的地的道路上需经过 5 盏信号灯,Y 表示汽车首次停下时已通过的信号灯的盏数,写出 Y 所有可能取值,并说明这些值所表示的试验结果.

③在含有 10 件次品的产品中,任意抽取 4 件,可能含有的次品的件数 X 是一个随机变量.

④一袋中装有 5 个白球和 5 个黑球,从中任取 3 个,其中所含白球的个数 ξ 是一个随机变量.

(二)离散型随机变量的分布律

1.离散型随机变量的分布律

【案例 2.1.4】 某城市的发电厂有 5 台发电机组,每台机组在一个季度里停机维修率为 1/4.已知两台(不含)以上机组停机维修,将造成城市缺电,假设每台机组是否停机维修相互不影响. 请求出:

①该城市在一个季度里停机维修的台数的所有情况.

②该城市在一个季度里停电的概率.

③该城市在一个季度里缺电的概率.

概率分布的定义

离散型随机变量 X 的所有可能取值为 $x_i(i=1,2,3,\cdots)$,X 取各个可能值的概率为 $P\{X=x_i\}=p_i(i=1,2,3,\cdots)$,则称函数 $P\{X=x_i\}=p_i(i=1,2,3,\cdots)$ 为离散型随机变量 X 的**概率分布**(或**分布律**).

【注1】分布律的表格形式见表 2.1.4.

表 2.1.4 离散型随机变量的分布律

X	x_1	x_2	$\cdots$	x_n	$\cdots$
P	p_1	p_2	$\cdots$	p_n	$\cdots$

【注2】分布律可完整刻画离散型随机变量的概率分布. 利用分布律可求任意事件的概率.

2.分布律的基本性质

性质 1:$P_k \geq 0$($k=1,2,\cdots$)(非负性)

性质 2:$\sum\limits_{k=1}^{\infty} P_k = 1$(正则性)

【例 2.1.5】 盒中有 2 白球、3 红球. 从中任取 3 个,求取得的白球数 X 的分布律.

解:X 的可能取值为:0,1,2. $P(X=0)=\dfrac{C_3^3}{C_5^3}=\dfrac{1}{10}$;$P(X=1)=\dfrac{C_2^2 C_3^1}{C_5^3}=\dfrac{6}{10}$;$P(X=2)=\dfrac{C_2^2 C_3^1}{C_5^3}=\dfrac{3}{10}$.

则 X 的分布律见表2.1.5.

表2.1.5　离散型随机变量的分布律

X	0	1	2
P	$\dfrac{1}{10}$	$\dfrac{6}{10}$	$\dfrac{3}{10}$

【例2.1.6】　问最多取出1个白球的概率是多少?

解:$P(X \leqslant 1) = P(X=0) + P(X=1) = \dfrac{1}{10} + \dfrac{6}{10} = \dfrac{7}{10}.$

【例2.1.7】　设随机变量 X 的分布律为 $P\{X=n\} = c(1/4)^n$，$n=1,2,\cdots$，试求 c.

解:因为 $\sum_i p_i = 1$，所以

$$c\left[\left(\frac{1}{4}\right)^1 + \left(\frac{1}{4}\right)^2 + \cdots + \left(\frac{1}{4}\right)^n + \cdots\right] = c\,\frac{\dfrac{1}{4}}{1 - \dfrac{1}{4}} = \frac{1}{3}c = 1$$

故:$c = 3$.

(三)常见的离散型随机变量

概率论实践中总结出了重要的几类概率模型和与之相关的随机变量的概率分布. 我们需要了解这些重要的概率分布及其产生的背景,从而指导决策.

微课:两点分布与二项分布

1. 两点分布(Two-point Distribution)

两点分布的定义

如果 X 的分布律(表2.1.6)为:

表2.1.6　两点分布的分布律

X	0	1
P	$1-p$	p

其中 $0<p<1$,则称 X 的分布为两点(0-1)分布.

【注】由于只有两个可能结果的随机试验称为伯努利(Bernoulli)试验,所以还称这种分布为伯努利分布.

【例2.1.8】　如果随机变量 X 的分布律由表2.1.7给出,它服从两点分布吗?

表2.1.7　例2.1.8的随机变量 X 的分布律

X	2	5
P	0.3	0.7

【例 2.1.9】　若离散型随机变量 X 的分布律见表 2.1.8.

表 2.1.8　例 2.1.9 的离散型随机变量 X 的分布律

X	0	1
P	$a-1$	a^2

①求常数 a.

②X 是否服从两点分布?

【例 2.1.10】　一个袋中有形状、大小完全相同的 3 个白球和 4 个红球.

①从中任意摸出一球,用 0 表示摸出白球,用 1 表示摸出红球,即 $X=\begin{cases}0,摸出白球\\1,摸出红球\end{cases}$,求 X 的分布律.

②从中任意摸出两个球,用"$X=0$"表示两个球全是白球,用"$X=1$"表示两个球不全是白球,求 X 的分布律.

2. 二项分布(Binomial Distribution)

二项分布的定义

若随机变量 X 的分布律为 $P\{X=k\}=C_n^k p^k(1-p)^{n-k}\geqslant 0,(k=0,1,2,\cdots,n,0<p<1)$,则称 X 服从参数为 n,p 的二项分布,记为 $X\sim B(n,p)$.

【注 1】二项分布的背景:n 重伯努利试验中"成功"(事件 A)的次数 $X\sim B(n,p)$,其中 $P=P(A)$,即一次试验成功的概率.

【注 2】"二项"名称的由来:因为 $\sum\limits_{k=0}^{n}C_n^k p^k q^{n-k}=(p+q)^n=1,(q=1-p)$ 恰好是二项展开式中的项.

【注 3】$n=1$ 时的二项分布 $X\sim B(1,p)$ 又称为 0-1 分布.

【例 2.1.11】　某人进行射击,设每次射击的命中概率为 0.03,独立射击 300 次. 试求至少命中两次的概率.

解　由题意可知,命中次数 $X\sim B(300,0.03)$,$n=300$,$p=0.03$,$q=0.97$ 即 X 的分布律为:

$$P\{X=k\}=C_{300}^k(0.03)^k(0.97)^{300-k},k=0,1,2,\cdots,300$$

于是所求概率为:

$$P(X\geqslant 2)=1-P(X=0)-P(X=1)=1-C_{300}^0(0.03)^0(0.97)^{300}-C_{300}^1(0.03)^1(0.97)^{299}$$
$$\approx 0.998\ 9$$

【注 4】全不成功的概率:$P\{X=0\}=(1-p)^n$

全部成功的概率:$P\{X=n\}=p^n$

至少成功一次的概率:$P\{X\geqslant 1\}=1-(1-p)^n$

至少成功两次的概率:$P\{X\geqslant 2\}=1-(1-p)^n-np(1-p)^{(n-1)}$

【注 5】关于小概率事件:

实际推断原理或小概率事件原理:"小概率事件在一次试验中几乎是不可能发生的."

只要试验次数很多,而且试验是独立地进行,那么小概率事件的发生几乎是可以肯定的.

【例2.1.12】 2022 年 8 月 19 日,首届世界职业院校技能大赛在天津开幕.工业机器人操作、增材制造、5G 通信网络布线……赛场上"科技感"满满,选手们"各显神通".为保证某企业设备正常工作,需要配备适量的工业维修机器人.设每台设备发生故障概率为 0.3,当设备发生故障台数不少于 3 台时,工业维修机器人出发进行作业(每个工业维修机器人每次作业负责 2~3 台设备).

①运行了 5 台设备,试求工业维修机器人出发进行作业的概率.

②运行了 7 台设备,试求工业维修机器人出发进行作业的概率.

解:①设 X 表示 5 次独立试验中设备发生故障的台数,则 $X \sim B(5,0.3)$

$$P(X \geqslant 3) = \sum_{k=3}^{5} C_5^k (0.3)^k (0.7)^{5-k} = 0.163\ 08$$

②令 Y 表示 7 次独立试验中设备发生故障的台数,则 $Y \sim B(7,0.3)$

$$P(Y \geqslant 3) = \sum_{k=3}^{7} C_7^k (0.3)^k (0.7)^{7-k} = 0.352\ 93$$

3. 泊松分布(Poisson Distribution)

泊松分布的定义

若随机变量 X 的分布律为:

$$P\{X = k\} = \frac{\lambda^k e^{-\lambda}}{k!}, \quad k = 0,1,2,\cdots$$

其中 $\lambda > 0$ 是常数,则称 X 服从参数为 λ 的泊松分布,记为 $X \sim P(\lambda)$.

【注】 泊松分布背景:一定时间或空间稀有事件发生的次数服从泊松分布.如一段时间内电话交换台接到呼唤的次数;某一地区一个时间间隔内发生交通事故的次数;织布工厂大批布匹上的瑕疵点的个数;医院在一天内的急症病人数;一本书一页中的印刷错误数等.

由上面内容可知,当 n 很大,p 很小,且 np 适中时,二项分布 $B(n,p)$ 可以近似计算;再由泊松分布的定义,即可知道:二项分布的逼近分布就是泊松分布 $P(\lambda)$,其中 $\lambda \approx np$.

近年来,人们发现很多随机现象都可利用泊松分布去描述.例如在社会生活中,各种服务需求量,如在一定时间内,某电话交换台接到的呼叫数,某公共汽车站来到的乘客数,某商场来到的顾客数或出售的某种货物数……它们都服从泊松分布,因此泊松分布在管理科学和运筹学中占很重要的地位.在生物学中,某区域内某种微生物的个数,某生物繁殖后代的数量等也服从泊松分布.放射性物质在一定时间内放射到指定地区的粒子数也是服从泊松分布的.

【例2.1.13】 某教科书出版了 2 000 册,因装订等原因造成错误的概率为 0.001,试求在这 2 000 册书中恰有 5 册错误的概率.

解:令 X 为 2 000 册书中错误的册数,则 $X \sim B(2\ 000,0.001)$.利用泊松分布近似计算,

$$\lambda = np = 2\ 000 \times 0.001 = 2$$

得

$$P(X=5) \approx \frac{e^{-2} 2^5}{5!} = 0.001\ 8$$

【例2.1.14】 某公安局在长度为 t 的时间间隔内收到的紧急呼救的次数 X 服从参数为

$(1/2)t$ 的泊松分布,而与时间间隔起点无关(时间以小时计). 求:

①某一天中午 12 时至下午 3 时没收到呼救的概率.

②某一天中午 12 时至下午 5 时至少收到 1 次呼救的概率.

解: ①$P(X=0) = \mathrm{e}^{-\frac{3}{2}}$

②$P(X \geqslant 1) = 1 - P(X=0) = 1 - \mathrm{e}^{-\frac{5}{2}}$

三、离散型随机变量的分布函数

前面我们初步研究了离散型随机变量及其分布律,在那里随机变量只取有限个或可列个值,有很大的局限性. 在许多随机现象中出现的一些变量,它们的取值可以充满某个区域或区间,概率论就是要研究它们的统计规律,当我们要描述一个随机变量时,不仅要说明它能够取哪些值,而且还要指出它取这些值的概率. 只有这样,才能真正完整地刻画一个随机变量,为此,我们引入随机变量的分布函数的概念.

例如:求随机变量 X 落在区间 $(x_1, x_2]$ 内的概率.

$$P\{x_1 < X \leqslant x_2\} = P\{X \leqslant x_2\} - P\{X \leqslant x_1\}$$

(一)分布函数

1. 分布函数的定义

分布函数

设 X 是一个随机变量,x 是任意实数,函数
$$F(x) = P(X \leqslant x) \quad (-\infty < x < +\infty)$$
称为 X 的分布函数. 有时记作 $X \sim F(x)$ 或 $F_X(x)$.

---

2. 分布函数的性质

①非负性:$0 \leqslant F(x) \leqslant 1$.

②单调非减:若 $x_1 < x_2$,则 $F(x_1) \leqslant F(x_2)$.

③规范性:$F(-\infty) = \lim\limits_{x \to -\infty} F(x) = 0$,$F(+\infty) = \lim\limits_{x \to +\infty} F(x) = 1$.

④右连续性:$\lim\limits_{x \to x_0^+} F(x) = F(x_0)$.

3. 重要公式

①$P\{a < X \leqslant b\} = F(b) - F(a)$.

②$P\{X > a\} = 1 - F(a)$.

证明:因为 $\{X \leqslant b\} = \{X \leqslant a\} \cup \{a < X \leqslant b\}$,

$\{X \leqslant a\} \cap \{a < X \leqslant b\} = \varnothing$,

所以 $P\{X \leqslant b\} = P\{X \leqslant a\} + P\{a < X \leqslant b\}$,故 $P\{a < X \leqslant b\} = F(b) - F(a)$.

③$P\{X > a\} = 1 - P\{X \leqslant a\} = 1 - F(a)$.

(二)离散型随机变量的分布函数

【例 2.1.15】 掷一枚质地均匀的硬币,观察出现的是正面还是反面,且 $X = \begin{cases} 1, \text{出现正面} \\ 0, \text{出现反面} \end{cases}$,

求 X 的分布函数 $F(x)$ 和概率 $P\{0<X\leqslant 1\}$，$P\{X>2\}$.

解：注意到 X 的所有可能取值为 0 和 1.

当 $x<0$ 时，$F(x)=P(X\leqslant x)=0$

当 $0\leqslant x<1$ 时，$F(x)=P(X\leqslant x)=P(X=0)=\dfrac{1}{2}$

当 $x\geqslant 1$ 时，$F(x)=P(X\leqslant x)=P(X=0)+P(X=0)=1$

故 X 的分布函数为 $F(x)=\begin{cases}0,x<0\\[2mm]\dfrac{1}{2},0\leqslant x<1\\[2mm]1,x\geqslant 1\end{cases}$

$P\{0<X\leqslant 1\}=F(1)-F(0)=\dfrac{1}{2}$

$P\{X>2\}=1-P\{X\leqslant 2\}=1-F(2)=1-1=0$

离散型随机变量的分布函数定义

一般来说，设离散型随机变量 X 的分布律为：

$$P(X=x_k)=p_k,k=1,2,\cdots$$

由概率的可列可加性得 X 的分布函数为：

$$F(x)=P(X\leqslant x)=\sum_{x_k\leqslant x}P(X=x_k)=\sum_{x_k\leqslant x}p_k$$

【例 2.1.16】 某建筑设计公司有两台设备，令 X 表示某时间内发生故障的设备数，并知其分布律为 $P\{X=0\}=0.5$，$P\{X=1\}=0.3$，$P\{X=2\}=0.2$，见表 2.1.9.

表 2.1.9　例 2.1.16 设备故障情况表

X	0	1	2
P	0.5	0.3	0.2

求 X 的分布函数 $F(x)$.

解：由于 X 的可能取值为 $0,1,2$，故应分情况讨论：

①当 $X<0$ 时，$F(x)=P\{X\leqslant x\}=0$.

②当 $0\leqslant X<1$ 时，$F(x)=P\{X\leqslant x\}=P\{X=0\}=0.5$.

③当 $1\leqslant X<2$ 时，$F(x)=P\{X\leqslant x\}=P\{X=0\}+P\{X=1\}=0.5+0.3=0.8$.

④当 $X\geqslant 2$ 时，$F(x)=P\{X\leqslant x\}=P\{X=0\}+P\{X=1\}+P\{X=2\}=0.5+0.3+0.2=1$.

总之，分布函数 $F(x)$ 如下，其分布图如图 2.1.2 所示.

$$F(x)=\begin{cases}0,x<0\\0.5,0\leqslant x<1\\0.8,1\leqslant x<2\\1,x\geqslant 2\end{cases}$$

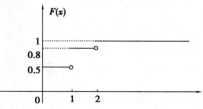

图 2.1.2　例 2.1.16 设备故障分布

任务实施

以设备 1 为例，设 5 年内设备 1 技术故障的年数为 X，则 $X \sim B(5,0.01)$，所以所求即为 $P(X=k)=C_5^k(0.01)^k(0.99)^{5-k}(k=0,1,\cdots,5)$.

拓展延伸

伯努利家族

伯努利家族(Bernoulli Family)又译作贝努利家族. 17—18 世纪瑞士的一个出过数理科学家多人的家族，原籍比利时安特卫普，产生了 8 位数学家. 1583 年作为新教信徒的伯努利一家，为了逃避天主教徒的屠杀而由比利时逃亡法兰克福，最后来到瑞士定居下来，开始经商糊口. 到了老尼古拉这一代，已经积累了大量财富，数学的禀赋才华逐渐在这个商人家族中沉淀下来，终于在雅各布·伯努利这一代爆发出来. 著名的雅各布·伯努利是雅各布一世. 这一代中，他的弟弟尼古拉一世和约翰一世，其中以雅各布和约翰最为有名，成就最大. 图 2.1.3 从左向右依次是雅各布一世·伯努利(Jakob Bernoulli，或 Jacques Bernoulli，或 James Bernoulli)、约翰一世·伯努利(Johann Bernoulli，或 Jean Bernoulli)和丹尼尔一世·伯努利(Daniel Bernoulli).

　(a)雅各布一世·伯努利　　　(b)约翰一世·伯努利　　　　(c)丹尼尔一世·伯努利

图 2.1.3　伯努利家族

雅各布一世 1654 年 12 月 27 生于巴塞尔，1705 年 8 月 16 日卒于同地. 他分别于 1671 和 1676 年获得艺术硕士和神学硕士学位，但他对数学有着浓厚的兴趣，他的数学几乎是无师自通的. 1676 年，他到荷兰、英国、德国、法国等地旅行，结识了莱布尼茨、惠更斯等著名科学家，从此与莱布尼茨一直保持通信联系，互相探讨微积分的有关问题. 1687 回国后，雅各布一世担任巴塞尔大学数学教授，教授实验物理和数学，直至去世. 由于雅各布一世杰出的科学成就，1699 年，他当选为巴黎科学院外籍院士；1701 年被柏林科学协会(后为柏林科学院)接纳为会员.

雅各布一世在概率论、微分方程、无穷级数求和、变分方法、解析几何等方面均有很大建树. 如悬链线问题(1690 年)、曲率半径公式(1694 年)、伯努利双纽线(1694 年)、伯努利微分方程(1695 年)、等周问题(1700 年)、伯努利数、伯努利大数定理等. 雅各布一世对数学最重大的贡献是概率论. 他从 1685 年起发表关于赌博游戏中输赢次数问题的论文,后来写成巨著《猜度术》,这本书在他死后 8 年,即 1713 年才得以出版. 他研究了柔链、薄片、风帆等在自重作用下的形状. 1694 年他指出拉伸试验中伸长量与拉伸力的 m 次幂成比例,m 由实验确定. 1729 年比尔芬格(1693—1750 年)根据雅各布一世 1687 年的实验数据给出 m 为 3/2. 雅各布一世在 1705 年研究过细杆在轴向力作用下的弹性曲线问题.

能力训练

1. 设随机变量 X 的概率分布为 $\dfrac{X \quad 0 \quad 1 \quad 2}{p \quad a \quad 0.2 \quad 0.5}$,则 $a = $ _____.

2. 某产品 15 件,其中有次品 2 件. 现从中任取 3 件,则抽得次品数 X 的概率分布为_____.

3. 设射手每次击中目标的概率为 0.7,连续射击 10 次,则击中目标次数 X 的概率分布为_____.

4. 一袋中装有 5 只球编号 1,2,3,4,5. 在袋中同时取 3 只,以 X 表示取出的 3 只球中最大号码,写出随机变量 X 的分布律.

5. 某无人驾驶汽车沿一街道行驶,需要通过 3 个均设有红绿信号灯的路口,每个信号灯为红或绿与其他信号灯为红或绿相互独立,且红绿两种信号灯显示的时间相等. 以 X 表示该汽车首次遇到红灯前已通过的路口的个数,求 X 的概率分布.

6. 若小明参加的考试一共 5 题,每题都是 4 个选项的单项选择题. 求:
①小明瞎猜答对 3 题的概率.
②小明瞎猜答对至少 3 题的概率.
③若考题一共有 100 题,其他条件不变,每题 1 分,小明瞎猜能及格的概率.

7. [疫苗研制问题]现有 70 个机构正在进行新冠肺炎疫苗的研究,若每个机构研究出来的概率为 0.05,则 70 个机构中至少有 k 个研制出来的概率是多少?

8. 假设我国的万发炮的命中率为 0.8,现有一架敌机即将入侵,如果欲以 99.9% 的概率击中它,则需配备此型号火炮多少门?

9. [降雨量问题]根据大家查阅的资料,武汉夏季 5—9 月 120 天内任一天出现暴雨的概率 0.019,假定各日是否出现暴雨相互独立. 求任一年夏季 120 天内出现暴雨日 X 的分布律.

10. [预警问题]某乡镇在堤坝安装了 5 台水位预警器,它们彼此独立工作,当洪水超过警戒水位时每台报警器报警的概率均为 0.95,那么防汛工作人员会上坝巡堤查险. 设 X 表示洪水超预警水位后,5 台报警器中报警的台数,求 X 的分布律.

11. 设随机变量 X 的分布律见表 2.1.10.

表 2.1.10　习题 11 随机变量 X 分布律

X	0	1	2	3
P	0.1	0.3	0.4	0.2

$F(x)$ 为其分布函数,则 $F(2) =$ (　　　).

12. 某建材公司生产玻璃制品,生产过程中玻璃制品常出现气泡,以至产品成为次品,设次品率为 0.001,现取 8 000 件产品,用泊松分布近似,求其中次品数小于 7 的概率(设各产品是否为次品相互独立).

13. 已知离散型随机变量 X 分布律见表 2.1.11.

表 2.1.11　习题 13 随机变量 X 分布律

X	0	1	2
P	$\dfrac{1}{3}$	$\dfrac{1}{6}$	$\dfrac{1}{2}$

求随机变量 X 的分布函数 $F(x)$.

14. 设随机变量 X 的分布律为表 2.1.12.

表 2.1.12　习题 14 随机变量 X 的分布律

X	-1	2	3
P_k	$\dfrac{1}{4}$	$\dfrac{1}{2}$	$\dfrac{1}{4}$

求随机变量 X 的分布函数 $F(x)$;$P\left(X \leqslant \dfrac{1}{2}\right)$;$P\left(\dfrac{3}{2} < X \leqslant \dfrac{5}{2}\right)$.

课件:离散型随机变量

任务二　连续型随机变量

学习目标

- 解释连续型随机变量的概率密度函数
- 能写出连续型随机变量的分布函数
- 能运用常见的连续型随机变量解决实际问题

任务描述与分析

1. 任务描述

近日,应急管理部会同工业和信息化部、自然资源部、住房和城乡建设部、交通运输部、水利部、农业农村部、卫生健康委、统计局、气象局、银保监会、粮食和储备局、林草局、中国红十字会总会、国铁集团等部门和单位,对 2021 年前三季度全国自然灾害情况进行了会商分析. 前三季度,我国自然灾害形势复杂严峻,极端天气气候事件多发,自然灾害以洪涝、风雹、干旱、台风、地震和地质灾害为主,低温冷冻和雪灾、沙尘暴、森林草原火灾和海洋灾害等也有不同程度发生.

表 2.2.1 为过去某地 32 年的水文资料显示年降雨量(单位:毫米),已知每年的降雨量是服从正态分布的,按照此数据若一年降雨量超过 1 300 毫米的概率是超过 30%,则该地区就要升级城市排水系统,那么按照该地区的情况,应该升级吗?

表 2.2.1 某地 32 年的年降雨量

单位:毫米

年份	年降雨量	年份	年降雨量	年份	年降雨量	年份	年降雨量
1989	1 027.2	1997	1 010.1	2005	729.6	2013	995.3
1990	1 266.6	1998	1 334.8	2006	813.2	2014	1 088.2
1991	983.9	1999	1 228.1	2007	921.7	2015	1 422.8
1992	1 622.7	2000	1 411.2	2008	1 029.2	2016	864.1
1993	945.7	2001	1 011.7	2009	753.2	2017	1 270.8
1994	1 509.4	2002	1 085.6	2010	1 182.7	2018	1 243.1
1995	1 025.3	2003	1 211.1	2011	1 382.1	2019	1 150.3
1996	1 097.5	2004	616.6	2012	1 211.5	2020	1 000.6

2. 任务分析

同学们可以先分析数据特点,结合特点计算出一年降雨量超过 1300 毫米的概率与 30% 的大小关系,从而做出决策.

知识链接

一、连续型随机变量的概率密度函数和分布函数

(一)连续型随机变量的概率密度函数和分布函数的定义

【案例 2.2.1】 某工厂生产一种零件,由于生产过程中各种随机因素的影响,零件尺寸不尽相同. 现随机抽取该厂生产的 100 个零件,测出相应尺寸(单位:厘米)(尺寸数据请扫描"课件:连续型随机变量"二维码).

微课:连续型随机变量的概念

请画出频率直方图,并计算 $P(X \leqslant 25.355)$.

连续型随机变量及其分布函数

对于随机变量 X,如果存在非负可积函数 $f(x)(-\infty < x < \infty)$,使得对任意 $a,b(a < b)$ 都有 $P(a < x < b) = \int_a^b f(x)\mathrm{d}x$,则称 X 为**连续型随机变量**,$f(x)$ 称为随机变量 X 的**概率密度函数**或简称**概率密度**,$F(x) = P(X \leqslant x) = \int_{-\infty}^x f(x)\mathrm{d}x$ 称为随机变量 X 的**分布函数**.

【注】连续型随机变量的分布函数是连续函数.

(二)概率密度函数的基本性质

性质1 (非负性)$f(x) \geqslant 0$.

性质2 (正则性)$\int_{-\infty}^{+\infty} f(x)\mathrm{d}x = 1$.

性质3 $P\{x_1 < X \leqslant x_2\} = F(x_2) - F(x_1) = \int_{x_1}^{x_2} f(x)\mathrm{d}x$.

性质4 若 $f(x)$ 在 x 处连续,则 $F'(x) = f(x)$.

性质5 连续型随机变量取特定值的概率为 0,即 $P\{X = a\} = 0$.

【注】讨论连续型随机变量在某区间内的概率时,不用区分是否包括端点在内,即

$$P\{a < X < b\} = P\{a \leqslant X \leqslant b\} = P\{a \leqslant X < b\} = P\{a < X \leqslant b\} = \int_a^b f(x)\mathrm{d}x$$

【注】这可以作为反例说明概率为零的事件不一定是不可能事件.

【例2.2.1】 设连续型随机变量 X 的分布函数为 $F(x) = \begin{cases} 0 & ,x < 0 \\ x^2 & ,0 \leqslant x < 1 \\ 1 & ,x \geqslant 1 \end{cases}$,

求:①密度函数 $f(x)$;②$P\left\{\dfrac{1}{2} \leqslant X \leqslant 2\right\}$.

解:①当 $0 \leqslant x < 1$ 时,$f(x) = F'(x) = 2x$;当 $x < 0, x \geqslant 1$ 时,$f(x) = F'(x) = 0$,

因此 $f(x) = \begin{cases} 2x & , \quad 0 \leqslant x < 1 \\ 0 & , \quad x < 0, x \geqslant 1 \end{cases}$

②$P\left\{\dfrac{1}{2} \leqslant X \leqslant 2\right\} = F(2) - F\left(\dfrac{1}{2}\right) = 1 - \dfrac{1}{4} = \dfrac{3}{4}$

【例2.2.2】 设随机变量 X 的概率密度为

$$f(x) = \begin{cases} x & , \quad 0 \leqslant x < 1 \\ 2-x & , \quad 1 \leqslant x < 2 \\ 0 & , \quad \text{其他} \end{cases}$$

求 X 的分布函数 $F(x)$.

解:当 $x < 0$ 时,$F(x) = 0$

当 $0 \leqslant x < 1$ 时, $F(x) = \int_{-\infty}^{x} f(t)\,\mathrm{d}t = \int_{-\infty}^{0} f(t)\,\mathrm{d}t + \int_{0}^{x} f(t)\,\mathrm{d}t$

$$= \int_{0}^{x} t\,\mathrm{d}t = \frac{x^2}{2}$$

当 $1 \leqslant x < 2$ 时, $F(x) = \int_{-\infty}^{x} f(t)\,\mathrm{d}t$

$$= \int_{-\infty}^{0} f(t)\,\mathrm{d}t = \int_{0}^{1} f(t)\,\mathrm{d}t + \int_{1}^{x} f(t)\,\mathrm{d}t$$

$$= \int_{0}^{1} t\,\mathrm{d}t + \int_{1}^{x} (2 - t)\,\mathrm{d}t$$

$$= \frac{1}{2} + 2x - \frac{x^2}{2} - \frac{3}{2}$$

$$= -\frac{x^2}{2} + 2x - 1$$

当 $x \geqslant 2$ 时, $F(x) = \int_{-\infty}^{x} f(t)\,\mathrm{d}t = 1$

故 $F(x) = \begin{cases} 0, & x < 0 \\ \dfrac{x^2}{2}, & 0 \leqslant x < 1 \\ -\dfrac{x^2}{2} + 2x - 1, & 1 \leqslant x < 2 \\ 1, & x \geqslant 2 \end{cases}$

【例 2.2.3】 设某种仪器内装有三只同样的电子管,电子管使用寿命 X 的密度函数为

$$f(x) = \begin{cases} \dfrac{100}{x^2}, & x \geqslant 100 \\ 0, & x < 100 \end{cases}$$

求:①在开始 150 小时内没有电子管损坏的概率.

②在这段时间内有一只电子管损坏的概率.

③$F(x)$.

解:① $P(X \leqslant 150) = \int_{100}^{150} \dfrac{100}{x^2}\,\mathrm{d}x = \dfrac{1}{3}$.

$$p_1 = [P(X > 150)]^3 = \left(\frac{2}{3}\right)^3 = \frac{8}{27}$$

② $p_2 = C_3^1 \dfrac{1}{3} \left(\dfrac{2}{3}\right)^2 = \dfrac{4}{9}$

③当 $x < 100$ 时, $F(x) = 0$

当 $x \geqslant 100$ 时, $F(x) = \int_{-\infty}^{x} f(t)\,\mathrm{d}t$

$$= \int_{-\infty}^{100} f(t)\,\mathrm{d}t + \int_{100}^{x} f(t)\,\mathrm{d}t$$

$$= \int_{100}^{x} \frac{100}{t^2}\,\mathrm{d}t = 1 - \frac{100}{x}$$

故
$$F(x) = \begin{cases} 1 - \dfrac{100}{x}, & x \geqslant 100 \\ 0, & x < 100 \end{cases}$$

二、常见连续型随机变量及其分布

(一)均匀分布(Uniform Distribution)

【案例 2.2.2】 据气象部门预测,某号台风即将在我国东南沿海某地桩号为 1 000~2 000 千米的海岸线登陆,如果登陆点 X 是在 1 000~2 000 千米的区间上服从均匀分布的随机变量. 求该号台风在桩号为 1 200~1 700 千米的区间内登陆的概率.

> **均匀分布**
>
> 设 X 的密度函数为
> $$f(x) = \begin{cases} \dfrac{1}{b-a}, & a < x < b \\ 0, & 其他 \end{cases}$$
> 则称 X 在区间 (a,b) 上服从**均匀分布**[或服从区间 (a,b) 上的均匀分布],记为 $X \sim U(a,b)$.

【注】均匀分布的背景:随机变量 X 落在区间 (a,b) 中任意等长度的子区间内的可能性是相同的. 或者说,它落在区间 (a,b) 的子区间内的概率只依赖于子区间的长度而与子区间的位置无关.

【例 2.2.4】 某公共汽车从上午 7:00 起每隔 15 分钟有一趟班车经过某车站,即 7:00,7:15,7:30,…,时刻有班车到达此车站,如果某乘客是在 7:00 至 7:30 到达此车站候车,求他等候不超过 5 分钟便能乘上汽车的概率.

解:设乘客于 7 点过 X 分钟到达车站,则 $X \sim U[0,30]$,即其概率密度为 $f(x) = \begin{cases} \dfrac{1}{30}, & 0 \leqslant x \leqslant 30 \\ 0, & 其他 \end{cases}$,于是该乘客等候不超过 5 分钟便能乘上汽车的概率为:

$$P\{10 \leqslant X \leqslant 15 \text{ 或 } 25 \leqslant X \leqslant 30\} = P\{10 \leqslant X \leqslant 15\} + P\{25 \leqslant X \leqslant 30\}$$
$$= \int_{10}^{15} \frac{1}{30} \mathrm{d}x + \int_{25}^{30} \frac{1}{30} \mathrm{d}x = \frac{5}{30} + \frac{5}{30} = \frac{1}{3}.$$

【例 2.2.5】 设一电阻的阻值 X 是一个随机变量,均匀分布在 900~1100 Ω,求 X 的密度函数及 X 落在 950~1 050 Ω 的概率.

解:X 的密度函数为:$f(x) = \begin{cases} \dfrac{1}{1\,100 - 900} = \dfrac{1}{200}, & 900 \leqslant x \leqslant 1\,100 \\ 0, & x < 900, x > 1\,100 \end{cases}$

$$P\{950 < X < 1\,050\} = \int_{950}^{1\,050} \frac{1}{200} \mathrm{d}x = 0.5$$

这里小区间 $[950, 1\,050]$ 长度恰好是总长度的一半.

(二)指数分布(Exponential Distribution)

【案例 2.2.3】 某台计算机在毁坏前运行的总时间(单位:小时)是一个连续型随机变

量,其密度函数为:

$$f(x) = \begin{cases} \lambda e^{-\frac{x}{100}}, & \text{当 } x \geq 0 \\ 0, & \text{当 } x < 0 \end{cases}$$

求:λ 的值;这台计算机在毁坏前能运行 50 ~ 150 小时的概率.

指数分布

若 X 的密度函数为

$$f(x) = \begin{cases} \lambda e^{-\lambda x}, & x > 0 \\ 0, & \text{其他} \end{cases}$$

（$\lambda > 0$ 常数），则称 X 服从参数为 λ 的指数分布,记为 $X \sim E(\lambda)$.

【注】指数分布的背景:指数分布在实际中有重要的作用,它可以作为各种"寿命"分布的近似,也可作为生活中某个特定事件发生所需要等待(或失效)的时间的分布. 如电子元件的寿命;轮胎寿命;电话的通话时间;各种服务系统的服务时间,等待时间等都服从指数分布.

【例 2.2.6】 数控装置是数控机床的核心,包括硬件(印刷电路板、CRT 显示器、键盒、纸带阅读机等)以及相应的软件. 假设其印刷电路板寿命服从参数为 $\lambda = \dfrac{1}{2\ 000}$ 的指数分布(单位:小时).

①求此印刷电路板能够使用 1 000 小时以上的概率.

②如果已知一块印刷电路板已经正常使用了 1 000 小时,继续使用 1 000 小时的概率.

解:设 X 表示电子元件的寿命,则依据题意 X 服从 $\lambda = \dfrac{1}{2\ 000}$ 的指数分布,即 X 的概率密度

为:$f(x) = \begin{cases} \dfrac{1}{2\ 000} e^{-\frac{x}{2\ 000}}, & x \geq 0 \\ 0, & x < 0 \end{cases}$

①所求概率为:

$$P\{X > 1\ 000\} = \int_{1\ 000}^{+\infty} \frac{1}{2\ 000} e^{-\frac{x}{2\ 000}} dx = -e^{-\frac{x}{2\ 000}} \Big|_{1\ 000}^{+\infty} = e^{-\frac{1}{2}} \approx 0.607$$

② $$P\{X > 2\ 000 \mid X > 1\ 000\} = \frac{P\{X > 2\ 000\}}{P\{X > 1\ 000\}} = e^{-\frac{1}{2}} \approx 0.607$$

由此可以看出,指数分布具有"无记忆性",即使用 N 年后继续使用的时间的概率与先前已使用的时间无关.

【例 2.2.7】 根据历史资料分析,某地连续两次强地震之间间隔的年数 X 是一个随机变量,它服从参数为 0.1 的指数分布. 现在该地刚刚发生了一次强地震,试求:

①今后三年内再次发生强地震的概率?

②今后三年至五年内再次发生强地震的概率?

解:X 的密度函数为:$f(x) = \begin{cases} 0.1 e^{-0.1x}, & x > 0 \\ 0, & x \leq 0 \end{cases}$

① $P\{X \leq 3\} = \int_0^3 0.1 e^{-0.1x} dx = 1 - e^{-0.3} \approx 0.26$

② $P\{3 < X \le 5\} = \int_3^5 0.1e^{-0.1x}dx = e^{-0.3} - e^{-0.5} \approx 0.13$

【例2.2.8】　设顾客在某银行的窗口等待服务的时间 X（单位：分钟）服从指数分布 $E\left(\dfrac{1}{5}\right)$. 某顾客在窗口等待服务，若超过10分钟他就离开. 他一个月要到银行5次，以 Y 表示一个月内他未等到服务而离开窗口的次数，试写出 Y 的分布律，并求 $P\{Y \ge 1\}$.

解：依题意知 $X \sim E\left(\dfrac{1}{5}\right)$，即其密度函数为

$$f(x) = \begin{cases} \dfrac{1}{5}e^{-\frac{x}{5}}, & x > 0 \\ 0, & x \le 0 \end{cases}$$

该顾客未等到服务而离开的概率为

$$P(X > 10) = \int_{10}^{\infty} \frac{1}{5}e^{-\frac{x}{5}}dx = e^{-2}$$

$Y \sim B(5, e^{-2})$，即其分布律为：
$$P(Y = k) = C_5^k(e^{-2})^k(1 - e^{-2})^{5-k}, k = 0,1,2,3,4,5$$
$$P(Y \ge 1) = 1 - P(Y = 0) = 1 - (1 - e^{-2})^5 = 0.5167$$

（三）正态分布（Normal Distribution）

1. 正态分布的定义

微课：常见连续型
随机变量-正态分布

正态分布

若 X 的密度函数为

$$f(x) = \frac{1}{\sqrt{2\pi}\,\sigma}e^{-\frac{(x-\mu)^2}{2\sigma^2}} \quad (-\infty < x < +\infty)$$

（$\mu, \sigma > 0$ 为常数），则称 X 服从参数为 μ, σ^2 的**正态分布**或**高斯**（Gauss）**分布**，记为 $X \sim N(\mu, \sigma^2)$. 分布函数：

$$F(x) = \frac{1}{\sqrt{2\pi}\,\sigma}\int_{-\infty}^{x} e^{-\frac{(t-\mu)^2}{2\sigma^2}}dt$$

【注】正态分布是概率统计中最重要的一个分布. 在自然界和社会经济现象中大量随机变量都服从或近似服从正态分布. 如测量误差；人的身高和体重；产品的尺寸（直径，长度，宽度等）；农作物的产量；波浪的高度；电子管中的噪声电流和电压；炮弹的射程；学生的成绩等. 事实上，如果影响某个随机变量的因素很多，而每一个因素都不起决定性作用，且这些影响是可以叠加的，那么这个随机变量就可以被认为是服从正态分布.

标准正态分布（Standard Normal Distribution）

$X \sim N(0,1)$，其密度函数和分布函数分别特记为 $\varphi(x)$ 和 $\Phi(x)$，

即 $\varphi(x) = \dfrac{1}{\sqrt{2\pi}}e^{-\frac{x^2}{2}}$, $(-\infty < x < +\infty)$; $\Phi(x) = \dfrac{1}{\sqrt{2\pi}}\int_{-\infty}^{x} e^{-\frac{t^2}{2}}dt$

图 2.2.1 为标准正态分布的概率密度函数 $\varphi(x)$ 图像,可知其分布函数 $\Phi(x)$ 具有如下性质:

$$\Phi(0) = 1/2; \Phi(-x) = 1 - \Phi(x)$$

2. 正态分布的密度函数的图像和性质

我们先来观察它的密度函数的图形(图 2.2.2).

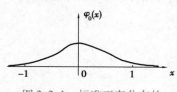

图 2.2.1 标准正态分布的
概率密度函数

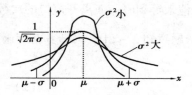

图 2.2.2 正态分布的
密度函数

(1)正态密度曲线:参数 μ,σ^2 对密度曲线的影响:

①当 σ^2 不变 μ 改变时,密度曲线.

$y = f(x) = \dfrac{1}{\sqrt{2\pi}\,\sigma}e^{-\frac{(x-\mu)^2}{2\sigma^2}}$ 形状不变,但位置要沿 x 轴方向左,右平移.

②当 μ 不变 σ^2 改变时, σ^2 变大,曲线变平坦; σ^2 变小,曲线变尖窄.

(2)标准正态分布:称 $\mu = 0,\sigma^2 = 1$ 的正态分布 $N(0,1)$ 为标准正态分布,其概率密度为:

$$\varphi(x) = \frac{1}{\sqrt{2\pi}}e^{-\frac{x^2}{2}}, \quad -\infty < x < +\infty$$

由此可见:

①正态分布是由它的平均数 μ 和标准差 σ 唯一决定的. 常把它记为 $N(\mu,\sigma^2)$.

②从形态上看,正态分布是一条单峰、对称呈钟形的曲线,其对称轴为 $x = \mu$,并在 $x = \mu$ 时取最大值. 从 $x = \mu$ 点开始,曲线向正负两个方向递减延伸,不断逼近 x 轴,但永不与 x 轴相交,因此说曲线在正负两个方向都是以 x 轴为渐近线的.

③通过正态分布的曲线,可知正态曲线具有两头低、中间高、左右对称的基本特征.

3. 标准正态分布与一般正态分布的关系

若 $X \sim N(\mu,\sigma^2)$,则 X 在区间 $[a,b]$ 上的概率为:

$$P\{a < X < b\} = \int_a^b f(x)\,\mathrm{d}x = \int_{-\infty}^b f(x)\,\mathrm{d}x - \int_{-\infty}^a f(x)\,\mathrm{d}x = F(b) - F(a)$$

$$= \Phi\left(\frac{b-\mu}{\sigma}\right) - \Phi\left(\frac{a-\mu}{\sigma}\right)$$

标准正态分布是正态分布研究的重点,各式各样的正态分布可以通过:

$$F(x) = \Phi\left(\frac{x-\mu}{\sigma}\right)$$

转换成标准正态曲线,转换后正态分布的各项性质保持不变,而标准正态分布的概率又可以通过查表求得.

对于标准正态分布 $N(0,1)$,其分布函数 $\Phi(x)$ 具有以下的性质:

① $\Phi(-x) = 1 - \Phi(x)$.

② $P\{|X| < c\} = 2\Phi(c) - 1$.

【例 2.2.9】　设 $X \sim N(0,1)$，求 $P\{-1 < X < 2\}$.

解：$P\{-1 < X < 2\} = \Phi(2) - \Phi(-1) = \Phi(2) - [1 - \Phi(1)] = \Phi(2) + \Phi(1) - 1$
$= 0.977\ 2 + 0.841\ 3 - 1 = 0.818\ 5$

【例 2.2.10】　设 $X \sim N(2.3,4)$，试求 $P\{2 < x < 4\}$.

解：$P\{2 < X < 4\} = \Phi\left(\dfrac{4 - 2.3}{2}\right) - \Phi\left(\dfrac{2 - 2.3}{2}\right) = \Phi(0.85) - \Phi(-0.15)$
$$= \Phi(0.85) - [1 - \Phi(0.15)] = 0.802\ 3 + 0.559\ 6 - 1 = 0.361\ 9$$

【例 2.2.11】　某人乘汽车去火车站乘火车，有两条路可走. 第一条路程较短但交通拥挤，所需时间 X 服从 $N(40,10^2)$；第二条路程较长，但阻塞少，所需时间 X 服从 $N(50,4^2)$.

①若动身时离火车开车只有 1 小时，问应走哪条路能乘上火车的把握大些？

②又若离火车开车时间只有 45 分钟，问应走哪条路赶上火车把握大些？

解：①若走第一条路，$X \sim N(40,10^2)$，则：
$$P(X < 60) = P\left(\dfrac{X - 40}{10} < \dfrac{60 - 40}{10}\right) = \Phi(2) = 0.977\ 2$$

若走第二条路，$X \sim N(50,4^2)$，则：
$$P(X < 60) = P\left(\dfrac{X - 50}{4} < \dfrac{60 - 50}{4}\right) = \Phi(2.5) = 0.993\ 8$$

故走第二条路乘上火车的把握大些.

②若 $X \sim N(40,10^2)$，则：
$$P(X < 45) = P\left(\dfrac{X - 40}{10} < \dfrac{45 - 40}{10}\right) = \Phi(0.5) = 0.691\ 5$$

若 $X \sim N(50,4^2)$，则：
$$P(X < 45) = P\left(\dfrac{X - 50}{4} < \dfrac{45 - 50}{4}\right) = \Phi(-1.25)$$
$$= 1 - \Phi(1.25) = 0.105\ 6$$

故走第一条路乘上火车的把握大些.

【例 2.2.12】　由抽样分析表明本校新生的外语成绩近似服从正态分布 $N(72,12^2)$，试求新生外语成绩在 $60 \sim 84$ 分的概率.

解：用 X 表示学生的外语成绩这个随机变量，则
$$X \sim N(72,12^2)$$

所求的概率为
$$P\{60 \leqslant X \leqslant 84\} = P\left\{\dfrac{60 - 72}{12} \leqslant \dfrac{X - 72}{12} \leqslant \dfrac{84 - 72}{12}\right\} = P\left\{-1 \leqslant \dfrac{X - 72}{12} \leqslant 1\right\}$$
$$= \Phi(1) - \Phi(-1) = 2\Phi(1) - 1 = 2 \times 0.841\ 3 - 1 = 0.682\ 6$$

即成绩在 $60 \sim 84$ 分的学生人数占总人数的 68.26%.

【例 2.2.13】　由某机器生产的螺栓长度（单位：厘米）$X \sim N(10.05,0.06^2)$，规定长度在 10.05 ± 0.12 内为合格品，求一螺栓为不合格品的概率.

解：$P(|X - 10.05| > 0.12) = P\left(\left|\dfrac{X - 10.05}{0.06}\right| > \dfrac{0.12}{0.06}\right)$
$$= 1 - \Phi(2) + \Phi(-2) = 2[1 - \Phi(2)]$$
$$= 0.045\ 6$$

【例 2.2.14】　一工厂生产的电子管寿命 X（单位：小时）服从正态分布 $N(160,\sigma^2)$，若要求 $P\{120 < X \leqslant 200\} \geqslant 0.8$，允许 σ 最大不超过多少？

解：$P(120 < X \leqslant 200) = P\left(\dfrac{120-160}{\sigma} < \dfrac{X-160}{\sigma} \leqslant \dfrac{200-160}{\sigma}\right)$

$$= \Phi\left(\frac{40}{\sigma}\right) - \Phi\left(\frac{-40}{\sigma}\right) = 2\Phi\left(\frac{40}{\sigma}\right) - 1 \geqslant 0.8$$

故 $$\sigma \leqslant \frac{40}{1.29} = 31.25$$

【例 2.2.15】 "3σ 原则"：如图 2.2.3 所示，在 $(\mu-3\sigma,\mu+3\sigma)$ 以外取值的概率只有 0.002 6. 由于这些概率值很小（一般不超过 5 %），通常称这些情况发生为小概率事件. 在实际问题中只考虑这个区间，称之为 3σ 原则.

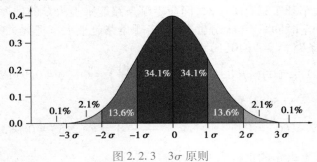

图 2.2.3 3σ 原则

我们可以得出以下结论：

$$P(\mu-\sigma < X \leqslant \mu+\sigma) = 0.682\ 6$$
$$P(\mu-2\sigma < X \leqslant \mu+2\sigma) = 0.954\ 4$$
$$P(\mu-3\sigma < X \leqslant \mu+3\sigma) = 0.997\ 4$$

在质量管理中，当生产条件处于稳定状态时，产品的质量指标可认为是服从正态分布的，因而实际操作中常常以样本值是否落在 $[\mu-3\sigma,\mu+3\sigma]$ 内，作为判断生产过程是否正常的重要标志. 这就是质量控制的依据.

任务实施

分析数据分布特点符合正态分布，计算得出所求概率大于 30%，所以应该升级排水系统.

拓展延伸

1. 指数分布

在概率理论中指数分布（图 2.2.4）是描述泊松过程中的事件之间的时间的概率分布，即事件以恒定平均速率连续且独立地发生的过程. 这是伽马分布的一个特殊情况. 它是几何分布的连续模拟，它具有无记忆的关键性质. 除了用于分析泊松过程外，还可以在其他各种环境中找到. 这表示如果一个随机变量呈指数分布，当 $s,t > 0$ 时，有 $P(T>t+s\,|\,T>t) = P(T>s)$. 即如果 T 是某一元件的寿命，已知元件使用了 t 小时，它总共使用至少 $s+t$ 小时的条件概率，与从开始使用时算起它使用至少 s 小时的概率相等.

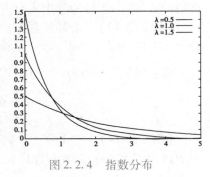

图 2.2.4 指数分布

2. 正态分布

正态分布概念是由法国数学家亚伯拉罕·棣·莫弗（Abraham de Moivre，图 2.2.5）于 1733 年首次提出的，后由德国数学家高斯（图 2.2.6）率先将其应用于天文学研究，故正态分布又称为高斯分布，高斯这项工作对后世的影响极大，后世之所以多将最小二乘法的发明权归之于他，也是出于这一工作. 但德国 10 马克的印有高斯头像的钞票，其上还印有正态分布的密度曲线（图 2.2.7）. 这传达了一种想法：在高斯的一切科学贡献中，其对人类文明影响最大者，非此项莫属. 在高斯刚作出这个发现之初，也许人们还只能从其理论的简化上来评价其优越性，其全部影响还不能充分看出来. 这要到 20 世纪正态小样本理论充分发展起来以后. 拉普拉斯很快得知高斯的工作，并马上将其与他发现的中心极限定理联系起来，为此，他在即将发表的一篇文章（发表于 1810 年）上加上了一点补充，指出如若误差可看成许多量的叠加，根据他的中心极限定理，误差理应有高斯分布. 这是历史上第一次提到所谓"元误差学说"——误差是由大量的、由种种原因产生的元误差叠加而成.

图 2.2.5　亚伯拉罕·棣·莫弗　　图 2.2.6　高斯　　图 2.2.7　德国的 10 马克

后来到 1837 年，G. 海根（G. Hagen）在一篇论文中正式提出了这个学说. 其实，他提出的形式有相当大的局限性：海根把误差设想成个数很多的、独立同分布的"元误差"之和，每个只取两值，其概率都是 1/2，由此出发，按亚伯拉罕·棣·莫弗的中心极限定理，立即就得出误差（近似地）服从正态分布. 拉普拉斯所指出的这一点有重大意义，在于他给误差的正态理论一个更自然合理、更令人信服的解释.

能力训练

1. 设连续性随机变量 X 的密度函数为 $f(x) = \begin{cases} Ax^2, & 0 \leqslant x \leqslant 1 \\ 0, & \text{其他} \end{cases}$，则常数 $A =$ ＿＿＿＿＿＿＿＿.

2. 设随机变量 $X \sim N(2, \sigma^2)$，已知 $P(2 \leqslant X \leqslant 4) = 0.4$，则 $P(X \leqslant 0) =$ ＿＿＿＿＿＿＿＿.

3. 已知连续型随机变量 X 的密度函数为 $f(x) = \begin{cases} Ae^{-\lambda x}, & x \geqslant 0 \\ 0, & x < 0 \end{cases}$，其中 λ 为正常数. 求：

①常数 A 的值.

② X 在 $[0, 1]$ 内的概率.

③ X 的分布函数.

4. 一种电子管的使用寿命为 X 小时,其概率密度为 $f(x) = \begin{cases} \dfrac{100}{x^2}, & x \geq 100 \\ 0, & x < 100 \end{cases}$,某仪器内装有三个这样电子管,试求使用 150 小时内只有一个电子管需要换的概率.

5. 设 $Z \sim N(0,1)$,求 $P\{Z \leq 1.24\}$, $P\{1.24 < Z \leq 2.37\}$, $P\{-2.37 < Z \leq -1.24\}$.

6. 设 $X \sim N(3,16)$,求 $P\{4 < X \leq 8\}$, $P\{0 \leq X \leq 5\}$.

7. 公共汽车门的高度是按男子与车门碰头的机会在 0.01 以下来设计的,设男子的身高 $X \sim N(168,49)$,问车门的高度应如何确定?($\Phi(2.33) = 0.99$)

8. [考试问题] 在某次数学考试中,考生的成绩 X 服从正态分布 $X \sim N(90,100)$. 求考试成绩 X 位于区间 $(70,110)$ 上的概率是多少?若此次考试共有 2 000 名考生,试估计考试成绩在 $(80,100)$ 间的考生大约有多少人?

9. 调查某地方考生的外语成绩 X 近似服从正态分布,平均成绩为 72 分,96 分以上的占考生总数的 2.3% . 试求:

①考生的外语成绩在 60 ~ 84 分的概率.

②该地外语考试的及格率.

③若及格线是 96 分,求不及格的人数.($\Phi(1) = 0.841\ 3$, $\Phi(2) = 0.977$)

10. 设有一项工程有甲、乙两家公司投标承包. 甲公司要求投资 2.8 亿元,但预算外开支波动较大,设实际费用 $X \sim N(2.8, 0.5^2)$. 乙公司要求投资 3 亿元,但预算外开支波动较小,设实际费用 $Y \sim N(3, 0.2^2)$. 现假定工程资方掌握资金(a)3 亿元,(b)3.4 亿元,为了在这两种情况下,不至造成资金赤字,选择哪家公司来承包较为合理?

11. 设测量从某地到某一目标的距离时带有的随机误差 X 具有概率密度为:

$$f(x) = \frac{1}{40\sqrt{2\pi}} e^{-\frac{(x-20)^2}{3\ 200}}, \quad (-\infty < x < +\infty)$$

①求误差的绝对值不超过 30 的概率.

②如果接连测三次,各次测量是相互独立的. 求至少有一次误差的绝对值不超过 30 的概率.

课件:连续型随机变量

模块三
数字特征和大数定律

　　随机变量的概率分布能够完整地描述随机变量的概率性质.

　　但是这还不足以给人留下直观的总体印象.

　　有时不需要去全面考察随机变量的整体变化情况,只需知道随机变量的某些统计特征就可以了.

　　例如,在检查一批棉花的质量时,只需要注意纤维的平均长度,以及纤维长度与平均长度的偏离程度.

　　再如,在评定一批灯泡的质量时,主要看这批灯泡的平均寿命和灯泡寿命相对于平均寿命的偏差.

　　从这两个例子可以看到,某些与随机变量有关的数字,虽然不能完整地描述随机变量,但却可以概括描述它在某些方面的特征.这些能代表随机变量主要特征的数字,称为随机变量的数字特征.

　　本模块介绍随机变量的几个常用数字特征:数学期望、方差.

任务一　数字特征

- 掌握随机变量的数字特征(数学期望、方差)的概念
- 能用数字特征的定义、常用计算公式及基本性质计算具体分布的数字特征
- 能利用随机变量 X 的概率分布求其函数 $g(X)$ 的数字期望 $E[g(X)]$

任务描述与分析

1. 任务描述

生态环境监测是生态环境保护的重要一环,是生态文明建设的重要支撑. 环保部在"十二五"规划中,已明确将氨氮、氮氧化物的监测约束性指标加入到现有的监测指标中,因此水质监测行业必将在现有基础上增加这两方面设备的投入. 某地政府为实施水质监测,需要采购一种水文检测设备. 现对甲、乙两工厂生产的水文检测设备进行选购,其使用寿命(单位:小时)的分布律见表 3.1.1 和表 3.1.2,试比较两厂生产的产品质量以便决策之用.

表 3.1.1　甲工厂生产的设备的使用寿命　单位:小时

X	800	900	1 000	1 100	1 200
P	0.1	0.2	0.4	0.2	0.1

表 3.1.2　乙工厂生产的设备的使用寿命　单位:小时

Y	800	900	1 000	1 100	1 200
P	0.2	0.2	0.2	0.2	0.2

2. 任务分析

要比较两厂生产的产品质量,可以比较两厂产品的寿命的平均水平,哪个厂家产品寿命更长哪个厂的质量就更好.

知识链接

一、随机变量的数学期望

(一)数学期望的概念

【案例 3.1.1】　由于新冠病毒的潜伏期较长,导致患者需做多次核酸检测才能确诊,现随机抽查了 100 名新冠患者,他们确诊做的核酸检测次数情

微课:数学期望

况见表 3.1.3.

表 3.1.3　100 名新冠患者确诊时所做的核酸检测次数

X	1	2	3	4	5	6	7	8	9	10
人数/人	20	10	15	15	10	8	5	10	5	2

根据以上条件如何计算某新冠患者确诊需要检测的平均检测次数？

解析:某新冠患者确诊需要检测的平均检测次数为

$$\frac{1\times20+2\times10+3\times15+4\times15+5\times10+6\times8+7\times5+8\times10+9\times5+10\times2}{100}$$

将它记为 $E(X)$.

对上式稍作变形得

$$E(X)=1\times\frac{20}{100}+2\times\frac{10}{100}+3\times\frac{15}{100}+4\times\frac{15}{100}+5\times\frac{10}{100}+6\times\frac{8}{100}+7\times\frac{5}{100}+8\times\frac{10}{100}+9\times\frac{5}{100}+10\times\frac{2}{100}=4.23（次）$$

上式可以作为某新冠患者确诊需要检测的平均检测次数,它是由 X 的取值与其相应的概率相乘后求和得到的. 由此,可以看到这种反映随机变量取值"平均"意义特征的数值,恰好是这个随机变量取的一切可能值与相应概率乘积之和,称其为随机变量的数学期望.

定义:设 X 是离散型随机变量,其概率函数为 $P\{X=x_k\}=p_k(k=1,2,\cdots)$,见表 3.1.4.

表 3.1.4　离散型随机变量与概率函数

X	x_1	x_2	$\cdots$	x_n	$\cdots$
P	p_1	p_2	$\cdots$	p_n	$\cdots$

如果级数 $\sum_{k=1}^{\infty}x_kp_k$ 绝对收敛,则定义 X 的**数学期望**为 $E(X)=\sum_{k=1}^{\infty}x_kp_k.$

设 X 为连续型随机变量,其概率密度为 $f(x)$,如果广义积分 $\int_{-\infty}^{+\infty}xf(x)\mathrm{d}x$ 绝对可积,则定义 X 的**数学期望**为 $E(X)=\int_{-\infty}^{+\infty}xf(x)\mathrm{d}x.$

【注1】数学期望即随机变量的平均取值,它是 X 所有可能取值以概率为权重的加"权"平均. 考察随机变量的平均取值.

【注2】连续型随机变量的数学期望和离散型随机变量的数学期望的实质是相同的: $\int_{-\infty}^{+\infty}$ 相当于 $\sum_k$;x 相当于 x_k;$f(x)\mathrm{d}x$ 相当于 p_k.

【注3】物理解释:数学期望的应用之一——重心. 设有总质量为 m 的 r 个质点 $A_1,A_2,\cdots,A_r$ 构成的质点系,记点 A_i 在 x 轴上的坐标为 x_i,质量为 $m_i(i=1,2,\cdots,r)$,求该质点系的重心坐标.

解:记质点系的重心坐标为 x_c,于是 $x_c=\frac{x_1m_1+x_2m_2+\cdots+x_rm_r}{m}=\sum_{i=1}^{r}x_i\frac{m_i}{m}$,这里 $\frac{m_i}{m}$ 是在点 x_i 处的质量占总质量的比重,因此质点的重心坐标是质点坐标以比重为权的加"权"平均.

【例3.1.1】　我们需要在人群中进行核酸检测. 假设 10 个人一组进行检验. 有如下两种方案:

方案一:每个人的检测样本分别检测,要检测 10 次;

方案二:把这 10 个人的检测样本混合起来进行检测,如果结果为阴性,则 10 个人只需检测 1 次;若结果为阳性,则需对 10 个人再逐个检测,总计检测 11 次.

先假定人群中这种病的患病率 p 为 10%,且每人患病(检测为阳性)与否是相互独立的.试问:哪种方案工作效率更高?

解: 设方案二中需要检测的次数为 X,则其分布律见表 3.1.5.

表 3.1.5　方案二中的检测次数分布律

X	1	11
P	0.99^{10}	$1-0.99^{10}$

$$E(X) = 1 \times 0.99^{10} + 11 \times (1-0.99^{10}) = 1.5962 < 10(次)$$

易得:混检的工作效率更高.

【例 3.1.2】 某渔船要对下个月是否出海打鱼做出决策,如果出海后天气好,可获得收益 5 000 元;若出海后天气变坏,将损失 2 000 元;若不出海,无论天气好坏都要损失 1 000 元.据气象部门预测下月好天气的概率为 0.6,天气变坏的概率为 0.4,如果想要收益最大,应如何做决策.

解: 设出海的收益为随机变量 X,则其分布律见表 3.1.6.

表 3.1.6　某渔船出海收益的分布律

X	5 000	−2 000
P	0.6	0.4

$$E(X) = 5000 \times 0.6 + (-2000) \times 0.4 = 2200(元)$$

设不出海的收益为随机变量 Y,则 $E(Y) = -1000(元)$,因为 $E(X) > E(Y)$,所以选择出海.

【例 3.1.3】 设某化合物的 pH 值 X 是一个连续型随机变量,其概率密度函数为:

$$f(x) = \begin{cases} 25(x-3.8), & 3.8 \leq x \leq 4 \\ -25(x-4.2), & 4 < x \leq 4.2 \\ 0, & 其他 \end{cases}$$

求 pH 值的期望.

解: $E(X) = \int_{-\infty}^{+\infty} xf(x)\mathrm{d}x = \int_{3.5}^{4} x \cdot 25(x-3.8)\mathrm{d}x + \int_{4}^{4.2} x \cdot [-25(x-4.2)]\mathrm{d}x = 4$

(二)随机变量函数的数学期望

定义 设 $f(x)$ 是定义在随机变量 X 的一切可能值 x 的集合上的函数,若随机变量 Y 随着 X 取 x 的值,而取 $y=f(x)$,则称随机变量 Y 为随机变量 X 的函数,记为 $Y=f(X)$.

如果我们知道 X 的概率分布,如何计算 X 的某个函数 $Y=g(X)$ 的数学期望?

当然,可以通过 X 的概率分布求出 $Y=g(X)$ 的概率分布,然后再用数学期望的定义计算 $E(Y)$,即 $E[g(X)]$.

【例3.1.4】　设离散型随机变量 X 的分布律见表3.1.7.

表3.1.7　例3.1.4 离散型随机变量 X 的分布律

X	-1	0	1	2
P	0.2	0.5	0.1	0.2

求 $Y=X^2$ 的分布律和 $E(Y)$.

解：$P(Y=1)=P(X=1)+P(X=-1)=0.3, P(Y=0)=P(X=0)=0.5$,
$P(Y=4)=P(X=2)=0.2$,则 $Y=X^2$ 的分布律见表3.1.8.

表3.1.8　例3.1.4 $Y=X^2$ 的分布律

Y	0	1	4
P	0.3	0.5	0.2

$E(Y)=0×0.3+1×0.5+4×0.2=1.3$

是否可以不通过求 $Y=g(X)$ 的概率分布,而根据 X 的概率分布直接求得 $Y=g(X)$ 的数学期望呢? 答案是肯定的,我们不加证明地给出以下定理.

定理　设 Y 为随机变量 X 的函数：$Y=g(X)$ (g 是连续函数).

① 设 X 是离散型随机变量,其分布律为

$$P\{X=x_k\}=p_k, k=1,2,\cdots$$

若 $\sum_{k=1}^{\infty}|g(x_k)|p_k<+\infty$,则 $E(Y)=E[g(X)]=\sum_{k=1}^{\infty}g(x_k)p_k$.

② 设 X 是连续型随机变量,其概率密度为 $f(x)$.

若积分 $\int_{-\infty}^{+\infty}|g(x)|f(x)\mathrm{d}x<+\infty$,则 $E(Y)=E[g(X)]=\int_{-\infty}^{+\infty}g(x)f(x)\mathrm{d}x$,可见,求 $E[g(X)]$ 时,不必知道 $Y=g(X)$ 的概率分布,只需知道 X 的概率分布就可以了.

【例3.1.5】　设离散型随机变量 X 的分布律见表3.1.9.

表3.1.9　例3.1.5 离散型随机变量 X 的分布律

X	-1	0	1	2
P	0.2	0.5	0.1	0.2

求 $E(3X-2)$.

解：$E(3X-2)=[3×(-1)-2]×0.2+(3×0-2)×0.5+(3×1-2)×0.2+(3×2-2)×0.2=-1.1$

【例3.1.6】　某种矿物质的一个样品中含有不纯物质的比例 X 是一个连续型随机变量,其概率密度函数为

$$f(x)=\begin{cases}1.5x^2+x, & 0\le x\le 1\\ 0, & \text{其他}\end{cases}$$

若一个样品的价值(单位:元)为 $W=5-0.5X$,求 $E(W)$.

解：$E(W)=\int_{-\infty}^{+\infty}(5-0.5x)f(x)\mathrm{d}x=\int_0^1(5-0.5x)(1.5x^2+x)\mathrm{d}x=4.65(元)$

（三）数学期望的性质

①设 c 是常数,则有 $E(c)=c$.

②设 X 是随机变量,c 是常数,则有 $E(cX)=cE(X)$,$E(X+c)=E(X)+c$.

③设 X,Y 是随机变量,则有 $E(X+Y)=E(X)+E(Y)$（该性质可推广到有限个随机变量之和的情形）.

④设 X,Y 是相互独立的随机变量,则有 $E(XY)=E(X)E(Y)$（该性质可推广到有限个随机变量之积的情形）.

【例 3.1.7】 设随机变量 X,Y 的数学期望为 $E(X)=2$,$E(Y)=3$,求：

①$E(2X+3Y)$,$E(3X-1)$.

②若 X,Y 相互独立,求 $E(XY)$,$E(2XY+3)$.

解：①$E(2X+3Y)=2E(X)+3E(Y)=4+9=13$

$\quad\quad E(3X-1)=3E(X)-1=6-1=5$

②$E(XY)=E(X)E(Y)=6$,$E(2XY+3)=2E(X)E(Y)+3=15$

微课：方差

二、随机变量的方差

上一节我们介绍了随机变量的数学期望,它体现了随机变量取值的平均水平,是随机变量的一个重要的数字特征. 但是在一些场合,仅仅知道平均值是不够的.

【案例 3.1.2】 甲、乙两门炮同时向一目标射击 10 发炮弹,其落点距目标的位置如图3-1-1 所示,且平均值相同,你认为哪门炮射击效果好一些呢？

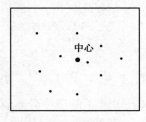
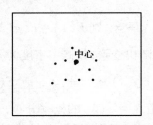

（a）甲炮射击结果　　**（b）乙炮射击结果**

图 3.1.1　甲、乙两门炮炮弹落点距目标的位置图

解析：因为乙炮的弹着点较集中在中心附近,所以乙炮射击效果好些. 由此可见,研究随机变量与其均值的偏离程度是十分必要的. 那么,用怎样的量去度量这个偏离程度呢？

对于一任意随机变量 X,设期望为 $E(X)$,记 $Y=X-E(X)$,称为随机变量 X 的离差,由于 $E(X)$ 是常数,因而有 $E(Y)=E[X-E(X)]=E(X)-E(X)=0$.

由此可知,离差代表随机变量 X 与其期望之间的随机误差,其值可正可负,从总体互相抵消,所以期望为0. 这样 $E(Y)$ 用不足以描述 X 取值的分散程度. 为了消除离差中的符号,我们考虑绝对离差 $|X-E(X)|$,但由于 $|X-E(X)|$ 带有绝对值,运算不方便,通常用 $E\{[X-E(X)]^2\}$ 来度量随机变量 X 与其均值 $E(X)$ 的偏离程度. 这个数字特征就是我们这一讲要介绍的方差.

（一）方差（Variance）与标准差（Standard Deviation）的概念

1. 方差与标准差的定义

设 X 是随机变量,若 $E\{[X-E(X)]^2\}$ 存在,则称 $E\{[X-E(X)]^2\}$ 为 X 的方差,记为

$D(X)$或 $\mathrm{Var}(X)$，即 $D(X)=\mathrm{Var}(X)=E\{[X-E(X)]^2\}$. 随机变量 X 的标准差定义为方差 $D(X)$ 的算术平方根 $\sqrt{D(X)}$，记为 $\sigma(X)$.

从定义中可清楚地看出：方差实际上是随机变量 X 的函数 $g(X)=[X-E(X)]^2$ 的数学期望，于是当 X 为离散型随机变量，其方差为 $D(X)=\sum\limits_{K=1}^{\infty}[x_k-E(X)]^2 p_k$；

当 X 为连续型随机变量，其方差为 $D(X)=\displaystyle\int_{-\infty}^{+\infty}[x-E(X)]^2 f(x)\,\mathrm{d}x$.

【注】方差描述的是随机变量取值的波动程度，或随机变量偏离均值的程度. 如果 $D(X)$ 值大，表示 X 取值分散程度大，$E(X)$ 的代表性差；而如果 $D(X)$ 值小，则表示 X 的取值比较集中，以 $E(X)$ 作为随机变量的代表性好.

2. 计算方差的简便公式

利用数学期望的性质，可以得到：$D(X)=E\{[X-E(X)]^2\}=E\{X^2-2XE(X)+[E(X)]^2\}=E(X^2)-2E(X)E(X)+[E(X)]^2=E(X^2)-[E(X)]^2$. 因此，方差的计算常常用简便公式：

方差公式
$$D(X)=E(X^2)-[E(X)]^2$$

【例 3.1.8】　某水文水资源勘测局的自动水位监测设备无故障使用时间（单位：10^3 小时）为 X，其概率分布律见表 3.1.10.

表 3.1.10　水位监测设备无故障使用时间

X	15	20	25	30	35
P	0.1	0.15	0.5	0.15	0.1

求该自动水位监测设备无故障使用时间的方差.

解：$\quad E(X)=15\times0.1+20\times0.15+25\times0.5+30\times0.15+35\times0.1=25(\times10^3\ \text{小时})$

$\quad\quad E(X^2)=15^2\times0.1+20^2\times0.15+25^2\times0.5+30^2\times0.15+35^2\times0.1=652.5$

$\quad\quad\quad D(X)=E(X^2)-[E(X)]^2=652.5-(25)^2=27.5$

【例 3.1.9】　某水文水资源勘测局准备选派一名优秀的水文勘测人员参加今年的"湖北工匠杯"技能大赛. 通过多轮竞赛选拔，现在有两位实力相当的备选人员，两人每轮选拔分数见表 3.1.11 和表 3.1.12，请问选派哪位人员代表水文水资源勘测局参赛？

表 3.1.11　第一位备选人员的选拔分数

X	80	90	100
P	0.2	0.7	0.1

表 3.1.12　第二位备选人员的选拔分数

Y	80	88	95
P	0.05	0.75	0.2

解：$E(X)=80\times0.2+90\times0.7+100\times0.1=89$

$\quad E(Y)=80\times0.05+88\times0.75+95\times0.2=89$

$\quad E(X^2)=80^2\times0.2+90^2\times0.7+100^2\times0.1=7\,950$

$\quad E(Y^2)=80^2\times0.05+88^2\times0.75+95^2\times0.2=7\,933$

$$D(X)=E(X^2)-(E(X))^2=29,D(Y)=E(Y^2)-(E(Y))^2=12$$

第二位备选人员实力更强,应该选择第二个人参赛.

【例3.1.10】 设某水质监测设备的寿命 X 服从指数分布,其概率密度为 $f(x)=$

$$\begin{cases} \dfrac{1}{\theta}\mathrm{e}^{-\frac{x}{\theta}}, & x>0 \\ 0, & x\leq 0 \end{cases}$$

其中 $\theta>0$,求 $E(X),D(X)$.

解: $E(X)=\int_{-\infty}^{+\infty}xf(x)\mathrm{d}x=\int_0^{+\infty}x\dfrac{1}{\theta}\mathrm{e}^{-\frac{x}{\theta}}\mathrm{d}x=\theta$

$E(X^2)=\int_{-\infty}^{+\infty}x^2f(x)\mathrm{d}x=\int_0^{+\infty}x^2\dfrac{1}{\theta}\mathrm{e}^{-\frac{x}{\theta}}\mathrm{d}x=2\theta^2$,因此 $D(X)=\theta^2$

（二）方差的性质

①$D(C)=0$（C 是常数）。

②$D(CX)=C^2\cdot D(X)$（C 是常数）。

③$D(X+C)=D(X)$（C 是常数）。

④如果 X 与 Y 独立,则 $D(X+Y)=D(X)+D(Y)$。

这个结论可以推广到有限个相互独立的随机变量的情况:

设 $X_1,X_2,\cdots,X_n$ 相互独立,则有 $D(X_1+X_2+\cdots+X_n)=D(X_1)+D(X_2)+\cdots+D(X_n)$.

【例3.1.11】 设两个相互独立的随机变量 X 与 Y,它们的方差分别为4和2,求 $D(3X+2Y)$.

解: $D(3X+2Y)=D(3X)+D(2Y)=9D(X)+4D(Y)=9\times4+4\times2=44$.

（三）常用分布的数学期望与方差

常用分布的数学期望与方差见表3.1.13.

表3.1.13 常用分布的数学期望与方差

分布名称	数学期望	方差
0-1 分布	p	$p(1-p)$
二项分布 $B(n,p)$	np	$np(1-p)$
泊松分布 $P(\lambda)$	λ	λ
均匀分布 $U[a,b]$	$\dfrac{a+b}{2}$	$\dfrac{(b-a)^2}{12}$
指数分布 $\mathrm{Exp}(\lambda)$	$\dfrac{1}{\lambda}$	$\dfrac{1}{\lambda^2}$
正态分布 $N(\mu,\sigma^2)$	μ	σ^2

【例3.1.12】 每颗炮弹命中飞机的概率为0.01,求发射500颗炮弹命中飞机次数 X 的期望与方差.

解: 设随机变量 X 服从参数为500,0.01的二项分布,

$$E(X)=np=500\times0.01=5,D(X)=np(1-p)=500\times0.01\times0.99=4.95.$$

任务实施

易得：$E(X)=800×0.1+900×0.2+1\,000×0.4+1\,100×0.2+1\,200×0.1=1\,220$（小时）

$E(Y)=800×0.2+900×0.2+1\,000×0.2++1\,100×0.2+1\,200×0.2=1\,220$（小时）

期望相同，需要比较方差.

$D(X)=(800-1\,000)^2×0.1+(900-1\,000)^2×0.2+(1\,000-1\,000)^2×0.4+(1\,100-1\,000)^2×0.2+(1\,200-1\,000)^2×0.1=12\,000$

$D(Y)=(800-1\,000)^2×0.2+(900-1\,000)^2×0.2+(1\,000-1\,000)^2×0.2+(1\,100-1\,000)^2×0.2+(1\,200-1\,000)^2×0.2=20\,000$

甲厂方差更小，说明甲厂产品质量更好.

拓展延伸

马谡失街亭后，司马懿率15万大军蜂拥而至，诸葛亮身边只剩2\,500名军士在城中，于是打开城门，自己城楼焚香操琴，司马懿疑其有诈，急速退去. 司马懿有进攻和撤退两种策略，诸葛亮城中有空城和埋伏两种可能.

如何分析司马懿的行动决策呢？

小说中司马懿（很狡诈）认为城中有埋伏的概率是99%，空城的概率1%，司马懿若进攻，记为d_1，则中埋伏时会损兵折将，收益为-10；空城时，可以大获全胜，收益为10. 司马懿若撤退，记为d_2，则不损一兵一卒，但是名声受损，收益为5.

$$E(d_1)=-10×99\%+10×1\%=-9.8，E(d_2)=5>E(d_1)$$

所以司马懿撤退.

《三国演义》这样描述：司马懿之子司马昭问："父亲何故退兵？"司马懿曰："亮平生谨慎，不曾弄险. 今大开城门，必有埋伏. 我兵若进，中其计也."这是小说描写，不合逻辑，司马懿为什么不围城几个月或派小股部队进城打探呢？

司马懿选择期望收益最大的策略，成就了诸葛亮的空城计.

能力训练

一、填空题

1. 设随机变量X的可能取值为0，1，2，相应的概率分布为0.6，0.3，0.1，则$E(X)=$＿＿＿＿.

2. 设X表示10次独立重复射击命中目标的次数，每次射中目标的概率为0.4，则$E(X)=$＿＿＿＿.

3. 随机变量X的概率分布见表3.1.14，则$E(X+3X^2)=$＿＿＿＿.

表3.1.14　填空题3的随机变量X的概率分布

X	1	2	4	6	9
P	0.1	0.2	0.4	0.2	0.1

4. 设随机变量X的可能取值为0，1，2，相应的概率分布为0.6，0.3，0.01，则$D(X)=$＿＿＿＿.

5 设随机变量 X 服从两点分布,则 $E(X)=$ _____ ,$D(X)=$ _____ .

6. 设随机变量 $X_i \sim N(\mu, \sigma^2), i=1,2,\cdots n$,则 $E\left(\frac{1}{n}\sum_{i=1}^{n}X_i\right)=$ _____ .

二、计算题

1. 袋中有 5 个乒乓球,编号为 1,2,3,4,5,从中任取 3 个,以 X 表示取出的 3 个球中最大编号,求 $E(X)$.

2. 设 X 的密度函数为 $f(x)=\frac{1}{2}e^{-|x|}$,求 $E(X)$;$E(2X+1)$;$D(X)$.

3. 设随机变量 X 的概率密度为

$$f(x)=\begin{cases} ax^2+bx+c, & 0<x<1 \\ 0, & 其他 \end{cases}$$

求 :$E(X)=0.5$,$D(X)=0.15$,求常数 a,b,c .

4. 设随机变量 X 的密度为 $f(x)=\begin{cases} a+bx^2 & 0\leqslant x\leqslant 1 \\ 0 & 其他 \end{cases}$,且 $E(X)=\frac{3}{5}$,求常数 a,b .

5. 甲、乙两个工人生产同一种产品,日产量相等,在一天中出现的废品数分别为 ξ 和 η ,其分布律分别见表 3.1.15 和表 3.1.16.

表 3.1.15 甲工人出现废品数的分布律

ξ	0	1	2	3	4
P	0.3	0.2	0.1	0.3	0.1

表 3.1.16 乙工人出现废品数的分布律

η	0	1	2	3	4
P	0.4	0.1	0.2	0.1	0.2

试比较甲、乙两个工人的技术情况.

6. 设风速 X 是一个连续型随机变量,其概率密度函数为

$$f(x)=\begin{cases} \dfrac{1}{4}, & 0<x<4 \\ 0, & 其他 \end{cases}$$

求风速的期望.

7. 随机变量 X 概率密度为

$$f(x)=\begin{cases} \dfrac{1}{2}x, & 0\leqslant x\leqslant 2 \\ 0, & 其他 \end{cases}$$

若 $Y=X^2$,求 $E(Y)$.

8. 设某水质监测设备的寿命 X 为随机变量服从指数分布,其概率密度为

$$f(x)=\begin{cases} 0.15\,e^{-0.15x}, & x>0 \\ 0, & x\leqslant 0 \end{cases}$$

设若设备厂家规定出售的该种电器在一年内自然损坏可以免费调换,则每台电器可盈 300 元;若规定期限为两年,则每台可盈 350 元;若期限变为三年,则每台可盈利 400 元.每调换一台,厂方平均需要花费 700 元.问规定保换期限为几年,可以使厂家净利润最大?

课件:数字特征

任务二　大数定律

学习目标

- 理解契比雪夫不等式及其含义,会用契比雪夫不等式估计概率和证明大数定律
- 能描述依概率收敛的概念
- 理解大数定律的意义,会应用契比雪夫大数定理、辛钦大数定理、伯努利大数定理解决实际问题
- 理解中心极限定理,记住独立同分布和棣莫佛-拉普拉斯中心极限定理的条件和结论,并会利用这两个定理近似计算有关事件的概率,能复述李雅普诺夫中心极限定理成立的条件和结论

任务描述与分析

1. 任务描述

抽样检查某水质监测设备质量时,如果发现次品个数多于 10 个,则拒绝接受这批产品,设某批产品的次品率 10%,问至少应该抽取多少只检查,才能保证拒绝该产品的概率达到 0.9?

2. 任务分析

同学们要先知道抽取 n 个产品时次品数量的分布情况.

知识链接

一、大数定理

在模块一中引入事件与概率的概念时曾经指出,随机现象虽然在每次试验中是否出现带有不确定性和偶然性,但在大量的重复试验中呈现一定的规律性. 例如,在相同的条件下进行大量重复试验时,随机事件 A 出现的频率随着试验次数的逐渐增大而具有稳定性. 实际上,不仅仅随机事件出现的频率具有稳定性,大量随机现象的平均结果也具有某种稳定性,这就是说,不论个别随机现象的结果及它们在进行过程中的个体特征如何,大量随机现象的平均结果实际上与每一个个别现象的特征无关. 概率论中用来阐述大量随机现象平均结果的稳定性的理论称为大数定律.

(一)契比雪夫不等式

一个随机变量离差的数学期望就是它的方差,而方差又是可以用来描述随机变量取值的分散程度的. 下面我们来研究离差与方差的关系式.

契比雪夫不等式

设随机变量 X 存在有限方差 $D(X)$，则有对任意 $\varepsilon > 0$，有

$$P\{|X-E(X)| \geqslant \varepsilon\} \leqslant \frac{D(X)}{\varepsilon^2} \text{ 或 } P\{|X-E(X)| < \varepsilon\} \geqslant 1 - \frac{D(X)}{\varepsilon^2}$$

例如，在契比雪夫不等式中，令 $\varepsilon = 3\sqrt{D(X)}$ 分别可得到

$$P\{|X-E(X)| < 3\sqrt{D(X)}\} \geqslant 1 - \frac{D(X)}{(3\sqrt{D(X)})^2} = 1 - \frac{1}{9} = \frac{8}{9}$$

说明无论 X 服从什么样的分布，只要 $E(X)$，$D(X)$ 存在，都有落在 3σ 区域内的概率大于 $8/9$，落在 3σ 区域外的概率 $P\{|X-E(X)| \geqslant 3\sqrt{D(X)}\} \leqslant 1/9 \approx 0.111$，是一个发生的可能性很小的概率. 若和正态分布下的 3σ 规则下的概率 0.0026 相比，这里的概率估计精度是不高的，而它的最大优点是在不涉及分布的情况下进行的.

由于契比雪夫不等式只利用了数学期望和方差就给出了随机变量变化状况的描述，因此它在理论研究和实际应用中很有价值. 同时也在分布未知情况下，估计事件概率的一种方法. 而对于分布已知的情况下，概率估计精度是不高的. 契比雪夫不等式的理论价值，主要不是用于概率估计，而是为了大数定律的讨论提供必不可少的数学工具.

【例3.2.1】 设电站供电网有 10 000 盏电灯，夜晚每一盏灯开灯的概率都是 0.7，而假定开、关时间彼此独立，估计夜晚同时开着的灯数在 6 800 与 7 200 之间的概率.

解： 令 X 表示夜晚同时开灯的盏数，则 $X \sim B(n,p)$，$n = 10\,000$，$p = 0.7$，所以

$$E(X) = np = 7\,000, \quad D(X) = np(1-p) = 2\,100$$

由契比雪夫不等式，可知：

$$P\{6\,800 < X < 7\,200\} = P\{|X-7\,000| < 200\} \geqslant 1 - \frac{2\,100}{200^2} = 0.947\,5.$$

【例3.2.2】 某乡镇想采购 n 台某厂的水位预警器，它们彼此独立工作，当洪水超过警戒水位时，每台水位预警器报警记为事件 A，其发生的概率均为 0.75，利用契比雪夫不等式求：n 需要多么大时，事件 A 出现的频率在 0.74 ~ 0.76 的概率至少为 0.90？请问可以采购该厂的水位预警器吗？

解： 设 X 为 n 次试验中，事件 A 出现的次数，则 $X \sim B(n, 0.75)$

$$E(X) = 0.75n, \quad D(X) = 0.75 \times 0.25n = 0.187\,5n$$

所求为满足 $P\left(0.74 < \dfrac{X}{n} < 0.76\right) \geqslant 0.90$ 的最小的 n.

$$P\left(0.74 < \frac{X}{n} < 0.76\right) = P(-0.01n < X - 0.75n < 0.01n) = P\{|X-E(X)| < 0.01n\}$$

在契比雪夫不等式中取 $\varepsilon = 0.01n$，则：

$$P\left(0.74 < \frac{X}{n} < 0.76\right) = P\{|X-E(X)| < 0.01n\} \geqslant 1 - \frac{D(X)}{(0.01n)^2} = 1 - \frac{0.187\,5n}{0.000\,1n^2} = 1 - \frac{1\,875}{n}$$

依题意，取 $1 - \dfrac{1\,875}{n} \geqslant 0.9$

即 n 取 18 750 时，可以使得在 n 次独立重复试验中，事件 A 出现的频率在 0.74 ~ 0.76

的概率至少为 0.90. 显然该厂水位预警器准确率太低,应选择其他厂家的报警器.

契比雪夫不等式作为一个理论工具,在大数定律证明中,可使证明非常简洁.

（二）大数定律

设 $Y_1, Y_2, \cdots, Y_n, \cdots$ 是一个随机变量序列,a 是一个常数,若对于任意正数 ε 有

$$\lim_{n \to \infty} P\{ |Y_n - a| < \varepsilon \} = 1$$

则称序列 $Y_1, Y_2, \cdots, Y_n, \cdots$ 依概率收敛于 a,记为 $Y_n \xrightarrow{P} a$.

契比雪夫大数定律

设 $X_1, X_2, \cdots$ 是相互独立的随机变量序列,各有数学期望 $E(X_1), E(X_2), \cdots$ 及方差 $D(X_1), D(X_2), \cdots$,并且对于所有 $i = 1, 2, \cdots$ 都有 $D(X_i) < l$,其中 l 是与 i 无关的常数,则对任给 $\varepsilon > 0$,有:

$$\lim_{n \to \infty} P\left\{ \left| \frac{1}{n} \sum_{i=1}^{n} X_i - \frac{1}{n} \sum_{i=1}^{n} E(X_i) \right| < \varepsilon \right\} = 1$$

说明:在定理的条件下,当 n 充分大时,n 个独立随机变量的平均数这个随机变量的离散程度是很小的. 这意味着,经过算术平均以后得到的随机变量 $\dfrac{\sum_{i=1}^{n} X_i}{n}$ 将比较密的聚集在它的数学期望 $\dfrac{\sum_{i=1}^{n} E(X_i)}{n}$ 的附近,它与数学期望之差依概率收敛到 0.

契比雪夫大数定律的特殊情况:设随机变量 $X_1, X_2, \cdots, X_n, \cdots$ 相互独立,且具有相同的数学期望和方差:$E(X_k) = \mu, D(X_k) = \sigma^2 (k = 1, 2, \cdots)$. 作前 n 个随机变量的算术平均 $Y_n = \dfrac{1}{n} \sum_{k=1}^{n} X_k$,则对于任意正数 ε 有

$$\lim_{n \to \infty} P\{ |Y_n - \mu| < \varepsilon \} = 1$$

伯努利大数定律

设 n_A 是 n 次独立重复试验中事件 A 发生的次数. p 是事件 A 在每次试验中发生的概率,则对于任意正数 $\varepsilon > 0$,有

$$\lim_{n \to \infty} P\left\{ \left| \frac{n_A}{n} - p \right| < \varepsilon \right\} = 1 \text{ 或 } \lim_{n \to \infty} P\left\{ \left| \frac{n_A}{n} - p \right| \geq \varepsilon \right\} = 0$$

伯努利大数定律告诉我们,事件 A 发生的频率 n_A/n 依概率收敛于事件 A 发生的概率 p,因此,本定律从理论上证明了大量重复独立试验中,事件 A 发生的频率具有稳定性,正因为这种稳定性,概率的概念才有实际意义. 伯努利大数定律还提供了通过试验来确定事件的概率的方法,即既然频率 n_A/n 与概率 p 有较大偏差的可能性很小,于是我们就可以通过做试验确定某事件发生的频率,并把它作为相应概率的估计. 因此,在实际应用中,如果试验的次数很大时,就可以用事件发生的频率代替事件发生的概率.

伯努利大数定律中要求随机变量 $X_k(k=1,2,\cdots,n)$ 的方差存在. 但在随机变量服从同一分布的场合,并不需要这一要求,我们有以下定理.

辛钦大数定律

设随机变量 $X_1,X_2,\cdots,X_n,\cdots$ 相互独立,服从同一分布,且具有数学期望 $E(X_k)=\mu(k=1,2,\cdots)$,则对于任意正数 ε,有

$$\lim_{n\to\infty}P\left\{\left|\frac{1}{n}\sum_{k=1}^{n}X_k-\mu\right|<\varepsilon\right\}=1$$

显然,伯努利大数定律是辛钦大数定律的特殊情况,辛钦大数定律在实际中应用很广泛.

这一定律使算术平均值的法则有了理论根据. 如要测定某一物理量 a,在不变的条件下重复测量 n 次,得观测值 $X_1,X_2,\cdots,X_n$,求得实测值的算术平均值 $\frac{1}{n}\sum_{i=1}^{n}X_i$,根据此定理,当 n 足够大时,取 $\frac{1}{n}\sum_{i=1}^{n}X_i$ 作为 a 的近似值,可以认为所发生的误差是很小的,所以实际上往往用某物体的某一指标值的一系列实测值的算术平均值来作为该指标值的近似值.

二、中心极限定理

伯努利大数定律断言,频率 $\frac{Y_n}{n}$ 在 $n\to\infty$ 的条件下,以极大的可能性接近于概率 p,在深入地讨论中,希望进一步了解频数 $Y_n=\sum_{k=1}^{n}X_k$ 所服从的分布. 中心极限定律的引入为寻求频数分布提供了有效的途径.

如果 $X_1,X_2,\cdots,X_n,\cdots$ 是同时服从正态分布的 n 个相互独立的随机变量,则由正态分布的性质可知,作为随机变量线性函数 $Y_n=\sum_{k=1}^{n}X_k$ 是一个随机变量,而且服从正态分布,易知,经过标准化处理后,最终将是服从标准正态分布的.

现在的问题是:如果 n 个相互独立同分布的随机变量本身并非服从正态分布,那么,$\sum_{k=1}^{n}X_k$ 作为随机变量是否服从正态分布呢? 中心极限定理将对此给出肯定的答复.

在实际的应用中,比如,考察射击命中点与靶心距离偏差,这些因素包括瞄准误差,测量误差,子弹制造过程方面(如外形,质量等)误差以及气象因素(风速、风向、能见度、温度等)的作用,所有这些不同因素所引起的微小误差是相互独立的,且它们中每一个对综合产生的影响不大,但微小误差的总和对整体产生偏差,我们考虑大量相互独立且均匀小的随机变量相加而成的随机变量的概率分布情况.

我们把概率论中有关论证独立随机变量的和的极限分布是正态分布的一系列定理称为**中心极限定理**(Central Limit Theorem),下面介绍几个常用的中心极限定理.

独立同分布的中心极限定理

设随机变量 $X_1, X_2, \cdots, X_n, \cdots$ 相互独立,服从同一分布,且具有数学期望和方差 $E(X_k) = \mu, D(X_k) = \sigma^2 \neq 0 (k=1,2,\cdots)$. 则随机变量

$$Y_n = \frac{\sum\limits_{k=1}^{n} X_k - E\left(\sum\limits_{k=1}^{n} X_k\right)}{\sqrt{D\left(\sum\limits_{k=1}^{n} X_k\right)}} = \frac{\sum\limits_{k=1}^{n} X_k - n\mu}{\sqrt{n}\,\sigma}$$

的分布函数 $F_n(x)$ 对于任意 x 满足:

$$\lim_{n\to\infty} F_n(x) = \lim_{n\to\infty} P\left\{ \frac{\sum\limits_{k=1}^{n} X_k - n\mu}{\sqrt{n}\,\sigma} \leqslant x \right\} = \int_{-\infty}^{x} \frac{1}{\sqrt{2\pi}} e^{-\frac{t^2}{2}} \mathrm{d}t$$

当 n 充分大时,近似地有:

$$Y_n = \frac{\sum\limits_{k=1}^{n} X_k - n\mu}{\sqrt{n\sigma^2}} \sim N(0,1)$$

或者说,当 n 充分大时,近似地有

$$\sum_{k=1}^{n} X_k \sim N(n\mu, n\sigma^2)$$

如果用 $X_1, X_2, \cdots, X_n$ 表示相互独立的各随机因素. 假定它们都服从相同的分布(不论服从什么分布),且都有有限的期望与方差(每个因素的影响有一定限度). 则上式说明,作为总和 $\sum\limits_{k=1}^{n} X_k$ 这个随机变量,当 n 充分大时,便近似地服从正态分布.

【例 3.2.3】 对敌人的防御阵地进行 100 次轰炸,每次轰炸命中目标的炸弹数目 $V_k(k=1, 2,3,\cdots)$ 是一个随机变量,其期望值是 2,方差是 1.69. 求在 100 次轰炸中有 180～220 颗炸弹命中目标的概率.

解:设 $E(V_k) = 2, D(V_k) = 1.69$ $(k=1,2,\cdots,100)$.

易得, $V = \sum\limits_{k=1}^{100} V_k \overset{\text{近似地}}{\sim} N(100 \times 2, 100 \times 1.69)$

$$P\{180 < V < 220\} = p\left\{ \frac{180-200}{\sqrt{100}\sqrt{1.69}} < \frac{V-200}{\sqrt{100}\sqrt{1.69}} < \frac{220-200}{\sqrt{100}\sqrt{1.69}} \right\}$$

$$= p\left\{ -1.538 < \frac{V-200}{\sqrt{100}\sqrt{1.69}} < 1.538 \right\} = 2\Phi(1.538) - 1 = 2 \times 0.925\,1 - 1 = 0.850\,2$$

李雅普诺夫定理:设随机变量 $X_1, X_2, \cdots$ 相互独立,它们具有数学期望和方差:

$$E(X_k) = \mu_k, \quad D(X_k) = \sigma_k^2 \neq 0 \quad (k=1,2,\cdots)$$

记 $B_n^2 = \sum\limits_{k=1}^{n} \sigma_k^2$,若存在正数 δ,使得当 $n \to \infty$ 时,

$$\frac{1}{B_n^{2+\delta}} \sum_{k=1}^{n} E\{|X_k - \mu_k|^{2+\delta}\} \to 0$$

则随机变量:

$$Z_n = \frac{\sum_{k=1}^{n} X_k - E\left(\sum_{k=1}^{n} X_k\right)}{\sqrt{D\left(\sum_{k=1}^{n} X_k\right)}} = \frac{\sum_{k=1}^{n} X_k - \sum_{k=1}^{n} \mu_k}{B_n}$$

的分布函数 $F_n(x)$ 对于任意 x,满足:

$$\lim_{n\to\infty} F_n(x) = \lim_{n\leftarrow\infty} P\left\{\frac{\sum_{k=1}^{n} X_k - \sum_{k=1}^{n} \mu_k}{B_n} \leqslant x\right\} = \int_{-\infty}^{x} \frac{1}{\sqrt{2\pi}} e^{-\frac{t^2}{2}} dt.$$

这个定理说明,随机变量

$$Z_n = \frac{\sum_{k=1}^{n} X_k - \sum_{k=1}^{n} \mu_k}{B_n}$$

当 n 很大时,近似地服从正态分布 $N(0,1)$. 因此,当 n 很大时,

$$\sum_{k=1}^{n} X_k = B_n Z_n + \sum_{k=1}^{n} \mu_k$$

近似地服从正态分布 $N\left(\sum_{k=1}^{n} \mu_k, B_n^2\right)$. 这表明无论随机变量 $X_k(k=1,2,\cdots)$ 具有怎样的分布,只要满足定理条件,则它们的和 $\sum_{k=1}^{n} X_k$,当 n 很大时,就近似地服从正态分布. 而在许多实际问题中,所考虑的随机变量往往可以表示为多个独立的随机变量之和,因而它们常常近似服从正态分布. 这就是为什么正态随机变量在概率论与数理统计中占有重要地位的主要原因.

在数理统计中我们将看到,中心极限定理是大样本统计推断的理论基础.

下面介绍另一个中心极限定理.

设随机变量 X 服从参数为 n,p $(0<p<1)$ 的二项分布,则

①局部极限定理(拉普拉斯定理):当 $n\to\infty$ 时

$$P\{X=k\} \approx \frac{1}{\sqrt{2\pi npq}} e^{-\frac{(k-np)^2}{2npq}} = \frac{1}{\sqrt{npq}} \phi\left(\frac{k-np}{\sqrt{npq}}\right)$$

其中 $p+q=1$, $k=0,1,2,\cdots,n$, $\phi(x) = \frac{1}{\sqrt{2\pi}} e^{-\frac{x^2}{2}}$.

②积分极限定理(德莫佛-拉普拉斯定理):对于任意的 x,恒有

$$\lim_{n\to\infty} P\left\{\frac{X-np}{\sqrt{np(1-p)}} \leqslant x\right\} = \int_{-\infty}^{x} \frac{1}{\sqrt{2\pi}} e^{-\frac{t^2}{2}} dt.$$

这个定理表明,二项分布以正态分布为极限. 当 n 充分大时,我们可以利用上两式来计算二项分布的概率.

【例3.2.4】 对于一个学生而言,来参加家长会的家长人数是一个随机变量,设一个学

生无家长、1 名家长、2 名家长来参加会议的概率分别为 0.05,0.8,0.15. 若学校共有 400 名学生,设各学生参加会议的家长数相互独立,且服从同一分布. 求:

①参加会议的家长人数 X 超过 450 的概率;

②有 1 名家长来参加会议的学生人数不多于 340 的概率.

解:①以 X_k 记第 k 个学生来参加会议的家长数,则 X_k 的分布律见表 3.2.1.

表 3.2.1 第 k 个学生的家长来参加会议的分布律

X_k	0	1	2
P	0.05	0.8	0.15

易知 $E(X_k) = 1.1, D(X_k) = 0.19, k = 1,2,\cdots,400.$

而 $X = \sum_{k=1}^{400} X_k.$ 可知随机变量 $X \underset{\sim}{\text{近似地}} N(400 \times 1.1, 400 \times 0.19)$

即有 $\dfrac{\sum\limits_{k=1}^{400} X_k - 400 \times 1.1}{\sqrt{400}\sqrt{0.19}} = \dfrac{X - 400 \times 1.1}{\sqrt{400}\sqrt{0.19}} \underset{\sim}{\text{近似地}} N(0,1)$

$$P\{X>450\} = P\left\{\frac{X-400\times1.1}{\sqrt{400}\sqrt{0.19}} > \frac{450-400\times1.1}{\sqrt{400}\sqrt{0.19}}\right\} = 1-P\left\{\frac{X-400\times1.1}{\sqrt{400}\sqrt{0.19}} \leq 1.147\right\}$$

$$\approx 1-\Phi(1.147) = 0.1357$$

②以 Y 记有一名家长来参加会议的学生数,则 $Y \sim b(400,0.8).$ 由定理得随机变量 $Y \underset{\sim}{\text{近似地}}$ $N(400\times0.8, 400\times0.8\times0.2)$

即有 $\dfrac{Y-400\times0.8}{\sqrt{400}\sqrt{0.16}} = \dfrac{X-400\times0.8}{\sqrt{400}\sqrt{0.16}} \underset{\sim}{\text{近似地}} N(0,1)$

$$P\{X \leq 340\} = P\left\{\frac{X-400\times0.8}{\sqrt{400}\sqrt{0.16}} \leq \frac{340-400\times0.8}{\sqrt{400}\sqrt{0.16}}\right\}$$

$$= P\left\{\frac{X-400\times0.8}{\sqrt{400}\sqrt{0.16}} \leq 2.5\right\} = \Phi(2.5) \approx 0.9938$$

任务实施

设至少应该抽取 n 个产品,X 表示其中的次品数.

$$X_i = \begin{cases} 1, \text{第 } i \text{ 次抽到次品} \\ 0, \text{第 } i \text{ 次抽到正品} \end{cases}, \text{则 } X = \sum_{i=1}^{n} X_i$$

$$E(X_i) = p = 10\%, D(X_i) = E(X_i^2) - (E(X_i))^2 = p - p^2 = 0.09$$

各 X_i 相互独立. 则

$$E(X) = nE(X_i) = 0.1n$$

$$P(10 < X \leq n) = P\left(\frac{10-0.1n}{\sqrt{n\times0.1\times0.9}} < \frac{X-0.1n}{\sqrt{n\times0.1\times0.9}} \leq \frac{n-0.1n}{\sqrt{n\times0.1\times0.9}}\right) = \Phi(\sqrt[3]{n}) - \Phi\left(\frac{100-n}{\sqrt[3]{n}}\right)$$

当 n 充分大时,$\Phi(\sqrt[3]{n}) \approx 1$

故:$P(10 < X \leq n) = 1 - \Phi\left(\dfrac{100-n}{\sqrt[3]{n}}\right) = 0.9$

所以 $\Phi\left(\dfrac{100-n}{\sqrt[3]{n}}\right)=0.1$

查标准正态表得：$\dfrac{100-n}{\sqrt[3]{n}}=1.28$

得到 $n=147$

至少应检查 147 个产品，才能保证拒绝该产品的概率达到 0.9.

拓展延伸

假设某保险公司有 10 000 个同阶层的人参加某保险，每人每年付 120 元保险费，在一年内一个人死亡的概率为 0.006，死亡时，其家属可向保险公司领得 10 000 元. 试问：

①平均每户支付赔偿金 59~61 元的概率是多少？

②保险公司亏本的概率是多大？

要想求出平均每户支付赔偿金 59~61 元的概率以及保险公司亏本的概率，根据前面的知识，我们必须先知道平均每户支付赔偿金和保险公司总收益的分布情况.

设 X_i 表示保险公司支付给第 i 户的赔偿金，则 X_i 的概率分布见表 3.2.2.

表 3.2.2 X_i 的概率分布

X_i	0	10 000
P	0.994	0.006

$$E(X_i)=0.994\times0+0.006\times10\ 000=60, D(X_i)=59.64, (i=1,2,\cdots,10\ 000)$$

各 X_i 相互独立. 则 $\overline{X}=\dfrac{1}{10\ 000}\displaystyle\sum_{i=1}^{10\ 000}X_i$ 表示保险公司对每户的赔偿金，

$$E(X)=\dfrac{1}{10\ 000}\sum_{i=1}^{10\ 000}E(X_i)=60, D(X)=\dfrac{1}{10\ 000^2}\sum_{i=1}^{10\ 000}D(X_i)=59.64\times10^{-4},$$

由中心极限定理，$X\overset{\text{近似地}}{\sim}N(60,0.077\ 22)$

$$P\{59<\overline{X}<61\}=\Phi\left(\dfrac{59-60}{0.077\ 22}\right)-\Phi\left(\dfrac{61-60}{0.077\ 22}\right)=2\Phi(12.95)-1\approx1$$

虽然每一家的赔偿金差别很大，但是保险公司平均到每户的支付几乎恒等于 60 元，在59~61 元内的概率接近于 1.

保险公司亏本，也就是赔偿金大于 10 000×120=1 200 000=120（万元），即死亡人数大于120 人的概率. 死亡人数 $Y\sim B(10\ 000,0.006)$，$E(Y)=60$，$D(Y)=59.64$.

由中心极限定理，$Y\overset{\text{近似地}}{\sim}N(60,59.64)$

$$P\{Y>120\}=1-\Phi\left(\dfrac{120-60}{7.722}\right)=1-\Phi(7.77)\approx0$$

这说明，保险公司亏本的概率几乎为 0.

能力训练

1. 有一批建筑房屋用的木柱,其中80%的长度不小于3米. 现从这批木柱中随机地取出100根,问其中至少有30根短于3米的概率是多少?

2. 产品为废品的概率为 $p=0.005$,求10 000件产品中废品数不大于70的概率.

3. 每颗炮弹命中飞机的概率为0.01,求500发炮弹中命中5发的概率.

4. 螺钉的质量是随机变量,其均值是50克,标准差是5克,求一盒螺钉(100个)的重量超过5 100克的概率.

5. 某工厂生产电阻,在正常情况下废品率为0.01,现取500个装成一盒,问每盒中废品不超过5个的概率.

6. 某商店供应某地区1 000人商品,某种商品在一段时间内每买一件的概率为0.6,假如在这段时间内,每人购买与否彼此无关,问商店应准备多少这种商品,才能以99.7%的概率保证不会脱销.

7. 某交换台有200架电话分机,设每个电话机是否使用外线通话是相互独立的,设每时每刻每个分机有5%的概率要使用外线通话,问交换台需要多少外线才能不低于90%的概率保证每个分机要使用外线时可不必等候?

课件:大数定律

模块四
统计学概论

　　2021 是党和国家历史上具有里程碑意义的一年. 以习近平同志为核心的党中央团结带领全党全国各族人民, 隆重庆祝中国共产党成立一百周年, 胜利召开党的十九届六中全会、制定党的第三个历史决议, 如期打赢脱贫攻坚战, 如期全面建成小康社会、实现第一个百年奋斗目标, 开启全面建设社会主义现代化国家、向第二个百年奋斗目标进军新征程.

　　——经济保持恢复发展. 国内生产总值达到 114 万亿元, 增长 8.1%. 全国财政收入突破20 万亿元, 增长 10.7%. 城镇新增就业 1 269 万人, 城镇调查失业率平均为 5.1%. 居民消费价格上涨 0.9%. 国际收支基本平衡.

　　——创新能力进一步增强. 国家战略科技力量加快壮大. 关键核心技术攻关取得重要进展, 载人航天、火星探测、资源勘探、能源工程等领域实现新突破. 企业研发经费增长 15.5%.数字技术与实体经济加速融合.

　　——经济结构和区域布局继续优化. 粮食产量 1.37 万亿斤, 创历史新高. 高技术制造业增加值增长 18.2%, 信息技术服务等生产性服务业较快发展, 产业链韧性得到提升. 区域发展战略有效实施, 新型城镇化扎实推进.

　　——改革开放不断深化. 在重要领域和关键环节推出一批重大改革举措, 供给侧结构性改革深入推进. "放管服" 改革取得新进展. 市场主体总量超过 1.5 亿户. 高质量共建 "一带一路" 稳步推进. 推动区域全面经济伙伴关系协定生效实施. 货物进出口总额增长 21.4%, 实际使用外资保持增长.

　　——生态文明建设持续推进. 污染防治攻坚战深入开展, 主要污染物排放量继续下降, 地级及以上城市细颗粒物平均浓度下降 9.1%. 第一批国家公园正式设立. 生态环境质量明显改善.

　　——人民生活水平稳步提高. 居民人均可支配收入实际增长 8.1%. 脱贫攻坚成果得到巩固和拓展. 基本养老、基本医疗、社会救助等保障力度加大. 教育改革发展迈出新步伐. 新开工改造城镇老旧小区 5.6 万个, 惠及近千万家庭.

　　疫情防控成果持续巩固. 落实常态化防控举措, 疫苗全程接种覆盖率超过 85%, 及时有效处置局部地区聚集性疫情, 保障了人民生命安全和身体健康, 维护了正常生产生活秩序.

　　报告中的这些数据是如何得来的? 数据在运用上有什么不同? 如何运用这些数据?

任务　认知统计

学习目标

- 理解统计的三种含义
- 列举出统计学研究的对象及主要的五种研究方法
- 能描述统计工作的基本任务及过程
- 能解释统计学中常用的基本概念

任务描述与分析

1. 任务描述

水库水电站公司承担着为 A 市城镇居民、农村居民和企业用户提供电力服务,为进一步提高服务质量,了解公司的服务水平和存在的问题,公司拟对本市电力用户进行一次客户满意度调查,如果你承担该调查项目,你该如何开展这项工作呢?

2. 任务分析

这是一个常见的企业市场调查项目,虽然你现在不一定具备承担该任务的能力,但如果你能够跟随本调查项目的推进,同步思考每一实施环节所涉及的问题,相信在学完本课程后,你会惊喜地发现,自己已经可以进行一些简单的统计调查活动了.

现在来思考一下,实施这个调查项目应解决哪些问题呢?

以下几个问题可以帮助你打开思路.

①你应向谁调查(统计学研究的对象)?

②你如何进行调查(统计工作过程)?

③调查时应从哪些方面了解客户的满意度? 如何从总体上评价客户的满意度(统计学中常用的基本概念)?

④进行这项调查工作,可以采用哪些手段(主要的研究方法)?

知识链接

一、统计学的产生和发展

【案例 4.1.1】　统计在我们的工作和生活中无处不在,与我们息息相关,大到国内生产总值、全国人口数、国土面积,小到我们每月消费、每次考试成绩、在校学生人数,等等,都离不开统计.那么,到底什么是统计? 该如何准确地表述它呢? 它是如何发展起来的?

微课:认识统计学

　　解析:改革开放几十年来,我国经济取得了飞速发展,人们生活得到了显著改善,之所以能取得这样的成绩,离不开中国共产党的正确领导.而统计为我党的正确决策提供了科学依据.揭开统计神秘的面纱,我们发现离不开数据.在大数据时代,我们对数据的收集、处理和分析显得更为重要,从纷繁复杂的中获取信息,是创造价值的重要源泉.

（一）统计的含义

实际上,"统计"一词的内涵十分丰富,在不同的场合有不同的含义,国内外统计学界都认为"统计"一词有统计工作、统计资料和统计学三种含义（图4.1.1）.

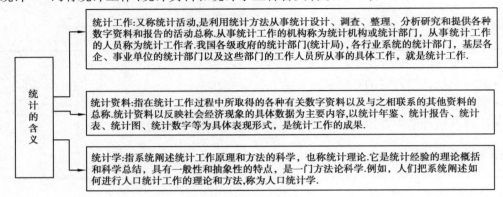

图 4.1.1 统计的含义

要正确理解统计的含义,必须注意以下两个问题:

①在不同的场合应正确理解和使用"统计"一词.尽管从词义来讲,统计包括统计工作、统计资料和统计学三种含义,然而这并不表示在任何情况下统计都包括这三种含义.在某一具体环境和情况下,"统计"一词仅指其中一种含义.例如,当有人说"我已经做了 20 年统计了",这里的"统计"指的是统计工作;当我们在网上看到:"据统计,2020 年,全国粮食总产量66 949 万吨（13 390 亿斤）,比 2019 年增加 565 万吨（113 亿斤）,增长 0.9%.其中谷物产量61 674 万吨（12 335 亿斤）,比 2019 年增加 304 万吨（61 亿斤）,增长 0.5%.",这里的"统计"是指统计资料;当有人说"我在大学是学统计的",这里的"统计"仅指统计学的含义.

②要厘清统计三种含义之间的关系.统计工作、统计资料和统计学既相互区别,又有密切联系.统计资料是统计工作的成果,统计工作和统计资料是过程与成果的关系.统计学是统计工作实践经验的理论概括和科学总结,它来源于统计实践,又高于统计实践,反过来对统计实践具有很大的指导作用.统计工作要靠统计理论的指导,才能顺利完成和取得准确的统计资料.因此,"统计"一词是统计工作、统计资料和统计学的综合概括,是统计的过程与成果、实践与理论的辩证统一.

（二）统计的产生和发展

统计是为适应人类社会实践活动的需要而产生,随着人类的社会实践活动的发展而不断向前发展（图4.1.2）.

我国是世界上最早开始统计的国家之一,早在原始社会时期,就有结绳计量的方法,这是我国统计的萌芽.在公元前 22 世纪的夏禹王朝,为了治国治水的需要,进行了初步的国情统计,查明当时全国人口为 13 553 923 人,土地为 24 308 024 公顷,并依山川土质、人口物产及贡赋多寡,将华夏大地分为九州,这是我国最早的人口与土地调查的资料.在西周时期,建立了统计报告制度——日成、月要和岁会.春秋战国时期,诸侯以兵员、乘骑、车辆比较各自军事实力,这是我国最早的军备统计,同时,形成了"举事必成,不知计数不可"的统计思想.到了封建社会,统计不仅已略具规模,而且已居于当时世界先进水平.秦时最早建立了全国规模的人口调查登记制度,已将人口按年龄、职业分组,并把掌握反映基本国情国力的"十三数"定为富国强民的重要手段.东汉进行了全国性土地测量,唐代建立了计口授田制度,宋、明有了田亩鱼鳞册等.尽管这一切都远远走在当时的西欧各国之前,可中国的统计却始终没有发展成为一门系统的现代科学.

我国的统计是为适应我国社会主义建设的需要建立和发展起来的.几十年来,统计工作已取得了骄人的成就.随着改革开放的逐渐深入,统计现代化建设获得了长足发展,新国民经济核算体系的建立,统计计算和分析中微机及统计软件的开发应用,适合市场经济并与国际统计接轨的各种统计指标体系的修订,都加速了我国统计制度、方法、手段的根本变革.在当今信息社会,统计正在加强自身建设,不断完善,为社会主义现代化建设发挥着越来越重要的作用.

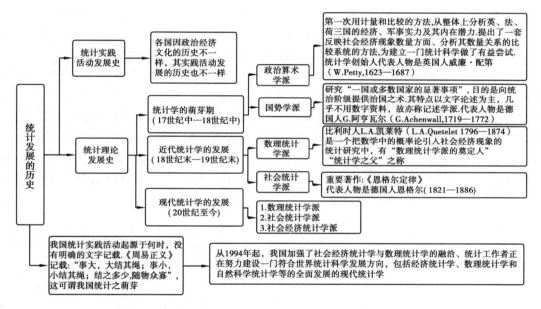

图 4.1.2   统计发展史

二、统计学研究的对象和方法

【案例4.1.2】   在开展水库水电站公司客户满意度调查前,请思考一下你的研究对象包括哪些?研究对象有什么特点?有哪些研究方法?

解析:水库水电站公司的客户分为城镇居民、农村居民和企业用户,在调查中,可以根据不同用户的特点进行分组,对居民的收入、家庭、人口、企业规模、用电量等进行调查,用统计学中科学的方法,从不同的角度了解客户对水电站公司的产品和服务的满意程度.

(一)统计学的研究对象

明确一门学科的研究对象,对掌握这门学科的研究方向,推动学科的发展,具有十分重要的意义.因此,要想真正掌握好统计学,就必须明确统计学的研究对象是什么.统计学的研究对象指的是统计研究所要认识的客体,也就是统计学是研究什么的.然而,关于统计学研究对象是什么,统计学界是百家争鸣,争论不休.有的统计学家认为是社会经济现象总体的数量特征和数量关系;有的认为是社会现象和自然现象的数量关系;有的则认为是客观事物的数量特征和数量关系等.我们认为,统计学研究的对象是客观现象(包括社会现象和自然现象)总体的数量方面.这是因为,统计学是通过对客观现象的数量特征、数量关系,以及质量互变的数量界限的大量观察,探索其内在数量规律的一门科学,它广泛地应用于自然现象和社会现象的研究.

人们可以从质的方面或量的方面来认识客观事物,统计学的研究侧重于后者.例如,对某地区经济发展状况的评价,不能直接从"质"的方面判断其好坏,而应借助具体的数据来说明,如工业总产值比上年增长 8% ,财政收入比上年增长 10% 等.通过这类数量描述,可以对该地区经济发展状况有一个定量的认识,它往往比仅从"质"的方面做出判断,要更为客观,更为精确,更具说服力.

当然,统计学绝非仅仅是简单认识客观现象的数量方面,而是通过大量的数量信息来了解其内在的发展变化的数量规律,把握现象之间的数量关系,以及质量互变的数量界限.例如,当我们测量一个学生的身高时,他或高或矮,似乎无规律可循.但当我们测量了全校学生的身高后,便会发现学生的身高符合一定的分布,即中等身高的学生占绝大多数,而身高特高或特矮的学生很少.若以曲线图表达学生的身高的数量分布,则表现为两头小,中间大,呈正态分布,这正是我们所要探索的数量规律.又如,在研究某化肥施肥量与粮食单位面积产量关系时发现,开始时随着施肥量的增加,其对应的粮食单位面积产量增加较快,以后增加同样的施肥量,粮食产量的增加逐渐减少,当施肥量达到一定数值后,其对应的粮食单位面积产量就不再增加,这时如果再增加施肥量,其产量反而会减少.施肥量与粮食单位面积产量之间的数量关系正是农业科学家要研究的数量规律,在实践中摸索出这种数量关系,就可以合理适度地施用化肥从而有效地提高粮食单位面积产量.

上述例子充分说明,无论在自然界,还是社会现象中,都蕴含有大量的数量规律,这些数量规律正是统计学的研究对象.

(二)统计学的性质

对于统计学性质的认识,历史上有两种对立的学派,争论的核心问题是:统计学究竟是实质性学科,还是方法论学科.这个问题至今可以说尚无定论.所谓实质性学科,如政治经济学、商业经济学、消费经济学等这一类学科,致力于事物的状况分析、规范分析、实证分析,研究"是什么? 为什么是?"这一类抽象理论问题,着眼于提高认识水平;所谓方法论学科则致力于实际工作中的方法,或是某一个别问题的处理方法,研究"做什么? 怎么做?"这一类具体操作问题,着眼于实际运用.统计学研究的是客观现象总体的数量方面,是从数量方面探索规律,它提供给人们的原理和方法实际上只是一种工具,至于客观现象发展规律究竟如何,那不是统计学所能揭示的.如早在 16 世纪,英国统计学家约翰·格朗特研究并发现新生儿的性别比例稳定在 14∶13(男∶女)的规律,至于为何出现这样的规律则由社会学和遗传学来解释.再如现在全球变暖,气象局只能统计出气温的高低,至于为什么会这样,则由别的学科来研究.因此,我们认为,统计学的性质属于方法论学科,统计学是一门研究客观现象总体数量方面的独立的方法论科学.既然是一种认识和分析的工具和手段,那么谁掌握了它谁就能合理地使用它.所以,统计学可以为国家服务,可以为政府管理服务,可以为众多的企事业单位和社会大众服务,可以为社会科学研究服务,也可以为自然科学研究服务.

（三）统计学研究对象的特点

统计学研究对象的主要特点如图4.1.3所示.

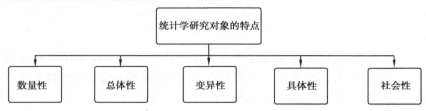

图4.1.3　统计学研究对象的特点

1. 数量性

数量性是统计研究对象的基本特点.统计研究的是客观现象总体的数量方面,数字是统计的语言,统计离不开数字,要运用数字说话,倘若统计离开了数字,统计工作就是无米之炊.实践告诉我们,用数字说明问题更具体、更准确、更有说服力.

所谓数量方面,具体包括以下三方面.

①数量多少.反映社会经济现象的规模、速度、水平等,说明现象的具体数量表现.

②数量关系.研究现象的内部结构、比例关系、各种平衡关系和相关关系等,说明事物之间的数量联系.

③数量界限.即质与量间的关系.通过事物数量的变化,研究现象的量变过程,可以说明质量互变的数量界限.例如,考核学生学习效果的优差,通常以考试成绩为标志,一般用优秀、良好、中等、及格和不及格5个层次代表分数,体现各层次数量关系,如果以60分为及格,60分则是及格与不及格的分界点,是质与量互变的界限,是量变到质变的极限.

同时,任何客观现象都包含着质和量两个方面,都是质和量的统一.量是质的表现,质是量的结果,质和量总是密切联系,相互依存.因此,统计必须在质和量的辩证统一中研究客观现象的数量方面,即以质的规定性为基础,而后才能正确地研究现象的量的关系.例如,要了解和研究国内生产总值的数量、构成及其变化,首先必须了解国内生产总值的本质属性,然后才能根据这种认识去确定国内生产总值的口径、范围和计算方法,进而才能据以处理许许多多复杂的、具体的实际统计问题.当掌握了事物的量,透过客观现象的数量表现和数量关系,就可以反映客观现象的本质和规律性.

2. 总体性

总体性又称大量性.统计研究对象不是个体现象的数量方面,而是由许多个体现象构成的总体的数量方面.统计学只有通过对大量事物进行研究,或者对某个事物的变化作多次观察研究,才能得出关于现象总体的结论.例如,劳动生产率的统计,不是研究某个人具体的劳动效率,而是研究一个国家、地区、部门或一个企业总体的劳动生产率及其变动.统计研究对象的总体性这个特点,是由社会经济现象的特点和统计研究的目的决定的.由于客观现象是多种因素交互作用的结果,呈现出复杂多变的态势,其表现常常带有偶然性.只有对客观现象的变化进行大量的研究,才能透过其表面上的、偶然的联系,找到客观现象固有的数量变化规律.这样就可以避免以偏概全,使人们对现象的认识更为全面可靠.事实上,统计学研究事物一般是从研究个体现象入手,其目的不是认识个体现象,而是通过综合个体现象去认识总体,以把握客观现象的总规模、总水平及其变化发展的总趋势. 例如,统计研究人口时,不是研究某一个人,而是研究人口总体的数量构成,自然增长率、人口出生率、死亡率、性别比例等. 人口统计是这样,其他社会经济统计也是这样. 因此,可以说,统计是对客观现象总体数量方面的定量认识活动.

3. 变异性

变异性又称差异性,是指统计要通过研究大量个体变异来掌握总体的综合特征,才能发现事物本质和规律性. 因为一切事物之间都存在着差异,差异就是矛盾. 如果没有差异,就没有必要进行统计研究了. 变异性就是统计的前提条件.

4. 具体性

具体性又称客观性. 统计的研究对象是客观存在的具体事物的数量方面,是客观事实在具体时间、地点、条件下的总体数量表现. 统计研究事物的量是与现象的质紧密结合起来的,是在事物质与量的辩证统一中进行研究,而不是研究抽象的数字,这就使统计研究有别于数学研究. 数学研究抽象的数量关系与空间形态,通过数学公式和方法表示数量变化的规律性. 统计研究客观现象可以遵守数学原则,应用数学方法、数学公式、数学模型进行统计分析与预测. 例如,截至 2008 年 6 月底,我国网民数量达到 2.53 亿人,互联网普及率为 19.1%. 这些显然不是抽象的量,而是我国在 2008 年 6 月底这一具体条件下网民、互联网普及率的数量表现. 如果抽掉具体的内容,不是在一定时间、地点和条件下进行研究,那就不能说明任何问题,也就不称其为统计,其数字也就不是统计数字.

5. 社会性

统计学的研究对象是客观现象,它属于社会科学范畴,具有社会性的特点. 统计学的研究对象处于一定的社会制度和社会环境之中,是人们有意识有目的活动的结果,它必然受到社会制度、社会规范、社会心理等因素的制约,具有明显的社会特征. 统计的数量总是反映人们在社会生产生活中的条件、过程和结果,而统计本身也是一种社会实践活动,是人类有意识的社会活动的产物.

(四)统计学的研究方法

正确的统计研究方法是完成统计工作任务的重要条件. 统计工作过程是观察问题、提出问题、分析问题和解决问题的过程,没有一套科学的统计方法就不可能准确、及时、全面、系统地掌握客观现象的数量方面,更不可由此揭示现象发展的规律性. 统计学的研究方法有很多,概括起来主要有五种,如图 4.1.4 所示.

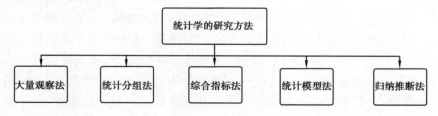

图 4.1.4　统计学的研究方法

1. 大量观察法

大量观察法是指对所研究对象的全部或足够多数的单位进行观察,以获得对客观现象总体认识的方法. 它是统计学的基本观察方法,其理论基础是大数法则. 为什么统计要采用大量观察法呢? 因为统计学研究的是社会总体而不是个别的社会现象,由于社会现象的复杂性和总体性,必须对总体进行大量观察和分析,研究其内在联系,方能反映社会现象的规律.如果观察的单位只是少数,就很可能得出片面甚至错误的认识结论.如人口现象中比例问题.就单独一个家庭来观察,新生婴儿的性别或男性或女性.从表面上看,新的性别比例似乎没有什么规律可循.但如果对大量家庭的新生婴儿进行观察,就会发现新生婴儿中男孩略多于女孩,大致为每出生 100 个女孩相应地就有 107 个男孩出生.这个性别比例 107∶100 就是新生婴儿性别比的数量规律,古今中外这一比例都大致相同,这是由人类自然发展的内在规律所决定的.尽管从新生婴儿来看,男性婴儿略多于女性,似乎并不平衡,但由于男性的死亡率高于女性,到中年时,男女人数就大体相当了.进入中老年后,男性死亡率仍然高于女性,导致男性的平均预期寿命比女性短,老年男性反而少于老年女性.只有对整个社会的所有家庭或足够多的家庭成员进行调查,才能准确揭示人口现象中男女比例的一般特征和规律性.

在我国统计实践中,广泛运用大量观察法来组织多种统计调查.例如,各种基本的、必要的统计报表、普查等都是对总体进行大量观察,以保证从整体上认识事物本质的调查方法.当然,大量观察法并非要求对总体中的所有单位都要进行全面调查,而是根据需要对研究对象中能够足以反映事物本质特征的多个单位进行观察就可以了.如在重点调查中,选择的调查单位数量虽然较少,但这些单位标志值之和在总量中占有绝大比重,通过重点单位调查就能从数量上掌握全部总体在这个标志总量上的基本情况;典型调查中,选定的调查单位已经被人们确认为具有代表性,通过对典型单位的调查也能从数量上掌握全部总体的基本情况.因此,统计中采用大量观察法与重点调查、典型调查并不矛盾.

2.统计分组法

统计分组法就是根据统计研究的目的和现象内在的特点,按某一标志,将现象划分为性质不同类型或组的统计方法.客观现象总体是由具有某种同质性的许多单位组成的群体,但由于在不同总体范围内的单位之间具有一定差别,因此有必要进行统计分组.通过分组,可以把同质总体中具有不同特性的单位分到不同的组中去,即特性相同的单位归在一起,特性不同的单位分开,这样,既保持组内各单位的共同性,又显示组与组之间的差异性.以人口为例,如果没有分组的内容,只有一个人口总数,那就很难深入研究问题.只有对人口进行一系列有关的分组,才能研究人口的社会结构、性别和年龄结构等,也才能深入研究人口的变动和规律性.统计分组法是统计研究的基本方法,是统计资料整理和分析的基础,在统计研究中占有重要地位.

3.综合指标法

综合指标法就是利用多项综合指标,对相互联系的客观现象进行综合概括的方法.具体来说,它是在对大量原始数据进行整理汇总的基础上,计算各种综合指标,以显示现象在具体时间、地点以及各种因素共同作用下所表现的规模、水平、速度、比例、集中趋势和差异程度等,概括地描述总体的综合特征和变动趋势.例如,一个服装厂一年下来其经营业绩如何,就可用综合指标法进行概括分析.一年的销售收入是多少,实现利税多少,各月、各季度的情况又如何;取得这样的销售收入和利税使用了多少资本金,付出了多少成本;资产负债比如何,资金利税率多大;本年度与以前年度相比有无较大的发展变化等情况,都需要对原始数据进行整理、汇总、计算,并利用一系列指标体系进行计算、分析.在评价该厂的经营业绩的过程中,各种情况统计指标的使用是非常重要的.

在统计分析中广泛运用各种综合指标反映总体的各种数量关系,分析客观现象的本质和规律性,是统计研究的最终目的.

4.统计模型法

统计模型法是根据一定的经济理论和假设条件,利用数学方程模拟客观现象及现象间相互关系的一种研究方法.利用这种方法可以对客观现象及过程中存在的数量关系进行比较完整和近似的描述,从而简化了客观存在的复杂的其他关系,以便于利用模型对客观现象的变化进行数量上的评估和预测.

统计模型包括三个基本要素:变量、基本关系式、模型参数.通常将总体中一组相互联系的统计指标作为变量,其中有些变量被描述为其他变量的函数,称这些变量为因变量,而它们所依存的其他变量称为自变量.用一组数学方程来表示现象的基本关系式,数学方程可以是线性的也可以是非线性的,可以是二维的也可以是多维的.模型参数则是表明方程式中自变量对因变量影响程度的强度指标,它是由一组实际观察数据来确定的.

运用统计模型法进行统计分析,一般要求公式严谨、计算准确、简便迅速,避免主观随意性,可以估计误差,但使用范围受到一定条件的限制.统计模型法在抽样推断、假设检验、回归分析和统计预测等方面广泛运用.

5.归纳推断法

归纳推断法是从局部推断总体,来认识总体特征的一种方法.归纳推断法既是可能的,也是必要的.统计的总体特征要求,必须把各个单位的特征进行归纳和综合,才能得到总体特征,然而对于某些客观现象却是无法实现,如产品质量检验属于破坏性试验,某些总体规模无限或未知,对这类现象的全面调查是不可能的,只能采取非全面的调查,然后依据所调查的部分单位即样本来推断总体特征.在这一过程中,通过采用科学的方法,保证样本的充分代表性,从而保证了推断结果的可靠性.

归纳推断法运用了数学上的有关理论,从而大大扩展了统计的研究和认识范围,也提高了统计的科学性.利用归纳推断方法,不但解决了不可能或不必要全面调查的总体认识问题,而且为统计预测提供了科学的方法和依据,为统计方法的科学性提供了检查、检验的方法和途径.

上述各种方法相互联系、互相配合,共同组成了统计研究的方法体系.在运用统计研究方法时,必须注意根据实际情况,按照需要与可能,分别采用不同的统计方法;要善于把多种统计方法结合运用,相互补充.

三、统计工作过程

【案例 4.1.3】 如果你班要求你策划组织一次水库环境保护志愿服务活动,你会如何开展工作呢?

解析:统计的工作过程与你组织的水库环境保护志愿服务活动类似,只不过它涉及的问题更多,主要的工作任务是完成对数据的收集、整理、描述和分析等,要完成这项任务你需要了解统计的基本职能和统计工作的基本任务,分阶段开展工作.而统计的工作过程包括统计设计、统计调查、统计整理、统计分析等.

（一）统计的基本职能

统计到底能够做些什么,应该如何规定统计的基本任务,这都取决于对统计职能的认识和解释.统计的基本职能是指统计的职责与统计本身具有的功能.统计具有提供信息、咨询服务、实施监督三大基本职能,充分有效地发挥这三大职能,是实现科学管理的重要保证(图4.1.5).

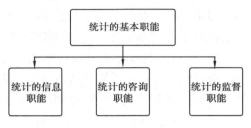

图 4.1.5　统计的基本职能

1. 统计的信息职能

统计的信息职能是指统计主体通过一整套科学统一的统计指标和统计研究方法,系统地搜集、整理和分析统计资料,提供大量有价值的、以数量描述为基本特征的统计信息,为现代管理和决策提供事实依据.信息职能是统计的基本职能.我们生活在一个信息社会,我们每天可能会接触到很多信息.统计是运用特有方法,对社会经济现象各方面的大量数据资料进行搜集、加工、归纳、分析,得出能反映社会经济现象总体数量特征信息的活动,最具全面性、系统性、社会性特征,这是其他任何信息源所不能比拟的,这也就决定了统计信息是社会经济信息的主体.随着管理水平的不断提高,统计信息将由描述性、总结性向预测性和决策性信息发展,统计不仅只是"数据库",更是"思想库".

2. 统计的咨询职能

统计的咨询职能是指利用已掌握的丰富的统计信息资源,运用科学的分析方法和先进的技术手段,深入开展综合分析和专题研究,为科学决策和现代管理提供各种可供选择的咨询建议或对策方案,起到参谋的作用.统计咨询职能是统计信息职能的延续和深化.开展统计咨询,是在社会经济管理活动中更广泛地运用统计方法和更充分地发挥统计信息资料作用的最直接的体现.

3. 统计的监督职能

统计的监督职能是指根据统计调查和统计分析,及时、准确、全面地反映社会、经济、科技的运行状况,并对其进行全面、系统的定量检查、监测和预警,起警报器的作用.统计的监督职能是在其信息职能、咨询职能基础上进一步地拓展,并促使统计信息职能和咨询职能的不断优化.

总之,统计的信息、咨询和监督职能是相互作用、相辅相成的.其中,统计的信息职能是统计最基本的职能,是保证统计咨询和监督职能得以有效发挥的基本前提,没有统计信息,咨询和监督就无从谈起;统计的咨询职能,是统计信息职能的延续和深化,是进一步发挥统计作用最重要的体现;统计监督职能是在统计信息、咨询职能基础上的进一步拓展,强化统计监督职能,又必然对信息和咨询职能提出更高的要求,从而进一步促使统计信息和咨询职能的优化.因此,统计的信息、咨询和监督职能的有机结合和运用,共同构成了统计的整体职能.只有将这三大职能凝聚成一个合力,发挥其整体效应,才能充分体现和发挥统计工作在现代管理系统中的重要地位和作用.

（二）统计工作的基本任务

统计工作的基本任务就是统计应当针对什么目标做什么工作.我国统计工作的基本任务由《中华人民共和国统计法》规定.《中华人民共和国统计法》第一章第二条规定:"统计的基本任务是对国民经济和社会发展情况进行统计调查、统计分析,提供统计资料和统计咨询意见,实行统计监督."具体地说,统计工作的基本任务可以归纳为两个方面:一方面是以国民经济和社会发展为统计调查的对象,在对其数量方面进行科学的统计分析的基础上,为党和国家制定政策、各部门编制计划、指导经济和社会发展及进行科学管理提供信息和咨询服务;另一方面则是对国民经济和社会的运行状态、国家政策、计划的执行情况等进行统计监督.提供统计资料和咨询意见与实行统计监督相辅相成,是统计基本任务不可分割的两个方面.

当前,我国经济飞速发展,利国利民的政策频频出台,在这大好形势下,作为统计工作者,一定要运用各种科学方法搜集和整理各种统计资料,发挥统计的信息职能作用,当好情报员;要充分运用统计资料进行分析研究,为管理决策提供有效的咨询,发挥统计的咨询职能作用,当好参谋员;还要充分利用统计信息,对国民经济各部门、各行业、各地区、各企业的活动,对整个社会经济的运行状况进行监督,揭露矛盾,提出对策建议,发挥统计的监督职能作用.我们还要吸收世界其他国家在利用统计管理国家、管理经济,为企业服务、为社会大众服务等方面的先进经验,结合我国的实际情况积极探索统计发展的新途径.

（三）统计工作过程

一般来说,一个完整的统计工作过程包括统计设计、统计调查、统计整理和统计分析四个阶段(图4.1.6).

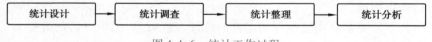

图4.1.6　统计工作过程

1.统计设计

统计设计是统计工作的第一个阶段,它是根据统计研究的目的、任务和研究对象的特点,对统计工作的各个方面和各个环节进行总体规划、通盘考虑和全面安排,设计出具体实施方案的工作阶段.它是整个统计工作的全面部署,贯穿了统计工作的全过程,因而是一项重要而又极为复杂的工作.也正因为如此,统计设计所涉及的内容非常广泛,总的说来,大致包括以下内容.

①明确规定统计研究的目的、任务.这是统计设计的首要环节,是确定研究内容和方法的出发点.

②确定统计研究的对象.要以统计研究的目的为依据确定统计对象,只有科学地、正确地确定统计对象,才能圆满完成统计任务.

③规定统计范围的时空界限.

④设计统计指标和指标体系.这是统计设计的核心内容.统计设计要根据统计的任务、目的以及研究对象的特点,确定了解研究对象哪些方面的数量状况,用什么样的指标反映这些数量状况,选择能反映现象本质特征的指标组成指标体系,同时,还要考虑指标间的相互联

系,明确指标口径范围和计算方法等.

⑤确定统计分类与分组.这是统计设计的重要内容.这里所说的分类和分组,指的是现象本身的分类和分组.例如,国民经济行业分类,企业规模分类,城乡分类,动植物分类,等等.统计分类实际上是一种定性认识活动,也是一项很重要的工作.实际工作中为了方便和统一,各国都制定了适合一般情况的标准分类目录.

⑥制定统计调查方案和资料汇总整理方案.为了在调查过程中统一内容、统一认识、统一方法、统一步调,顺利完成任务,在着手调查之前应该制定一个周密的调查方案;为了科学、高效地完成统计资料的整理工作,在进行资料整理之前对资料整理的各个环节做出具体规定,形成统计资料整理方案.

⑦确定统计分析方法.统计分析方法很多,应根据研究目的,灵活选择.

⑧统计工作各部门和各阶段关系的协调与衔接的安排.在统计工作过程中,要充分考虑各部门和各阶段的配合与协调,以保证统计调查、统计整理和统计分析各个环节有条不紊地进行.

⑨统计力量的组织与安排.这是保证统计工作顺利进行的一个重要的统计设计内容.

⑩统计工作的进度及时间安排.在设计时要对统计各个阶段的工作进度和时间要求做出严格规定,使统计工作有秩序地进行.

统计设计是一个独立阶段,在统计工作中起着重要的作用,是统计工作的重要一环.统计研究对象是客观现象总体,往往涉及面广,工作量大,投入的人力、物力、财力较多,对经济活动影响较大,这就要求统计工作要高度集中统一.无论是统计总体范围、统计指标口径和计算方法,还是统计分类和分组标准,都必须统一.因此,只有通过统计设计才能保证统计工作的协调、统一和顺利进行,避免统计标准的不统一;只有通过统计设计,才能按需要与可能,分清主次,采用各种统计方法,避免重复和遗漏;只有在高质量的统计设计方案的指导下才能科学有序地开展后几个阶段的各项工作.

2.统计调查

统计调查是根据统计研究的任务和统计设计的要求,采用科学的方法,有计划、有步骤、有组织地搜集统计资料的工作过程.它主要包括调查设计和搜集资料等内容,其结果表现为各种调查表、登记表等原始数据.

统计调查是统计工作的第二个阶段.统计调查阶段既要搜集大量原始资料,又要搜集次级资料,所搜集的资料是否准确、及时、全面、系统,将直接关系到统计整理的好坏,影响统计分析的结论,决定统计工作的质量.这一阶段的工作既是认识事物的起点,同时又是后面统计整理和统计分析的基础,因此统计调查在统计工作中具有特殊的重要性.

3.统计整理

统计整理是对统计调查阶段搜集到的资料进行科学加工汇总的工作过程.统计整理的内容十分丰富,主要包括四个方面:

①审核资料.这是统计整理的初始工作,即审核统计资料的完整性和准确性,如有遗漏或误差,应及早组织补充调查.

②对资料进行分组和汇总,绘制统计图表.

③计算基础指标,反映总体的基本数量特征.

④汇编、保存和建立统计数据库.统计整理的结果表现为各种整理表、统计图等.

统计整理是统计工作过程的第三个阶段,统计资料整理的质量如何,直接影响统计分析的结论.通过这一阶段的工作,使原始的、零碎的资料条理化、系统化,使由反映个体特征的资料转化为反映总体特征的资料,使我们对客观现象的认识由个体认识过渡到总体的认识,由感性认识过渡到理性认识,由定量认识上升到定性认识.统计整理是统计调查阶段的深入和继续,又是统计分析阶段的基础和前提,起着承上启下的作用.

4.统计分析

统计分析是对经过加工整理的统计资料进行分析研究,采用各种统计分析方法,计算各种统计分析指标,目的是认识和揭示现象的本质和规律,得出科学结论,进而进行预测或作为决策依据的工作过程.它包括相对指标分析、平均指标分析、动态数列分析、指数分析和相关与回归分析等.

统计分析是统计工作的最后阶段,是对事物的定性认识阶段,也是形成统计工作成果的决定性环节.统计分析的成果,是评价或预测客观现象的特点和变化趋势的依据,也是进行决策的依据.

统计工作过程的四个阶段是相互联系、不可分割、依次进行的.在实际工作中,只有做好每一阶段的工作,才能保证整个统计工作高质、高效地完成.

四、统计学中的基本概念

【**案例4.1.4**】 在开展水库水电站公司客户满意度调查前,请思考一下,你研究对象包括哪些? 你该从哪些方面了解客户对水电站公司的评价呢?你又该怎样从总体上去评价客户对公司的满意度呢?

微课:统计学中
的基本概念

解析:统计的研究对象是客观现象总体的数量特征和数量关系,要实现统计的研究目的,首先要对统计的总体有明确的界定,明确构成总体的基本单位.水库水电站公司开展客户满意度调查的统计总体是A市使用电力的所有客户,包括城镇居民、农村居民和企业.水库水电站公司的客户满意度调查的个体是A市每个电力用户,具体可分为每一个城镇或农村居民,每一个企业,在调查中被抽的客户为本次调查活动的样本.我们将客户对公司的评价分解为电力的稳定性、电力的安全性、抄表计量准确性、付费便利性对客户的服务态度等.将各个客户对水电站公司的满意度数据汇总就得到了客户对水电站公司各个方面的满意度指标.如平均的满意度数值,或者满意度等级所占的比重等,这些指标之间是互相补充的关系,它们分别从不同的侧面反映客户对水电站公司的满意程度.

(一)统计总体和总体单位

1.统计总体和总体单位的概念

统计总体是指客观存在的,在同一性质的基础上结合起来的许多个别事物构成的整体,简称总体.它是由特定研究目的而确定的统计研究对象的全体.

总体单位是指构成总体的个别事物,简称个体.它是总体的基本单位.根据研究目的的不同,总体单位可以是人、物、企业、机构、地域、长度、时间,等等.

例如,要研究某省高等院校在校生的健康状况,该省所有高校的在校生构成一个统计总体,该省的每一位高校在校生则是总体单位;要研究某县生产设备的使用情况,则该县所有的生产设备组成统计总体,而每一台生产设备是总体单位;要研究全国工业企业生产发展状况,全国所有的工业企业是统计总体,全国的每一个工业企业是总体单位.

2.统计总体的特征

从统计总体的概念中不难看出,作为一个统计总体既有其质的规定性又有量的规定性,只有同时具备了客观性、同质性、大量性和变异性这四个特征,才能形成统计总体,也即四者的统一是构成统计总体的必要条件(图4.1.7).

图4.1.7　统计总体的特征

(1)客观性

客观性是指总体及构成总体的每个单位都是客观存在的事物,作为统计研究对象的总体,既不是抽象的,也不是虚构的,任何主观臆想的东西都构成不了统计总体.总体是根据统计研究目的要求和调查对象本身特点确定的.例如,要调查某市居民消费情况,该市所有的居民构成一个统计总体,每一居民就是一个总体单位,任何一个数据,都是客观存在的城市居民消费的真实数量反映,不是人们随意决定的.统计总体的客观性是统计研究的基础,只有保证总体的客观性,才能保证搜集到的资料的真实性.

(2)同质性

同质性是指构成总体的许多个体,必须具有某一种共同的性质.也就是说总体中各单位至少有一个或一个相同的性质,至少在某一个方面具有相同的表现,它们就可以结合起来构成总体.同质性是总体各单位结合起来构成总体的基础,也是总体质的规定性,是我们确定总体范围的标准.例如,要研究2020年某高职学校大专毕业生的就业情况,则该学校所有2020年毕业的大专学生构成一个总体.而该学校的中专毕业生,虽然是该学校的学生,且毕业,但不具备"大专"这一共同的性质,因而不能进入这一总体中.统计总体的同质性是统计研究的条件,只有保证了总体的同质性,搜集的数据资料才有价值,统计研究才有意义.

(3)大量性

大量性是指构成总体的总体单位数要足够多.总体应由大量的总体单位所构成,即总体的形成要有一个相对规模的量,仅仅由个别单位或少数单位是不能构成总体的.因为统计研究的对象是大量现象的数量方面,统计研究的目的是揭示客观现象发展趋势和变化规律,统计研究的大量观察法表明,只有观察足够多的量,在对大量现象的综合汇总过程中,才能消除偶然因素,使大量社会经济现象的总体显示出相对稳定的规律和特征,大量性是对统计总体的基本要求.例如,当我们研究新生儿性别比例情况时,只调查一个或少数家庭,甚至一个村组是不够的,所得到的数据分析不能说明一个地区或一个国家新生儿性别构成状况.只有对大量人口进行调查,才能准确得出一个地区或一个国家新生儿性别构成.2020年我国国家统计局抽样调查显示,我国出生人口男女性别比例为111.3∶100.出生性别比例失调将造成新的社会问题,必须引起我们的高度注意.

（4）变异性

变异性，又称差异性，是指总体的各个单位除了具备某种或某些共同的性质外，在其他方面又各不相同，具有质和量的差别，这种差异统计上称为变异.例如，在全国纺织企业调查中，每个纺织企业的性质是相同的，但是每一个纺织企业在职工人数、固定资产、工业产值、成本、利润等方面都具有不同的表现，这就有必要通过统计研究这些差异，揭示事物的矛盾运动.它是统计研究的前提和主要内容，如果总体单位之间没有变异，统计研究就失去了意义.

3.统计总体的种类

按总体是否可以计量，总体可分为有限总体和无限总体两类（图4.1.8）.

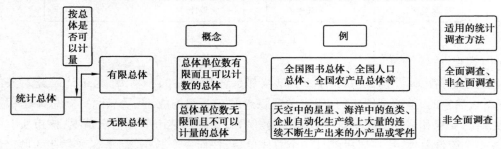

图4.1.8　统计总体的分类

4.统计总体和总体单位的关系

总体和总体单位是整体与部分、集合与元素的关系，它们互为存在条件.总体是界定总体单位的前提条件，总体单位是构成总体的基本元素.没有总体性质的准确界定，就很难确定总体单位的范围，便没有部分；整体是由部分组成的，没有总体单位，总体也就不存在.统计总体和总体单位的概念是相对一定的统计研究目的而言的，它们的划分是相对的，不是固定不变的.研究目的的不同，同一事物可以是总体，也可以是总体单位，它们是可以相互转换的.例如，研究某省钢铁企业的生产经营情况时，该省的全部钢铁企业构成一个统计总体，每一个钢铁企业则是总体单位；当研究某个典型钢铁企业的生产经营情况时，这个钢铁企业就不再是总体单位，而是总体了.可见，总体和总体单位的确定是要根据统计的研究目的而定的.

（二）标志和指标

1.标志

（1）标志的概念

标志是指表明总体单位特征或属性的名称.总体单位是标志的承担者，标志是依附总体单位而存在的.每个总体单位都有许多标志，每个标志都是从某一特定方面表明总体单位的特征或属性.例如，某班级学生构成一个统计总体，每个学生是这个总体的总体单位，反映学生的各种特征的名称如性别、年龄、籍贯、身高、体重、学习成绩等都称为总体单位的标志.又如，全部企业总体中，每个企业的经济类型、隶属关系、生产规模、职工人数、总产值、净利润、生产能力等，这些特征或属性也是标志.

（2）标志表现

标志表现是指标志特征在总体各单位的具体表现，即在标志名称之后所表明的属性或数值.它是标志实际体现的状态或者结果，是统计调查所得的结果.标志表现有两种形式：

①文字形式.如性别表现为男性和女性,男和女都是用文字表示的.

②数字形式.如工龄表现为 5 年、10 年、20 年、30 年,这里的 5、10、20、30 都是用数字表示的.

(3)标志的种类

按照不同的特点,标志有不同的分类方式.如按照性质不同,标志可分为品质标志和数量标志;按照变异情况,标志可分类不变标志和可变标志,如图 4.1.9 所示.

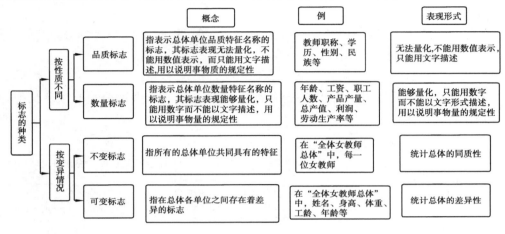

图 4.1.9　标志的种类

需要注意有:

①判断一个标志是品质标志还是数量标志,一个显著特征就是看其标志表现,凡是以文字表现的标志就是品质标志,凡是以数字表现的标志就是数量标志.数量标志表现的具体数值称为标志值.

②不论是数量标志还是品质标志都有可能是可变标志.不变标志的存在,保证需要统计总体的同质性,是构成统计总体的必要条件和确定总体范围的标准;可变标志的存在保证了统计总体的差异性,是进行统计研究的兴趣和目的所在.

2.统计指标

(1)统计指标的含义

关于统计指标的含义,一般有两种理解和使用方法.

①统计指标是指反映总体现象数量特征的概念.例如,国内生产总值、财政收入、财政支出、社会商品零售总额、人口数、劳动生产率等.这一理解用于统计理论和统计设计工作中,是统计指标的设计形态.按照这种理解,统计指标包括三个构成要素:指标名称、计量单位、计算方法.

②统计指标是指反映总体现象数量特征的概念和具体数值.例如:2020 年我国财政收入182 895 亿元,我国财政支出 245 588 亿元等,这些都是统计指标.这一种理解用于实际的统计工作中,是统计指标的完成形态.按照这种理解,统计指标除了包括上述三个构成要素外,还包括时间限制、空间限制、指标数值.

（2）统计指标的特点

①数量性. 数量性是指统计指标反映的是现象总体的数量特征, 所有的统计指标都能用而且必须用数值来表现, 不能用数值表现的就不能成为统计指标. 对于有些如政治思想觉悟、艺术价值、工作热情等无法用数量描述的现象, 是不能用统计指标来反映的.

②综合性. 综合性是指统计指标都是用一个综合的数字表明总体特征的, 它是大量同质总体单位的数量综合的结果. 例如, 一个学生的身高不叫统计指标, 而全校学生的平均身高才是统计指标.

③具体性. 具体性是指统计指标是现象总体在一定时间、地点、条件下的数量特征的具体表现, 并不是抽象的概念和数字.

（3）统计指标的种类

对统计指标可以从不同的角度, 进行各种各样的分类, 但主要的分类有以下几种, 如图4.1.10 所示.

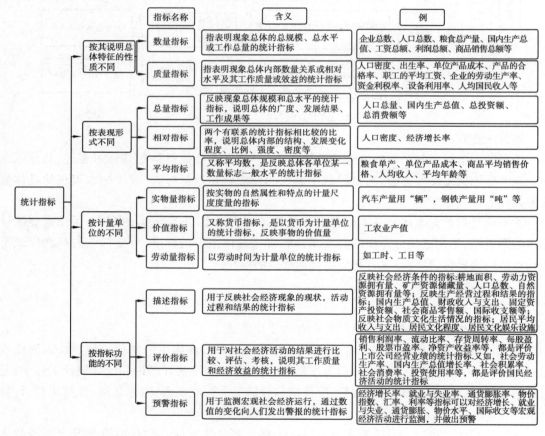

图 4.1.10　统计指标的种类

3. 指标与标志的关系

指标与标志既有明显的区别, 又有密切的联系.

（1）指标与标志的区别

①说明对象范围不同: 标志是说明总体单位特征的, 而指标是说明总体特征的. 例如, 以

全国所有的工业企业为总体,每一个工业企业(个体)的职工人数、设备台数、工业产值、占地面积等均为统计标志,而全国所有的工业企业的职工总人数、设备总台数、工业总产值、总占地面积等则是统计指标.

②具体表现形式不同:标志可以用数值表示也可以用文字表示,而指标能用而且必须用数值表示.例如,全校学生总体中每一个学生的性别标志表现为男性或女性,年龄标志表现为16 岁、17 岁、18 岁、19 岁等,而全校学生的总人数、平均年龄等指标必须用数字表示.

(2)指标与标志的关系

①具有对应关系:即指标和标志的名称往往相同.例如,以某市工业企业作为总体,则全市工业总产值是指标,每一个工业企业的工业总产值是标志,在这里,指标和标志的名称都是工业总产值.

②具有汇总关系:即指标数值是由总体各单位的数量标志值直接汇总而来.例如,上例中的全市工业总产值就是该市每一个工业企业的工业总产值相加汇总得到的.

③具有转换关系:即根据研究目的不同,指标和标志可以相互转换.这主要是由于统计研究目的不同,统计总体和总体单位具有相对性,可以相互转换,当原来的统计总体单位后,相对应的反映总体数量特征的指标就变成反映总体单位特征的标志了,反之亦然.

(三)变异和变量

1. 变异

变异是指各总体单位之间标志表现的差异,或者说标志在总体单位之间的不同的具体表现.变异可分为品质变异和数量变异.品质变异是品质标志在总体单位上表现出来的差异,表明质的差别,又称为可变的品质标志;数量变异是数量标志在总体单位上表现出来的差异,表明量的差别,也称为可变的数量标志.由于变异的普遍存在,才使物质世界千差万别、丰富多彩.变异是统计研究的基础和条件,有变异才有必要进行统计.如果各总体单位的各种标志表现都没有差别,那就没有统计的必要,也无须用统计方法测算它们的数量特征.

2. 变量和变量值

在数量标志中,不变的数量标志称为常量或参数.可变的数量标志称为变量.例如,工业普查中,工业企业的职工人数、工资总额、资金总额、工业总产值、利润总额等;人口普查中,每个人的年龄、身高、体重等都是变量.变量的具体数值称为变量值,亦称标志值.例如,职工人数为 6 987 人,则"职工人数"为变量,其数值,"6 987"为变量值.

3. 变量的分类

对于变量可以从不同角度进行分类,主要的分类如图 4.1.11 所示.

需要注意的有:

①连续型变量的取值一般要用测量或度量的方法取得数值.离散型变量的变量值可以用计数的方法取得.

②由于确定性变量的取值呈现规律性变化,又有决定性因素(变量),人们可以通过控制决定性因素来达到调节变量数值的目的,所以确定性变量的可控制性强,因而成为基本的统计指标.通过对这类变量取值的规律性进行分析,不但可以了解和认识过去的社会经济现象特征,而且可以预测未来的发展趋势.因此,确定性变量是进行统计推断和统计预测的主要

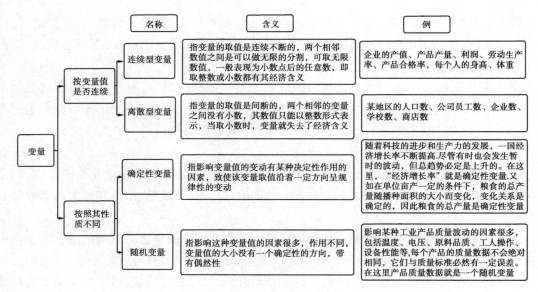

图 4.1.11　变量的分类

依据.

③由于随机变量的偶然性太强,可控制性较差,调查结果不能直接用来说明总体,需要采用科学、合理的方法和手段,用计算、分析出来的综合指标来推断总体数量特征.因此,随机变量一般不作为社会经济基本统计指标.

（四）统计指标体系

1.统计指标体系的概念

社会经济现象是一个错综复杂的矛盾运动总体,其内部各因素之间存在着相互联系、相互制约的关系,同时现象之间的联系也是多种多样的.任何一个统计指标都只能反映现象总体的某一个侧面、某一个特征,因此,要全面观察和综合反映复杂现象的总体特征,仅仅依靠单项指标显然是不够的,而必须将一系列相互联系的统计指标结合起来,建立指标体系,完整地反映复杂现象的全貌,说明事物发展的全过程.

统计指标体系是指由若干个相互联系的统计指标所组成的有机整体.它能全面反映社会经济现象总体各方面的相互关系和发展过程,是有关统计指标之间相互联系的反映和表现.例如,为了反映企业生产经营状况,只设立利润这一项指标是不够的,而应考虑企业的投入、考虑投入与产出之比,所以,只有设立产量、增加值、职工人数、工资总额、利润、产值、劳动生产率、产值利税率、资金成本利润率等一系列指标构成的指标体系,才能对该企业生产经营状况做出全面正确的评价.

统计中,指标体系通常表现为两种形式.一种是数学形式,如:

商品销售额 = 商品销售量×商品销售单价

期末库存量= 期初库存量+本期收入量−本期消费量

另一种形式是相互联系、相互补充的关系,但指标之间不能相互推算.

2.统计指标体系的种类

按照研究目的和现象的特点不同,统计指标体系,可分为基本统计指标体系和专题统计指标体系,如图4.1.12 所示.

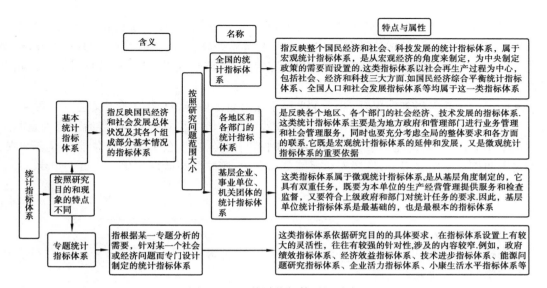

图 4.1.12　统计指标体系的种类

任务实施

现在来思考一下水库水电站公司客户满意度调查项目,你能回答这些问题了吗?

①你应向谁调查(统计学研究的对象)?

②你如何进行调查(统计工作过程)?

③调查时应从哪些方面了解客户的满意度? 如何从总体上评价客户的满意度(统计学中常用的基本概念)?

④进行这项调查工作,可以采用哪些手段(主要的研究方法)?

拓展延伸

"十四五"时期经济社会发展六大"新"目标

● 经济发展取得新成效,在质量效益明显提升的基础上实现经济持续健康发展,增长潜力充分发挥,国内市场更加强大,经济结构更加优化,创新能力显著提升,产业基础高级化、产业链现代化水平明显提高,农业基础更加稳固,城乡区域发展协调性明显增强,现代化经济体系建设取得重大进展.

● 改革开放迈出新步伐,社会主义市场经济体制更加完善,高标准市场体系基本建成,市场主体更加充满活力,产权制度改革和要素市场化配置改革取得重大进展,公平竞争制度更加健全,更高水平开放型经济新体制基本形成.

● 社会文明程度得到新提高,社会主义核心价值观深入人心,人民思想道德素质、科学文化素质和身心健康素质明显提高,公共文化服务体系和文化产业体系更加健全,人民精神文化生活日益丰富,中华文化影响力进一步提升,中华民族凝聚力进一步增强.

● 生态文明建设实现新进步,国土空间开发保护格局得到优化,生产生活方式绿色转型成效显著,能源资源配置更加合理、利用效率大幅提高,主要污染物排放总量持续减少,生态环境持续改善,生态安全屏障更加牢固,城乡人居环境明显改善.

•民生福祉达到新水平,实现更加充分更高质量就业,居民收入增长和经济增长基本同步,分配结构明显改善,基本公共服务均等化水平明显提高,全民受教育程度不断提升,多层次社会保障体系更加健全,卫生健康体系更加完善,脱贫攻坚成果巩固拓展,乡村振兴战略全面推进.

•国家治理效能得到新提升,社会主义民主法治更加健全,社会公平正义进一步彰显,国家行政体系更加完善,政府作用更好发挥,行政效率和公信力显著提升,社会治理特别是基层治理水平明显提高,防范化解重大风险体制机制不断健全,突发公共事件应急能力显著增强,自然灾害防御水平明显提升,发展安全保障更加有力,国防和军队现代化迈出重大步伐.

能力训练

一、填空题

1."统计"一词有_____、_____、_____3种含义.

2.计学的基本研究方法有_____、_____、_____、_____、_____.

3.统计的基本职能有_____、_____、_____.

4.统计工作过程包括_____、_____、_____、_____.

5.统计指标体系分为_____、_____.

二、选择题

1.对某公司200名职工的收入情况进行调查,每一位职工的性别是(　　).

A.数量标志　　　B.数量指标　　　C.品质标志　　　D.质量指标

2.统计研究的数量必须是(　　).

A.抽象量　　　B.具体量　　　C.连续不断量　　　D.可以相加量

3.属于统计数量指标的有(　　).

A.国民生产总值　　　B.国内生产总值　　　C.固定资产净值　　　D.劳动生产率

4.下列变量中属于离散型变量的有(　　).

A.粮食产量　　　B.学生数　　　C.职工工资　　　D.身高

5.人口普查的调查单位是(　　).

A.每一户　　　B.所有的户　　　C.每一个人　　　D.所有的人

三、判断题

1.总体和总体单位是永远不变的.　　　(　　)

2.统计调查过程中采用的大量观察法,是指必须对研究对象的所有单位进行调查.(　　)

3.所有的统计指标和可变的数量标志都是变量.　　　(　　)

4.职工的年龄是品质标志.　　　(　　)

四、简答题

1.统计学的研究对象是什么?它有哪些特点?

2.统计学的性质是什么?试说明.

3.统计的基本任务是什么?

4.举例说明统计总体、总体单位以及二者的关系.

5.统计指标有哪些特点?其分类如何?

6.标志与指标的联系和区别是什么?

课件:统计概论

模块五
统计资料的搜集与整理

中华人民共和国成立以来,中国共产党带领人民持续向贫困宣战.经过改革开放以来的努力,成功走出了一条中国特色扶贫开发道路,使7亿多农村贫困人口成功脱贫,为全面建成小康社会打下了坚实基础.中国成为世界上减贫人口最多的国家,也是世界上率先完成联合国千年发展目标的国家.截至2014年底,中国仍有7 000多万农村贫困人口.

"十三五"期间脱贫攻坚的目标是,到2020年稳定实现农村贫困人口不愁吃、不愁穿,农村贫困人口义务教育、基本医疗、住房安全有保障;同时实现贫困地区农民人均可支配收入增长幅度高于全国平均水平、基本公共服务主要领域指标接近全国平均水平.脱贫攻坚已经到了啃硬骨头、攻坚拔寨的冲刺阶段,必须以更大的决心、更明确的思路、更精准的举措、超常规的力度,众志成城实现脱贫攻坚目标,决不能落下一个贫困地区、一个贫困群众.

2015年11月23日,中共中央政治局审议通过《关于打赢脱贫攻坚战的决定》.11月27日至28日,中央扶贫开发工作会议在北京召开.中共中央总书记、国家主席、中央军委主席习近平强调,消除贫困、改善民生、逐步实现共同富裕,是社会主义的本质要求,是中国共产党的重要使命.11月29日,《中共中央国务院关于打赢脱贫攻坚战的决定》发布.2019年3月5日,国务院总理李克强在发布的《2019年国务院政府工作报告》中提出,打好精准脱贫攻坚战.10月,国家脱贫攻坚普查领导小组成立.国家脱贫攻坚普查工作人员是如何开展调查,如何设计调查方案的呢?

任务一　统计调查

- 能描述统计调查的概念和明确统计调查方案的主要内容
- 能辨别统计调查的组织形式和方法
- 能根据调查目的和客观实际制定调查方案
- 能选择恰当的调查组织形式收集统计数据
- 能根据调查需要合理设计调查问卷

任务描述与分析

1. 任务描述

为全面贯彻落实二十大精神,推进美丽中国建设,坚持山水林田湖草沙一体化保护和系统治理;统筹水资源、水环境、水生态治理,推动重要江河湖库生态保护治理,基本消除城市黑臭水体. A 市统计局拟通过了解 A 城市居民对水污染认识情况及对本市水生态环境治理工作满意度,为 A 市政府相关部门针对水污染问题采取有效措施提供依据.那么 A 市统计局工作人员是如何设计调查方案? 如何开展调查的呢?

2. 任务分析

在统计设计阶段需要解决以下问题:

①如何进行统计调查的整体设计?

②在设计中应注意哪些问题?

在调查阶段需要解决以下问题:

①用什么组织形式和方法可以获得调查数据资料?

②如何确保这些数据资料的质量?

知识链接

一、统计调查概述

(一)统计调查的概念及地位

统计调查是根据统计研究的目的、要求和任务,采用科学的调查方法,对调查对象中各调查单位的有关标志的具体表现,有计划、有组织地进行登记,

微课:统计调查

取得真实可靠统计资料的活动过程.

　　统计调查在统计工作的整个过程中,担负着提供基础资料的任务,所有的统计计算和统计研究都是在原始资料搜集的基础上建立起来的.因此,统计调查是统计工作的基础环节,是统计分析的前提,没有统计调查,统计工作也就成了无源之水,无本之木.只有搞好统计调查,才能保证统计工作达到对于客观事物规律性的认识.统计调查搜集资料的质量如何,直接影响着统计工作的最终质量.如果统计调查工作做得不好,得到的材料残缺不全或有错误,就会影响整个统计工作.

　　(二)统计调查的基本要求

　　准确性、及时性和完整性是统计调查的基本要求(图5.1.1).

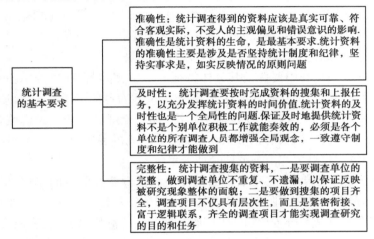

图5.1.1　统计调查的基本要求

二、统计调查设计

微课:统计调
查设计

　　【案例5.1.1】　假设你承担了A市统计局关于A城市居民对水污染认识情况及对本市水生态环境治理工作满意度调查项目,你如何保证调查方法的正确选择和实施,并按时获得预期的调查资料呢?

　　解析:统计调查涉及面广,是一项复杂的工作,因此在统计调查实施之前需要做好各项准备工作,设计一个切实可行的统计调查方案,使调查工作能统一思想、统一认识、统一步骤、统一内容,有组织、有计划地进行,以保证调查任务的顺利进行.

　　无论采用什么调查方式收集资料,都要事先根据需要和可能,对被研究对象进行定性分析,设计出合理的调查方案.统计调查方案是统计设计阶段的一项重要内容,是保证统计调查顺利进行的前提,也是准确、及时、系统、完整地取得调查资料的重要条件.一份完整的调查方案,应包括的基本内容如图5.1.2所示.

图5.1.2　统计调查方案的内容

（一）确定调查目的

明确调查目的是统计调查的首要问题.调查目的是一项统计调查工作预期所要获得的结果,调查的目的决定了调查的内容和范围.不同的调查目的和任务,决定着不同的调查对象、内容和范围.目的不明确,任务不清楚,就不知道向谁做调查?调查什么?怎样调查?整个工作就会陷入混乱状态,造成人力、物力和财力的浪费,延误整个工作.统计调查的目的和任务,应根据党的方针政策、各级领导提出的任务要求以及实际工作的需要,结合调查对象本身的特点来确定.

（二）确定调查对象、调查单位和报告单位

调查对象和调查单位是统计总体和总体单位在统计调查阶段的新称谓.调查对象是在某项调查中进行调查研究的社会经济现象的总体.确定调查对象,第一要根据调查的目的,在对现象进行认真分析,掌握其主要特征的基础上,科学地规定调查对象的含义;第二要明确规定调查对象的总体范围,划清它与其他社会经济现象的界限.

调查单位是在某项调查中要登记其具体特征的单位,即调查项目的承担者,它回答的是向谁做调查,或者说要登记的资料在谁身上.调查单位的确定决定于调查目的和调查对象.如调查目的在于了解城市职工家庭收支的基本情况,那么全部城市职工家庭就是调查对象,这要明确城市职工家庭的含义,划清城市职工和非城市职工的界限.调查对象确定后,调查单位自然就明确了,即每一户城市职工家庭就是调查单位.

报告单位也称为填报单位,它是负责向上填写和报告调查资料的单位.根据调查目的的不同,调查单位和报告单位在实际调查工作中有时一致,有时不一致.如工业企业普查,每个工业企业既是调查单位又是报告单位;而工业企业生产设备状况的调查,调查单位是工业企业的每台生产设备,而报告单位则是每个工业企业.要了解企业职工的状况,则每个职工就是一个调查单位,全部职工的调查资料由企业汇总上报,则该企业就是报告单位.人口普查的报告单位应选择每户家庭中的主要成员(户主)而不是所有家庭成员.明确报告单位在于明确资料的报送责任.

（三）拟订调查项目、制订调查表

拟订调查项目就是要确定调查的内容,即向调查单位调查什么,需要被调查者回答什么.

调查项目就是调查中所要登记的调查单位的特征,这些特征统计上又称为标志.确定调查项目解决的是向调查单位搜集什么资料.调查项目是调查方案的核心内容.确定调查项目时要注意:首先,所确定的项目要本着需要与可能的原则,需要就是实现研究目的,可能就是能够取得确切资料的;其次,调查项目的含义要确切、明了和具体,以免产生歧义,避免由于理解不一,致使资料不准和无法汇总;再次,调查项目之间应尽可能地保持有机联系,便于核对和检查;最后,尽量保持现行调查项目与过去同类调查项目之间的可比性,以便于动态对比,分析和研究现象的发展变化趋势与规律.

实际统计工作中,常将确定的调查项目,按一定的顺序排列在一定的表格上,就构成了调查表,其目的是保证统计资料的规范化和标准化.调查表分为单一表和一览表.

1.单一表

单一表是指每张(份)调查表上只登记一个调查单位的表式,它可以容纳较多的调查项目,内容较详细.表 5.1.1 就是一个单一表.

表 5.1.1　年末职工家庭就业人口调查表

户主姓名:

家庭人口(　)人				就业人口(　)人			
姓名	与户主关系	性别	年龄	工作单位	职业	职务职称	备注

2. 一览表

一览表是把许多调查单位填写在一张表上. 在调查项目不多时,采用该类表式,填写集中,能节省人、财、物力和填写时间,较为简便,便于合计和核对数据. 表 5.1.2 就是一个一览表.

表 5.1.2　身体发育状况调查表　　　　　　　编号

检查序号	姓名	性别	出生年月	年龄	身高	体重	胸围	呼吸差	肺活量	坐高

统计调查要采用哪一种表式,是由调查目的、任务而定的.

调查表设计好之后,需要编写填表说明. 填表说明包括对调查项目的解释、填写要求、填写形式、有关数字的计算方法及填表时应注意的事项等. 比较复杂的项目要举例说明.

(四) 确定调查的时间、空间和方法

调查时间是指调查资料所属的时间,在统计调查中,如果所调查的是时期现象,就是明确规定调查资料所反映的起止日期. 如调查 2021 年第一季度的石油产量,则调查时间是从 1 月 1 日起至 3 月 31 日. 如果所调查的是时点现象,调查时间就是规定的统计标准时点. 如我国第七次人口普查的时点是 2020 年 11 月 1 日零时.

调查期限是进行调查工作的时限,是整个调查工作的起止时间,包括搜集资料和报送资料工作所需的时间,从搜集数据资料开始到报送资料为止的整个调查工作所需的时间. 为保证资料的时效性,调查期限不宜过长. 如 2020 年人口普查规定 2020 年 11 月 1 日至 12 月 10 日现场登记完毕,则调查期限为 11 月 1 日至 12 月 10 日共 40 天.

所谓调查地点是指直接登记调查内容、填写调查表的场所. 调查地点和调查单位所在地经常是相同的. 例如,我国执行统计报表制度的企事业单位,填报统计调查资料,就是在它们的所在地进行的. 对于专门组织的统计调查,调查单位所在地有变化时,就要专门指出调查地点,如人口普查,对居民是按常住地点来登记的,而不是按暂住地点来统计的. 显然,在调查组织安排中严格规定调查地点,是提高搜集资料准确性和完整性,避免重复和遗漏的重要保证.

调查方法包括调查的组织形式和搜集资料的具体方法,它要根据调查的目的要求和调查对象的特点而定.

（五）制订调查工作的组织实施计划

为了保证整个统计调查工作的顺利进行,在调查方案中还应该有一个周密考虑的组织实施计划.其主要内容应包括:调查工作的领导机构和办事机构;调查人员的组成;调查资料的报送办法;调查前的准备工作,包括宣传教育、干部及人员培训、调查文件的准备、调查经费的预算和开支办法、试点及其他工作等.

现在来思考一下案例 5.1.1A 城市居民对水污染认识情况及对本市水生态环境治理工作满意度调查项目,你知道该如何拟订该项目的调查方案了吗?

解析:从本节内容的学习中,我们已经了解了拟订一份完整的调查方案,要包括确定调查目的、确定调查对象和调查单位、确定调查项目和调查表以及确定调查的时间、空间等内容.下面就需要把该项目的这些内容进行明确,并根据调查内容选择合适的调查方法,再根据实际情况设计一下所需的调查表或问卷,确定调查时间和地点,制订出调查工作的组织实施计划,一份完整的调查方案就形成了.

三、统计调查的组织形式

【案例 5.1.2】 关于 A 城市居民对水污染认识情况及对本市水生态环境治理工作满意度调查项目,你打算选择什么调查组织形式收集资料呢?

解析:不同的调查组织形式有其优缺点,我们需要理解各种组织形式后根据调查的要求,确定最合适的调查组织形式.不论采用什么调查组织形式,都要保证收集到的数据的客观性、科学性和准确性.

统计调查的组织形式主要有五种,具体如图 5.1.3 所示.

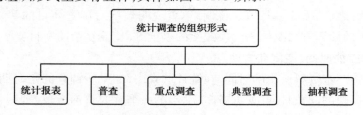

图 5.1.3 统计调查的组织形式

（一）统计报表

1.统计报表的意义

统计报表是依照国家有关法规的规定,自上而下地统一布置,以一定的原始记录为依据,按照统一的表式,统一的指标项目,统一的报送时间和报送程序,自下而上地逐级定期提供基本统计资料的一种调查方式.

统计报表所包括的范围比较全面,项目比较系统,分组比较齐全,指标的内容和调查周期相对稳定.因此,它是我国统计调查中取得国民经济和社会发展情况基本统计资料的一种重要的调查方式.

2.统计报表的特点

统计报表主要有三个特点,如图5.1.4所示.

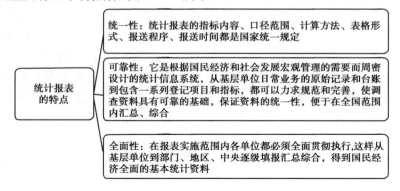

图5.1.4　统计报表的特点

3.统计报表的分类

统计报表按其性质和要求的不同,有如下几种分类(图5.1.5).

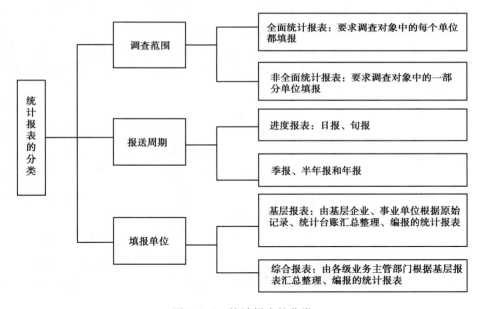

图5.1.5　统计报表的分类

(二)普查

【案例5.1.3】　全国人口普查是由国家来制订统一的开展时间节点和统一的方法、项目、调查表,各地相关部门严格按照指令依法对全国现有人口普遍地、逐户逐人地进行一次全项调查登记,普查重点是掌握分析预测各地现有人口发展变化,主要就是了解性别比例、出生性别比、单身、适婚人口、老龄人口等,全国人口普查也属于国情国力调查.

　　解析:人口普查工作包括对人口普查资料的搜集、数据汇总、资料评价、分析研究、编辑出版等全部过程,它的目的是全面掌握全国人口的基本情况,研究制定人口政策和经济社会发展规划提供依据,为社会公众提供人口统计信息服务.

1. 普查的概念

普查是专门组织的对总体全部单位进行的一次性全面调查. 它主要用来搜集那些不能够或者不适宜用定期全面统计报表搜集的统计资料;调查的资料一般属于一定时点的社会经济现象总量;也可以用来调查反映一定时期现象的总量,如出生人口总数、死亡人口总数等. 普查不同于统计报表,它不是按固定的时间间隔进行的周期性调查,而是为了特定的目的而专门组织的一次性调查. 普查是一种重要的调查方法. 普查的组织形式基本上有两种:一是组织专门的普查机构,配备一定数量的普查人员,对调查单位直接进行登记;二是利用调查单位的原始记录和核算资料,颁发一定的调查表格,由调查单位填报.

2. 普查的特点

①普查一般需要规定统一的标准调查时间,以保证普查结果的准确性,避免数据重复或遗漏.

②普查是一次性或周期性的调查. 由于普查的规模大(通常在全国范围进行),涉及面广,需要耗费较多的人力、物力、财力和时间,因此,一般需要间隔较长时间进行一次,或间隔一定周期(如 5 年、10 年)进行一次,使普查规范化、制度化.

③普查比任何其他调查方式所取得的资料更全面、更系统,而且标准化比较高;普查的适用范围比较窄,只适用于最基本、最重要的全面情况调查.

普查是一个庞大的系统工程,耗费的人力、物力、财力多,时间长. 因此,一般不宜多采用. 其作用在于掌握某些关系到国情国力的重要数据,以摸清国家重大的国情、国力的情况,为国家制定有关政策和措施提供依据.

(三)重点调查

【案例5.1.4】 要了解全国钢铁生产的基本情况,假设我国有 1 000 家钢铁企业,其中有 23 家钢铁企业为大型钢铁企业,它们的钢铁年产量可以占全国钢铁产量的 90%. 那么,如果我们只对这 23 家钢铁企业进行调查,这些企业具备的特点是:从数量上只占我国钢铁企业的很小比重,但它们的产量却占我国钢铁总产量的绝大比重,对这些大型企业进行调查,便可了解全国钢铁生产的基本情况,且比全面调查更省力、更及时.

1. 重点调查的意义

重点调查是一种专门组织的非全面调查. 它是在调查对象的全部单位中只就部分重点单位进行的调查. 重点调查的关键是选择好重点单位. 进行重点调查的目的是了解和掌握研究现象总体的基本情况.

2. 重点单位的选择

重点单位是指在全部调查单位中虽数量不多,但其标志值在所研究的标志总量中占有绝大比重的单位.

①根据调查任务确定重点单位. 基本标准是所选出的重点单位的标志值必须能够反映所研究总体的基本情况. 一般来说,选出的单位要尽可能少些,而其标志值在总体中所占的比重要应尽可能大些.

②重点单位不是固定不变的. 对不同问题的重点调查,或同一问题不同时期重点调查中,重点单位不是一成不变的,要随着情况的变化而随时调整.

③选中的单位应是管理健全、统计基础工作较好的单位.

重点调查既可以用于经常性调查,也可以用于一次性调查,可以是专门组织调查,也可以采用统计报表由重点单位填报.当只要求掌握调查对象的基本情况,而在总体中确实存在重点单位时,进行重点调查是适宜的,否则,缺一不可.由于重点单位与一般单位差异较大,重点调查的资料不能用于推算总体资料.

3.重点调查的特点

①重点调查是范围比较小的全面调查,其目的是反映现象总体的基本情况.

②重点调查单位的选择着眼于所研究现象主要标志的比重,因而它的选择不带有主观因素.

③重点单位对于总体来说最具有代表性,但不能拿来推断总体总量.

(四)典型调查

【案例5.1.5】 商贸服务业是国民经济的基础性和先导性产业,加快发展商贸服务业,对引导生产、扩大消费、吸纳就业、改善民生,促进形成强大国内市场和构建新发展格局具有重要意义.为及时、准确掌握商贸服务业运行情况,为行业管理、企业经营和居民消费提供决策支持和信息服务,你认为可以采取何种调查方式?

解析:本项目的调查对象为商贸服务业经营单位,涉及批发、零售、住宿、餐饮、洗染、沐浴、家政、美容美发、人像摄影、家电维修、仓储、拍卖、药品流通等行业法人单位和个体工商户,可以在这些单位中选择一些典型单位进行调查.

1.典型调查的概念

典型调查也是一种专门组织的非全面调查.它是根据调查的目的和要求,在研究现象总体中选出部分典型单位进行深入细致地观察以认识事物的本质及规律的一种统计调查方式.所谓典型单位是指在本质与发展规律上能够代表同类事物的单位.典型单位是调查者在对被研究现象进行初步全面分析的基础上有意识地选择出来的,因此,调查者的能力、水平和经验的不同,对同一个调查对象选择的典型单位就可能不同.

2.典型单位的选择

典型调查的关键是选择典型单位,选择典型单位的主要依据是具体的调查研究目的.选择典型单位必须依据正确的理论进行全面的分析,切忌主观片面性和随意性;它不仅要求调查者有客观的、正确的态度,而且要有科学的方法.根据不同的研究目的和要求,有以下三种选典方法.

①"解剖麻雀"的方法.这种选典方法适用于总体内各单位差别不太大的情况.通过对个别代表性单位的调查,即可估计总体的一般情况.

②"划类选典"的方法.总体内部差异明显,但可以划分为若干个类型组,使各类型组内部差异较小.从各类型组中分别抽选一两个具有代表性的单位进行调查,即称为划类选典.这种调查既可用于分析总体内部各类型特征,以及它们的差异和联系,也可综合各种类型对总体情况做出大致的估计.

③"抓两头"的方法.从社会经济组织管理和指导工作的需要出发,可以分别从先进单位和落后单位中选择典型,以便总结经验和教训,带动中间状态的单位,推动整体的发展.

典型调查通常是为了研究某种特殊问题而专门组织的非全面的一次性调查.但是,有时为了观察事物发展变化的过程和趋势,系统地总结经验,也可对选定的典型单位连续地进行长时间的跟踪调查.例如,对新生事物或处于萌芽状态的事物的研究,就适宜采用这种定点的跟踪调查.

（五）抽样调查

【案例5.1.6】 一次失败的统计调查.在1936年的美国总统选举前,一份名为《文学文摘》(*The Literary Digest*)杂志进行了一次民意调查.调查的焦点是谁将成为下一届总统——是挑战者,堪萨斯州州长艾尔弗·兰登(Alfred Landon),还是现任总统富兰克林·德拉诺·罗斯福(Franklin Delano Roosevelt).为了解选民意向,民意调查专家们根据电话簿和车辆登记簿上的名单给一大批人发了简单的调查表(电话和汽车在1936年并不像现在那样普及,但是这些名单比较容易得到).尽管发出的调查表大约有1 000万份,但仅收回约240万份.在收回的调查表中,艾尔弗·兰登非常受欢迎.于是该杂志预测艾尔弗·兰登将赢得选举.但事实上是富兰克林·德拉诺·罗斯福赢得了这次选举.你认为该杂志调查失败的主要原因是什么?

解析:在1936年,能安装电话或购买汽车的人在经济上相对富裕,而《文学文摘》杂志忽略了许多没有电话及不属于俱乐部的低收入人群.因当时政治与经济分歧严重,收入不太高的大多数选民倾向于选罗斯福,占投票总数比例较小的富人则倾向于选兰登,所以选举结果使《文学文摘》大失脸面.

抽样调查是按照随机原则从研究对象的总体中抽出一部分单位作为样本进行调查,并根据这部分样本单位的调查资料推断总体的一种非全面调查.其样本单位是按照随机原则抽取的,调查的目的是推断总体的数量特征.

不同的统计调查的方式方法,各有其特点和作用.在实际工作中,并非单用一种方式方法,而是多种方式方法的结合运用.这是因为:一是国民经济和社会发展情况复杂,国民经济门类众多,必须应用多种多样的统计调查方法,才能搜集到丰富的统计资料;二是任何一种统计调查方法,都有它的优越性与局限性,各有不同的实施条件,只用一种统计调查方法,不能满足多种需要.

【案例5.1.7】 现在来思考一下A城市居民对水污染认识情况及对本市水生态环境治理工作满意度调查项目,请你为这个项目选择合适的调查组织形式.

解析:对于A城市居民对水污染认识情况及对本市水生态环境治理工作满意度调查项目来说,不具备采用统计报表制度的条件;从成本考虑,也不适宜采用普查方法;我们调查的是居民对水污染认识情况及对本市水生态环境治理工作满意度,不存在哪个居民的标志值在总体中占有很大比重的现象,所以也不适宜采用重点调查.在这个调查项目中,由于城市居民众多,最适宜的调查组织形式应该是通过抽样调查,获取一定数量针对水污染的意见,并由此推断居民总体的意见.同时,也可以开展一定范围的典型调查,收集更为详细的居民意见.

四、统计调查的方法

【案例5.1.8】 关于A城市居民对水污染认识情况及对本市水生态环境治理工作满意度调查项目,你打算选择什么调查方法搜集资料呢?

解析:不同的调查方法有其优缺点,我们需要理解各种组织形式后根据调查的要求,确定最合适的调查方法.不论采用什么调查组织形式,都要保证搜集到的数据的客观性、科学性和准确性.

在调查过程中搜集统计资料的具体方法很多,常见方法如图 5.1.6 所示.

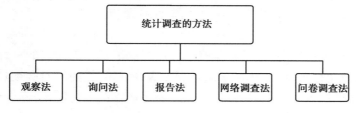

图 5.1.6　统计调查的方法

（一）观察法

观察法是由调查人员直接对调查对象进行查点、计量而取得资料的方法. 如对农产品产量的实割实测、商品库存的盘点等. 观察法的优点是取得的资料比较准确,缺点是花费的人力、物力、财力和时间都较多,而且有其局限性,有些现象,如家庭收支状况和历史资料的搜集都无法直接查点和计量.

（二）询问法

询问法是向调查者提出问题,并根据被调查者的答复搜集资料的方法. 具体又区分为以下三种形式.

①由调查者按照调查要求向被调查者逐一提出所要了解的问题,由被调查者口头回答以取得资料的方法,一般称口头询问法.

②由调查者召开会议,邀请熟悉情况的人座谈讨论,从中取得资料,称为开调查会法.

③由调查者将调查表交给被调查者,由被调查者填写之后再交给调查者的资料搜集方法,称为被调查者自填法,如果以问卷的形式下发后收回,又称为问卷调查法,有关问卷调查技术的具体内容下面详细介绍.

采用这种方法的优点是调查者能按统计口径逐项询问,对统计项目有统一的理解,可保证调查资料的准确性. 但该方法需花费大量的人力和时间,不适于进行全面调查.

（三）报告法

报告法是被调查者根据统计的要求填报统计资料的方法. 我国现行的统计报表制度采用的就是这种方法. 如果被调查单位有健全的原始记录和其他有关的核算记录,采用报告法所提供的统计资料,准确性也不亚于观察法,但也要花费较多的人力和物力.

（四）网络调查法

网络调查法是借助于各种网络技术所提供的各种工具,搜集传输有关数据资料的方法.

网络调查的优点主要表现在:

①速度快.

②费用低.

③易获得连续性数据.

④调研内容设置灵活.

⑤调研群体大.

⑥可视性强.

网络调查也存在一些缺点:

①代表性问题.

②安全性问题.

③无限制样本问题. 这是指网上的任何人都能填写问卷.

（五）问卷调查法

问卷又称调查表或询问表,是以问题的形式系统地记载调查内容的一种印件. 问卷可以是表格式、卡片式或簿记式. 设计问卷是询问调查的关键. 完美的问卷必须具备两个功能,即能将问题传达给被问的人和使被问者乐于回答. 要完成这两个功能,问卷设计时应当遵循一定的原则和程序,运用一定的技巧.

1. 问卷设计的原则

①有明确的主题. 根据调查主题,从实际出发拟题,问题目的明确,重点突出,没有可有可无的问题.

②结构合理、逻辑性强. 问题的排列应有一定的逻辑顺序,符合应答者的思维程序. 一般是先易后难、先简后繁、先具体后抽象.

③通俗易懂. 问卷应使应答者一目了然,并愿意如实回答. 问卷中语气要亲切,符合应答者的理解能力和认识能力,避免使用专业术语. 对敏感性问题采取一定的技巧调查,使问卷具有合理性和可答性,避免主观性和暗示性,以免答案失真.

④控制问卷的长度. 回答问卷的时间控制在 20 分钟左右,问卷中既不浪费一个问句,也不遗漏一个问句.

⑤便于资料的校验、整理和统计.

2. 问卷设计的程序

①确定主题和资料范围. 根据调查目的的要求,研究调查内容、所需搜集的资料、调查范围等,酝酿问卷的整体构思,将所需要的资料一一列出,分析哪些是主要、次要、可要可不要和可淘汰资料,再分析哪些资料需要向谁调查等,并确定调查地点、时间及对象.

②分析样本特征. 分析了解各类调查对象的社会阶层、社会环境、行为规范、观念习俗等社会特征;需求动机、潜在欲望等心理特征;理解能力、文化程度、知识水平等学识特征,以便针对其特征来拟题.

③拟订并编排问题. 首先构想每项资料需要用什么样的句型来提问,尽量详尽地列出问题,然后对问题进行检查、筛选,看它有无多余的问题,有无遗漏的问题,有无不适当的问句,以便进行删、补、换.

④进行试问试答. 站在调查者的立场上试行提问,看看问题是否清楚明白,是否便于资料的记录;站在应答者的立场上试行回答,看看是否能答和愿答所有的问题,问题的顺序是否符合思维逻辑.

⑤修改、付印. 根据试答情况,进行修改,再试答,再修改,直到完全合格以后才定稿付印,制成正式问卷.

3. 问题的形式

（1）开放式问题

开放式问题又称无结构的问答题. 在采用开放式问题时,应答者可以用自己的语言自由地发表意见,在问卷上没有已拟定的答案.

例如:对于 A 城市的水污染现状,您有什么意见?

（2）封闭式问题

封闭式问题又称有结构的问答题.封闭式问题与开放式问题相反,它规定了一组可供选择的答案和固定的回答格式.

例如:您认为平时生活产生的污水会去向哪里?

A.去到污水处理厂　　　　B.倒进河里　　　　C.排到地下　　　　D.灌溉农田

4.问卷的结构

调查问卷一般可以看成是由三大部分组成:卷首语(开场白)、正文和结尾.

（1）卷首语

问卷的卷首语或开场白是致被调查者的信或问候语.信的语气应该是亲切、诚恳而礼貌的,简明扼要,切忌啰嗦.其内容一般包括下列几个方面.

①称呼、问候.如"××先生、女士:您好".

②调查人员自我说明调查的主办单位和个人的身份.

③简要地说明调查的内容、目的、填写方法.

④说明作答的意义或重要性.

⑤说明所需时间.

⑥保证作答对被调查者无负面作用,并替他保守秘密.

⑦表示真诚的感谢,或说明将赠送小礼品.

（2）正文

问卷的正文实际上也包含了三大部分.

第一部分包括向被调查者了解最一般的问题.这些问题应该是适用于所有的被调查者,并能很快很容易回答的问题.在这一部分不应有任何难答的或敏感的问题,以免吓坏被调查者.

第二部分是主要的内容,包括涉及调查的主题的实质和细节的大量题目.这一部分的结构组织安排要符合逻辑性并对被调查者来说应是有意义的.

第三部分一般包括两部分的内容:一是敏感性或复杂的问题,以及测量被调查者的态度或特性的问题;二是人口基本状况、经济状况等.

（3）结尾

问卷的结尾一般可以加上 1~2 道开放式题目,给被调查者一个自由发表意见的机会.然后,对被调查者的合作表示感谢.在问卷最后,一般应附上一个"调查情况记录".这个记录一般包括:

①调查人员(访问员)姓名、编号.

②受访者的姓名、地址、电话号码等.

③问卷编号.

④访问时间.

⑤其他,如设计分组等.

【案例 5.1.9】　现在来思考一下 A 城市居民对水污染认识情况及对本市水生态环境治理工作满意度调查项目,请你为这个项目选择合适的调查方法.

解析:对于 A 城市居民对水污染认识情况及对本市水生态环境治理工作满意度调查项目

来说,由于城市居民众多,年龄分布差异大,最适宜的调查方法是网络调查法和问卷调查法.

任务实施

请你根据 A 城市居民对水污染认识情况及对本市水生态环境治理工作满意度调查的目的,制定该调查项目的统计调查方案,设计合理的调查问卷.

拓展延伸

国务院办公厅关于开展国家脱贫攻坚普查的通知

国办发〔2020〕7 号

各省、自治区、直辖市人民政府,国务院各部委、各直属机构:

根据《中共中央国务院关于打赢脱贫攻坚战三年行动的指导意见》部署,经国务院同意,定于 2020 年至 2021 年年初开展国家脱贫攻坚普查.现将有关事项通知如下:

一、普查目的和意义

脱贫攻坚是党中央、国务院作出的重大决策部署,是全面建成小康社会、实现第一个百年奋斗目标的标志性工程和底线任务.国家脱贫攻坚普查是精准扶贫精准脱贫的重要基础性工作,是对脱贫攻坚成效的一次全面检验.普查重点围绕脱贫结果的真实性和准确性,全面了解贫困人口脱贫实现情况,为分析判断脱贫攻坚成效、总结发布脱贫攻坚成果提供真实准确的统计信息,为党中央适时宣布打赢脱贫攻坚战、全面建成小康社会提供数据支撑,确保经得起历史和人民检验.

二、普查范围和对象

普查范围是 832 个国家扶贫开发工作重点县和集中连片特困地区县,享受片区政策的新疆维吾尔自治区阿克苏地区 7 个市县,以及在中西部 22 个省(区、市)抽取的部分其他县.

普查对象为普查范围内的全部行政村(包括有建档立卡户的居委会、社区)和全部建档立卡户.

三、普查内容和标准时点

普查内容包括建档立卡户基本情况、"两不愁三保障"实现情况、主要收入来源、获得帮扶和参与脱贫攻坚项目情况,以及县和行政村基本公共服务情况等.

普查标准时点为 2020 年 12 月 31 日.

四、普查组织和实施

为加强组织领导,国务院成立了国家脱贫攻坚普查领导小组,负责国家脱贫攻坚普查组织和实施,协调解决普查中的重大问题.领导小组办公室设在国家统计局,具体负责普查的组织和实施.各成员单位要按照职能分工,各负其责、通力协作、密切配合.

中西部 22 个省(区、市)普查领导小组及其办公室要加强领导,精心组织,及时解决普查工作中遇到的困难和问题,地方有关部门要积极配合做好普查工作.地方普查机构根据工作需要,选调符合条件的普查指导员和普查员.要保证选调人员在原单位的工资、福利及其他待遇不变,稳定普查工作队伍,确保普查工作顺利进行.

五、普查经费保障

国家脱贫攻坚普查所需经费,由中央和地方各级财政按规定予以保障,列入相应年度政府预算,按时拨付、确保到位.

六、普查工作要求

(一)提高思想认识.要深入贯彻落实习近平总书记关于脱贫攻坚普查的重要指示精神,提高政治站位,把思想和行动统一到党中央、国务院决策部署上来,高度重视,周密部署,分工协作,分级负责,坚决克服新冠肺炎疫情影响,扎实做好普查各项工作,确保高质量完成普查任务.

(二)坚持依法普查.普查工作应当严格遵守执行《中华人民共和国统计法》《中华人民共和国统计法实施条例》和国家脱贫攻坚普查方案.普查对象要真实、准确、完整、及时地提供普查所需的资料,不得虚报、瞒报、迟报、拒报.普查机构和普查人员应当如实搜集、报送普查资料,不得伪造、篡改普查资料,不得以任何方式要求普查对象提供不真实的普查资料.地方各级人民政府及有关部门和单位不得自行修改普查机构和普查人员依法搜集的普查资料,不得以任何方式要求普查机构、普查人员及其他机构人员伪造、篡改普查资料.普查取得的资料严格限定用于普查目的,各级普查机构及其工作人员必须严格履行保密义务.

(三)确保数据质量.充分利用先进信息技术直接采集上报源头数据,严格普查全流程数据质量管理,加强对普查指导员和普查员的管理和培训,建立数据质量保障和管理机制.加大统计执法和违纪违法行为惩戒力度,坚决杜绝人为干扰普查工作的现象.对于依纪依法应当给予党纪政务处分或组织处理的,由统计机构及时移送任免机关、纪检监察机关或组织(人事)部门处理.

(四)做好宣传引导.各级普查机构要会同宣传部门认真做好普查宣传的策划和组织工作.教育广大普查人员依法开展普查,引导广大普查对象依法配合普查,为普查工作顺利实施创造良好的舆论环境.要及时向社会公布脱贫攻坚普查有关情况,接受社会监督,提高普查透明度和公信力.

国务院办公厅

2020 年 4 月 8 日

能力训练

一、填空题

1.统计调查的组织形式有_____、_____、_____、_____、_____.

2.非全面调查有_____、_____、_____.

3. 统计调查方法一般为_____、_____、_____、_____、_____.

二、选择题

1. 通过调查华东、华南、华北等地区的几个大型国有森工企业来了解我国森工企业的基本情况,这种调查属于(   ).

A. 重点调查　　　　B. 典型调查　　　　C. 抽样调查

D. 非全面调查　　　E. 普查

2. 在工业设备普查中(   ).

A. 工业企业是调查对象　　　　　　　B. 工业企业的全部设备是调查对象

C. 每台设备是填报单位　　　　　　　D. 每台设备是调查单位

E. 每个工业企业是填报单位

3. 重点调查中重点单位是指(   ).

A. 标志总量在总体中占有很大比重的单位

B. 具有典型意义或代表性的单位

C. 那些具有反映事物属性差异的品质标志的单位

D. 能用以推算总体标志总量的单位

4. 对一批食品进行质量检验,最适宜采用的调查组织形式是(   ).

A. 重点调查　　　　B. 典型调查　　　　C. 抽样调查　　　　D. 普查

5. 下列属于问卷主体部分的是(   ).

A. 标题　　　　B. 问候语　　　　C. 甄别问题　　　　D. 问题和答案

6. 专门调查是为了了解和研究某种情况或问题而专门组织的统计调查,下列属于专门调查的有(   )

A. 普查　　　　B. 抽样调查　　　　C. 统计报表

D. 一次性调查　　　E. 经常性调查

7. 下列调查中不适合进行全面调查的是(   ).

A. 了解你班学生周末晚上的睡眠时间　　　B. 审查书稿中有哪些知识性错误

C. 了解打字班学员的成绩是否达标　　　　D. 了解夏季冷饮市场上冰淇淋的质量情况

8. 下列调查中,最适合采用全面调查(普查)方式的是(   ).

A. 对国庆期间来汉游客满意度的调查

B. 对我校某班学生数学作业量的调查

C. 对全国中学生手机使用时间情况的调查

D. 环保部门对武汉城区的汤逊湖水质情况的调查

9. 为调查某大型企业员工对企业的满意程度,以下样本最具代表性的是(   ).

A. 企业男员工

B. 企业年满 50 岁以上的员工

C. 企业新进员工

D. 从企业员工名册中随机抽取三分之一的员工

10. 对全国各水运枢纽的货物运输量、货物类型等进行调查,以了解全国水运概况. 这种调查属于(   ).

A. 典型调查　　　　B. 全面调查　　　　C. 重点调查　　　　D. 抽样调查

三、简答题

1.什么是统计调查？统计调查在统计工作中的地位如何？

2.统计调查的基本要求有哪些？如何理解？

3.一份完整的统计调查方案,应包括哪些内容？

4.重点调查与典型调查有何异同？

5.统计调查的方法有哪些？各有什么优缺点？

6.调查问卷的结构怎样？问卷的设计形式有哪些？

四、实践技能训练

1.某家用电器生产厂家想通过市场调查了解以下问题:企业产品的知名度;产品的市场占有率;用户对产品质量的评价及满意程度.

①你认为这项调查采取哪种调查方式比较合适？

②设计出一份调查问卷.

2.本系学生月消费支出情况调查.

要求:

①调查者:将本班学生分成若干组展开调查活动.

②调查对象:本系各专业学生,调查人数大于等于60人.

③设计一份调查问卷.

④设计一份调查方案.

⑤搜集原始资料.

微课:统计调查

任务二　统计数据的整理与显示

学习目标

- 能描述统计整理的意义和整理步骤
- 能解释统计分组的概念和作用,并掌握其方法
- 能根据实际资料进行统计分组,编制分配数列
- 能根据实际资料编制统计表、绘制统计图
- 能利用 Excel 软件对统计资料进行整理

任务描述与分析

1.任务描述

经过前期艰苦的统计调查,我们已经从 A 市居民处获得了原始的调查资料,统计调查阶段结束.现在我们的统计工作进入统计资料整理阶段,这一阶段我们的任务是将收集来的零散的、不系统的,甚至是存在虚假差错的统计资料进行整理,为下一阶段的统计分析创造良好

的条件.

2. 任务分析

对这些数据资料,进行整理是一项较为烦琐,且技巧要求较高的工作,要完成这项任务,我们需要思考以下几个问题:

①资料的整理大致分为哪几个工作环节?

②用什么方法能够使零散的原始调查资料条理化?

③在汇总调查资料时,使用什么软件进行汇总?

④用什么方法把整理好的调查资料表现出来?

知识链接

一、统计数据整理概述

【案例 5.2.1】 经过一段时期的问卷调查,我们已从 A 市不同年龄段的居民那里获得了 500 多份问卷,回顾一幕幕调查的场景,我们已掌握了很多居民对本市水污染的认识情况及对本市水生态环境治理工作的评价意见. 我们该如何把收集到的居民意见展现出来,向 A 市政府汇报呢? 如果我们如数家珍地将收集的居民意见向领导反馈,那就无法从 500 多份问卷中汇总所有居民的意见,个别居民的意见尽管生动但不能代表总体,这与我们的调查要求还存在差距. 那么,我们该怎样汇总辛苦获得的这些调查资料,实现我们的调查目的呢?

解析:我们必须对这些调查问卷中所包含的数据进行分门别类的汇总整理,在开展这项工作之前,我们应该对这一阶段的工作内容有一个基本的了解.

(一)统计数据整理的概念

统计数据整理是根据统计研究的任务和要求,对统计调查阶段所搜集到的大量原始资料进行分组、汇总,使其条理化、系统化、科学化,以得出反映事物现象总体综合特征的资料的工作过程. 这是狭义的统计数据整理. 广义的统计数据整理还包括对次级资料的再整理.

通过统计调查取得总体各个单位的资料,这些是属于有关标志的标志表现,仅说明各个单位的具体情况,是分散的、不系统的,所反映的问题常常是事物的表面现象,不能深刻揭示事物的本质,更不能从量的方面反映事物发展变化的规律性. 因此,统计数据整理的任务,就是对这些资料进行加工处理,借助于综合指标,对总体内部规律性、相互联系、结构关系,做出概括性的说明.

统计数据整理是统计工作过程的第三个阶段,起着承前启后的作用. 统计数据整理是统计调查的继续,又是统计分析的基础. 统计资料整理得是否正确,直接决定着整个统计研究任务能否顺利完成,不恰当的加工和整理,往往使调查来的丰富、完备的资料失去价值,影响统计分析的准确性和真实性,统计调查就将徒劳无益,统计分析也将无法进行.

(二)统计数据整理的方法及步骤

1. 统计数据整理的方法

数据整理的方法主要有分组、汇总和编表. 分组是根据统计研究任务的要求,对调查所得的原始资料,确定要进行哪些分组或分类;在分组的基础上,确定应该汇总得到哪些综合指标. 汇总是继分组之后的一个重要步骤,它是把总体单位各种标志的标志值汇总起来,汇总技术主要有手工汇总和电子计算机汇总.编表是把经过汇总的资料按一定的规则在表格上表现出来.

2.统计数据整理的基本步骤

统计数据整理的工作是一项细致、科学的工作,需要有计划、有组织地进行,每个步骤都有各自需要解决的问题和原则要求.使用计算机进行统计资料整理的工作步骤如图 5.2.1所示.

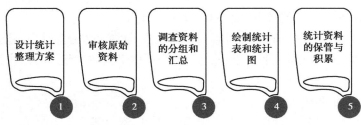

图 5.2.1　统计数据整理的基本步骤

（1）设计统计整理方案

整理方案与调查方案应该紧密衔接.整理方案中的指标体系与调查项目要一致,或者是其中的一部分,绝不能矛盾、脱节或超越调查项目的范围.科学合理地制订整理方案,是保证统计数据整理有计划、有组织地进行的首要步骤,是统计设计在整理阶段的具体化.

（2）审核原始资料

为了保证统计资料的质量,在统计资料进行整理前,应该对统计调查材料的准确性、及时性、完整性进行严格的审核,看它们是否达到准确、及时、完整,若发现问题及时纠正.汇总后须对其结果进行逻辑检查和技术性检查.统计资料的审核也包括对整理过的次级资料的审核.

（3）调查资料的分组和汇总

根据所设计的统计数据整理方案的要求,按事先确定的汇总组织形式和汇总的具体方法,将统计调查所得的数据进行分组、汇总,计算各组单位数和总体单位总数,计算各组的指标数值和总体的指标总量.科学的分组是搞好统计数据整理的前提条件,只有正确的分组才能汇总得出有科学价值的综合指标,并借助这些指标来揭示事情的本质与规律.

（4）绘制统计表和统计图

通过统计数据整理以后的统计资料包括两方面的内容,即数据资料和相关的文字资料.其中,数据资料的条理化、科学化往往通过编制统计表或绘制统计图显示出来.因此,统计表和统计图成为显示统计数据的重要工具.

（5）统计资料的保管与积累

统计数据整理还是积累历史资料的必要手段,有利于统计资料的横向对比和纵向对比.统计研究中要经常用到动态分析,这就需要有长期积累的历史资料,而根据积累资料的要求,对已有的统计资料进行甄选,以及按历史的口径对现有统计资料重新调整、分类和汇总等,都必须通过统计数据整理工作来完成.

二、统计分组

【案例 5.2.2】　现在我们已经对 500 多份调查问卷进行了审核,并将有效的问卷资料录入了计算机.但是计算机中呈现出的数据仍是零散的、杂乱的,只能显示每个被调查对象的具体情况,不能说明被研究总体的全貌,接下来,我们该怎么做呢? 如何分组整理呢?

解析:在统计中,分组是常用的统计整理分析方法,它可以使我们在充分掌握个别数据的基础上,以分类概括的方式汇总资料,从而达到全面反映总体数量特征的目的.

(一)统计分组的概念

统计分组就是根据统计研究的目的和被研究现象总体的内在特征,将统计总体按照一定的标志划分为若干性质不同的部分或组的一种统计方法.

统计分组可以这样理解:一是对总体而言是"分",即将总体分为性质不同的若干部分;二是对总体单位而言是"合",即将性质相同或相近的单位组合在一起.因此,统计分组是在统计总体内部进行的一种定性分类.

(二)统计分组的种类

统计分组按照不同的分组要求有三种分组方法,具体如图5.2.2所示.

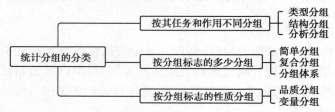

图 5.2.2 统计分组的分类

1.按其任务和作用不同分组

这种分组类型主要是从统计分组的基本作用的角度出发.由于统计分组的作用体现在三个方面,因此,分组的类型也相应地划分为类型分组、结构分组和分析分组.类型分组是将复杂的现象总体划分在若干个不同性质的部分(表5.2.1).结构分组是在对总体分组的基础上计算出各组的对总体的比重,以此来研究总体各部分的结构.分析分组是为了研究现象之间的依存关系而进行统计分组.在一般情况下,类型分组和结构分组是紧密联系在一起的.

表 5.2.1 我国近几年国内生产总值情况

单位:亿元

类型	2017 年	2018 年	2019 年	2020 年
第一产业	62 099.5	64 745.2	70 473.6	77 754.1
第二产业	331 580.5	364 835.2	380 670.6	384 255.3
第三产业	438 355.9	489 700.8	535 371	553 976.8
合计	832 035.9	919 281.2	986 515.2	1 015 986.2

2.按统计分组标志的多少分组

按统计分组标志的多少及其排列形式,统计分组可分成简单分组、复合分组和统计分组体系三类.

(1)简单分组

简单分组就是对总体只按一个标志进行分组,只反映总体某一方面的数量状态和结构特征.比如,职工按性别分组、企业按经济类型分组等.

（2）复合分组

复合分组就是对所研究的总体按两个或两个以上标志重叠分组，即先按一个主要标志分组，然后在此基础上再按另一个从属标志在已分好的各组中分组.比如，全国高等学校在校学生按学历可分成专科、本科、硕士和博士，在学历分组的基础上再按性别分组，可以分为男性和女性.复合分组能对总体做出更加全面和深入的分析，反映其内部类型和结构特征.但复合分组的组数将随着分组标志个数的增加而成倍地增加.因此，在进行复合分组时，分组标志个数不宜过多，要适当加以控制.

（3）统计分组体系

统计分组体系是根据统计分析的要求，通过对同一总体起先多种不同分组而形成一种相互联系、相互补充，从多方面反映总体内部关系的分组体系.在统计分析中，不论是简单分组还是复合分组，都只能对客观现象从一个方面或几个方面进行研究分析，不能说明现象的全貌，而统计分组体系则从不同角度来对总体进行系统全面的观察分析.它适用于对复杂现象总体的系统研究.

统计分组体系分为平行分组体系和复合分组体系两种.

平行分组体系是对总体采用两个或两个以上的标志进行简单分组.例如，将某班学生按性别和应用数学考试成绩分别分组，就形成了表 5.2.2 所示的分组情况.

表 5.2.2　某班学生分别按性别、应用数学考试成绩分组情况

性别		应用数学考试成绩				
男	女	60 分以下	60~70 分	70~80 分	80~90 分	90~100 分
23	27	5	9	16	13	7

复合分组体系是对总体同时选择两个或两个以上的分组标志重叠起来进行分组.例如，将某班学生先按性别分组，再在此基础上按应用数学考试成绩分别在男生和女生中细分成更小的组，见表 5.2.3，就形成了复合分组体系.

表 5.2.3　某班学生按性别、应用数学考试成绩分组情况

应用数学考试成绩分组	男生学生数/人	女生学生数/人
总人数	23	27
60 分以下	3	2
60~70 分	4	5
70~80 分	6	10
80~90 分	8	5
90~100 分	3	4
合计	50	

3.按分组标志的性质分组

标志只有两种，即品质标志和数量标志，因此统计分组也有两种：品质标志分组和数量标志分组.按品质标志分组就是选择反映事物属性差异的品质标志作为分组标志.按数量标志

分组就是选择反映事物数量差异的数量标志作为分组标志.

（三）统计分组的方法

对调查资料的分组整理分为三个步骤,具体如图5.2.3所示.其中,正确选择分组标志和确定分组界限是统计分组的关键,这里先介绍这两个分组步骤,编制分配数列的内容在下一节中介绍.

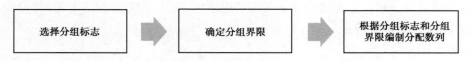

图5.2.3 统计分组整理的步骤

1. 选择分组标志

分组标志是对总体进行分组的依据,分组标志一经选定,必将突出总体单位在此标志下的差异,而将总体单位在其他标志下的差异掩盖起来.选择分组标志时一般应考虑以下原则.

（1）根据研究问题的目的和任务选择分组标志

同一现象由于研究的目的和任务不同,选择的分组标志也就不同,应选择与研究的目的和任务有密切关系的标志作为分组标志,才能使统计分组提供符合要求的分组资料.研究人口的年龄构成时,就应该按"年龄"分组;研究各类型的工业企业在工业生产中的地位和作用时,就应该按"经济类型"分组.

（2）选择能反映现象本质的标志作为分组标志

有时在同一研究目的下,可能有几个标志似乎都可以达到此目的.这时就应该进行深入分析,选择主要的、最能反映现象本质的标志作为分组标志.

（3）结合所研究现象所处的历史条件具体问题具体分析

有时有的标志在当时能反映问题的本质,但由于社会经济的发展变化,可能时过境迁,这时就要选择新的标志进行分组.

2. 确定分组界限

分组标志确定之后,各组界限划分得正确与否,直接影响统计分析结果的真实性.任何分组标志都包含着许多差异,都可能从中划定出不同的分组界限,如果划分不当,必将混淆各组的性质差别.可见,区分各组性质差异界限是十分重要的.

（1）按品质标志分组

按品质标志分组有简单和复杂两种情况.简单分组,标志一经确定,组数和组限都非常明显.如人口按性别分组,就只能分为两组;高等学校在校学生按学历可分为专科、本科、硕士和博士四组.而复杂的分组,组与组的界限往往不易划清,组数、组限难以确定,如国民经济部门分类、产品分类、职业分类等.

（2）按数量标志分组

按数量标志分组,不是简单地确定各组间的数量差异,而是通过分组体现数量变化来确定现象的不同性质和类型.因此,根据变量值的大小来准确划分性质不同的各组界限时,首先要分析总体中有多少种性质不同的组成部分,然后确定各组成部分的数量界限.

【案例5.2.3】 现在我们来思考一下 A 城市居民对水污染认识情况及对本市水生态环境治理工作满意度调查项目,在这个项目中我们应该使用哪些分组方法呢?

　　解析:在前面的学习中,我们已经编制了居民认识情况和满意度调查问卷,其实在设计调查问卷时就已经涉及分组概念了,调查问卷上的每一个调查项目(标志)都已进行了分组.例如,您认为造成水污染的主要原因是什么? 分别按"工业污染""城市污染""农业污染""生活污染""其他"进行了分组.在这个项目中,统计分组主要表现为品质分组,但对居民人口数、每个月的水费、月收入、年龄等属于数量分组.

　　三、分配数列

　　【案例5.2.4】　在明确了 A 城市居民对水污染认识情况及对本市水生态环境治理工作满意度调查项目的分组方法基础上,我们现在开始着手对居民意见进行汇总,当我们计算汇总出结果后,该以什么来反映分组统计出的居民意见的总体情况呢?

微课:分配数列

　　解析:在统计分组整理的前两个步骤中,我们通过选择合理的分组标志和分组界限解决了如何分类汇总统计资料的问题,在此基础上我们需要实施第 3 个步骤,通过编制分配数列,将分组统计汇总的结果表现出来.

　　(一)分配数列的概念与种类

　　在统计分组的基础上,将总体的所有单位按组进行归类并按一定的顺序排列,计算出每组的总体单位数,形成了一个反映总体中各单位在各组中的分布情况的数列,这个数列称为分配数列,又称次数分配或次数分布.

　　在分配数列中,分布在各组的总体单位数称为次数,又称频数.各组次数与总次数之比称为比率,又称频率.由此可见,分配数列有两个组成要素:一个是分组,另一个是次数或频率.分配数列是统计数据整理的结果,是进行统计描述和统计分析的重要方法.它可以表明总体分布特征及内部结构情况,并可据此研究总体单位某一标志的平均水平及其变动的规律性.分配数列根据分组标志的性质不同,可以分为品质分配数列与变量分配数列(图5.2.4).其中,变量分配数列是统计研究中的主要形式.

图 5.2.4　分配数列的种类

　　1.品质分配数列

　　品质分配数列简称品质数列,是按品质标志分组形成的分配数列.它在品质分组的基础上形成,主要用于研究总体构成情况、比例关系和分布规律.它由各组名称和次数构成,各组次数可以用绝对数表示,即频数,也可以用相对数表示,即频率.各组的频率大于 0,各组的频率总和等于 1 或 100%.例如,某系学生按专业分布情况,见表5.2.4.

表 5.2.4　某系学生按专业分布情况

按专业分组	学生人数/人	比重/%
会计学	650	26

续表

按专业分组	学生人数/人	比重/%
物流	500	20
电子商务	200	8
文秘	150	6
市场营销	1 000	40
合计	2 500	100
各组名称	次数或频数	比率或频率

2. 变量分配数列

变量分配数列简称变量数列,是按数量标志分组形成的分配数列.它在变量分组的基础上形成,主要用于反映不同变量值各自的分布情况.它由变量值和次数构成.变量数列按其分组方法不同,可以分为单项式变量数列和组距式变量数列.

①单项式变量数列,就是每组只有一个变量值的变量数列,在变量值的变动幅度较小的时候使用,具体见表5.2.5.

表5.2.5 某车间工人看管设备台数情况表

按工人看管设备台数分组/台	工人数/人
2	4
3	7
4	12
5	5
6	2
合计	30
变量值	次数

②组距式变量数列,就是由变量值的一定区间来表现的数列,见表5.2.6.

表5.2.6 某年某企业职工年龄分布

按年龄分组/岁	职工人数/人	比重/%
20 岁以下	52	13.00
20 ~ 30	98	24.50
30 ~ 40	127	31.75
40 ~ 50	89	22.25
50 以上	34	8.50
合计	400	100.00
变量值	次数或频数	比率或频率

由于变量可以分为离散型变量和连续型变量,对这两类变量,在编制变量数列时,其方法是不相同的.对于连续型变量一般只能按组距式分组,即以变量值的一定变动范围为一组,编制组距式变量数列(简称组距数列);对于离散型变量一般按单项式分组,即将每个变量值作为一组,编制单项式变量数列(简称单项数列),但在实际应用时,如果连续型变量的变量值数目不多,数值变动幅度不大,就可以编制单项式变量数列;如果离散型变量的变量值数目很多,又无法一一列举,就可以编制组距式变量数列.

(二)变量数列的编制

1.单项式数列的编制

编制单项式数列时,首先将变量值按大小顺序依次排列,然后计算各组的次数和频率,最后将上述结果以表格形式表现.

举例说明单项式数列的编制步骤.

【例5.2.1】　某车间30名工人某日加工的零件个数统计如下:

30	30	28	29	30	31	29	30	30	29
30	27	30	29	28	31	30	27	29	30
28	27	29	29	30	29	31	30	29	30

要求:编制变量数列,反映工人加工零件的分布情况.

解:首先,将总体各单位标志值从小到大排列:

27	27	27	28	28	28	29	29	29	29
29	29	29	29	29	30	30	30	30	30
30	30	30	30	30	30	30	31	31	31

其次,以总体各单位标志值为各组标志值,以总体各单位标志值出现的次数为各组次数,编制单项式变量数列,见表5.2.7.

表5.2.7　30名工人加工零件个数分布表

按工人加工零件个数分组/个	工人人数/人	比重/%
27	3	10
28	3	10
29	9	30
30	12	40
31	3	10
合计	30	100

通过以上例题可以看出,单项式数列通常适合于表现变量值变动幅度不大、变量值数目不是很多的离散型变量的分布特征,对于某些取整数的连续型变量,如果变量值的变化范围不大、变量值数目不多时也可编制单项式数列.

2.组距式数列的编制

编制组距式数列时,要将所有总体单位按变量值由大到小的顺序排列,根据需要划分为几个区间,确定各区间的最大值和最小值,然后列出各区间所包含的频数或频率.在编制组距式变量数列中,需要明确以下各要素.

（1）组限

组距式变量数列中,各组的界限称为组限.组限分为上限和下限.下限是每组最小的标志值,上限是每组最大的标志值.表5.2.6中,左栏数据都是组限,在第二组中,"20岁"是下限,"30岁是上限".如果各组的组限都齐全,称为闭口组;组限不齐全,即最小组缺下限成最大组缺上限,称为开口组.

①划分连续型变量组限时,采用"重叠分组"和"上限不在内"原则,每组变量值都以下限为起点,上限为极限,但不包括上限.即各组只包含下限变量值的个体而不包含上限变量值的个体.

②划分离散型变量组限时,相邻组的上下限应当间断,采用"不重叠分组",但在实际中有时为求简便也可采用"重叠分组".此外,当变量出现极大值或极小值时,可采用开口组.

（2）组距

每组下限与上限之间的距离（差量）称为组距.即:

$$组距 = 上限 - 下限$$

组距式变量数列,根据各组的组距是否相等可以分为等距数列和不等距（异距）数列两种.等距变量数列,是指各组的组距都相等.适用于现象变动比较均匀的情况分组、单位面积农产品产量分组等.但在现象的变动不均匀或是为了特定的研究目的时,常采用不等距分组,编制不等距变量数列,如人口的年龄分组常采用不等距分组.不等距变量数列中,可以用次数密度来反映各组实际次数的分布情况.即:

$$次数密度 = \frac{次数}{组距}$$

（3）组数

组数就是分组的个数.在研究总体一般情况下,组数的多少和组距的大小是紧密联系的.一般来说,组数和组距成反比关系,即组数少,则组距大;组数多,则组距小.如果组数太多,组距过小,会使分组资料烦琐、庞杂,难以显示总体内部的特征和分布规律;如果组数太少,组距过大,可能会失去分组意义,达不到正确反映客观事实的目的.在确定组数和组距时,应注意保证各组都能有足够的单位数,组数既不能太多,也不宜太少,应以能充分、准确体现现象的分布特征为宜.在等距分组条件下,组数等于全距除以组距.

（4）组中值

每组下限与上限之间的中点数值称为组中值.它是代表各组变量值一般水平的数值,是各组上限与下限的算术平均数.即:

$$组中值 = \frac{上限 + 下限}{2}$$

此公式主要用于闭口组的组中值计算.对于开口组的组中值计算公式:

$$缺下限开口组的组中值 = 该组上限 - \frac{相邻组组距}{2}$$

$$缺上限开口组的组中值 = 该组下限 + \frac{相邻组组距}{2}$$

利用组中值的前提是:假定各组变量值的分布是均匀的或对称的.但在实际工作中大多数资料并非如此,因此,组中值作为各组的代表值只是一个近似值.

【例 5.2.2】　表 5.2.8 的数据为某一会计师事务所对一个包含 20 个客户的样本,完成年终审计所需要的时间(以天计)统计如下.

表 5.2.8　年末审计时间

单位:天

12	14	18	18	15
15	18	17	20	27
22	23	22	21	33
28	14	18	16	13

根据所给原始资料,编制次数分配表.

解:第一步,计算全距.

将总体各变量值按照从小到大排序,找出最大值与最小值,并计算全距.

12　13　14　14　15　15　16　17　18　18

18　19　20　21　22　22　23　27　28　33

排序后可以看出,变量的最大值为 33,最小值为 12 元,则

全距=最大值-最小值=33-12=21(元)

第二步,确定组数和组距.

编制组距式数列的关键是确定组距与组数. 由于变量值的个数很多,不宜编制单项式数列,只能编制组距式数列. 在编制组距数列时,既可进行等距分组,也可进行不等距分组. 这要视统计研究的目的和资料的性质、特点而定,一般采用等距分组较多. 一般来讲,组距应尽可能取 5 或 10 的倍数,而组数则必须是整数.

本题中可将组数确定为 5 组,则组距=全距/组数=21/5=4.2(元). 因此,可以决定在频数分布中以 5 天作为组距.

第三步,确定组限.

确定组限时,还有考虑以下两点:

①最小组的下限(起点值)可以略低于最小变量值,最大组的上限(终点值)可以略高于最大变量值;

②组限的具体表示方法,应视变量的性质而定.

对于本题,我们可以对第一组选择 10 天为下限和 15 天为上限,然后对下一组选择 15 天为下限和 20 天为上限,依此类推,最后一组定为以 30 为下限和 35 为上限.

第四步,计算汇总各组次数.

第五步,经过分组整理,编出组距式变量数列,见表 5.2.9.

表 5.2.9　审计时间数据的频数分布

审计时间/天	频数	频率
10 ~ 15	4	0.20
15 ~ 20	8	0.40
20 ~ 25	5	0.25

续表

审计时间/天	频数	频率
25 ~ 30	2	0.10
30 ~ 35	1	0.05
总计	20	1.00

第六步,计算累计次数或累计频率,编制频数(频率)分布表.

为了更详细地观察分配数列中各组的次数以及总体单位数的分布特征,还可以计算累计频数和累计频率,编制累计频数和累计频率数列.累计频数和累计频率分别表明总体的某一标志值在某一水平上下的总体次数与比率.累计频数和累计频率的计算方法有两种:向上累计和向下累计.

①向上累计:向上累计也称为较小制累计,是将各组频数和(频率和)从变量值低的组向变量值高的组逐组累计.组距数列向上累计的次数表明各组上限以下总共包含的总体次数和比率是多少.

②向下累计:向下累计也称为较大制累计,是将各组频数和(频率和)从变量值高的组向变量值低的组逐组累计.组距数列向下累计的次数表明各组下限以下总共包含的总体次数和比率是多少.

根据表 5.2.9 审计时间数据的频数分布表编制的向上累计频数(频率)和向下累计频数(频率)分布见表 5.2.10.

从向上累计栏中可以看出,需要的审计时间在 20 天以下(不含 20 天)的有 12 个客户,占到总客户的 60%;从向下累计栏中可以看出,需要的审计时间在 20 天以上(含 20 天)的有 8 个客户,占到总客户的 40%.

从累计次数分布表中可以发现,累计次数的特点是:同一数值的向上累计和向下累积次数之和等于总体总次数,累计比率之和等于 100% 或 1.累计次数分布还是计算位置平均数的依据.

表 5.2.10　审计时间数据的累计分布表

审计时间/天	频数	频率	向上累计		向下累计	
			频数	频率	频数	频率
10 ~ 15	4	0.20	4	0.20	20	1.00
15 ~ 20	8	0.40	12	0.60	16	0.80
20 ~ 25	5	0.25	17	0.85	8	0.40
25 ~ 30	2	0.10	19	0.95	3	0.15
30 ~ 35	1	0.05	20	1.00	1	0.05
总计	20	1.00	—	—	—	—

【案例 5.2.5】　现在我们来思考一下 A 城市居民对水污染认识情况及对本市水生态环境治理工作满意度调查项目,在这个项目中我们应该怎样编制分配数列?

解析: 由于在 A 城市居民对水污染认识情况及对本市水生态环境治理工作满意度调查项目中已进行了事前分组,我们在统计整理阶段所需要做的工作就比较简单了,只需汇总统计每个居民的反馈意见即可整理出相应的分配数列.下面以水生态环境治理工作的满意度调查问卷 D1 为例,说明其编制分配数列的方法.

D1.对于 A 市实施的各项水生态环境治理措施,您的满意度如何(表 5.2.11)?

表 5.2.11　居民对 A 市实施的各项水生态环境治理措施满意度调查

	非常满意	满意	一般	不满意	非常不满意
污水治理力度					
减少污染物排放					
水源保护					
污水引灌					
水治理总体满意度					

操作方法:分别统计调查居民关于表 5.2.12 中的意见,将属于相同意见的客户归入同一组,然后编制分配数列.

表 5.2.12　居民对 A 市实施的各项水生态环境治理措施满意度

按居民对本市水环境治理满意度分组	污水治理力度		减少污染物排放		水源保护		污水引灌		总体满意度	
	居民数/人	比率/%	居民数/人	比率/%	居民数/人	比率/%	居民数/人	比率/%	居民数/人	比率/%
非常满意	90	18	78	15.6	67	13.4	110	22	89	17.8
满意	215	43	192	38.4	198	39.6	285	57	223	44.6
一般	145	29	165	33	150	30	80	16	143	28.6
不满意	40	8	53	10.6	70	14	20	4	37	7.4
非常不满意	10	2	12	2.4	15	3	5	1	8	1.6
合计	500	100	500	100	500	100	500	100	500	100

四、统计表和统计图

【案例 5.2.6】　现在我们已完成了 A 城市居民对水污染认识情况及对本市水生态环境治理工作满意度调查资料的分组整理,并按要求编制了各个调查项目的分配数列.我们的统计整理任务是否已经完成?我们还需要做些什么?

微课:统计图
与统计表

解析: 统计数据经过分组整理后,通过编制分配数列已经转化为系统、科学的统计资料,在此基础上,我们需要按照统计表的规范格式展示分配数列,以便读者阅读和理解.我们还可以考虑用形象的统计图把总体的数量特征和数量关系更直观地表现出来.统计资料的表现形式有统计表、统计图和统计分析报告.其中,统计表和统计图是显示统计数据最常用的两种形式.学会阅读、编制和使用统计表、统计图是统计的基本技能,是做好统计分析的基础.

（一）统计表

1. 统计表的概念与作用

统计调查得来的大量原始资料，经过汇总整理之后，按照一定的规则填写在相应的表格内，这种填有统计资料的表格称为统计表.广义的统计表还包括统计调查表和统计分析表.

使用统计表显示统计资料，主要的作用体现在：

①能使大量的统计资料条理化、系统化更清晰地描述数据之间的相互关系.

②采用表格形式使得统计数据资料的显示简明易懂，便于计算和比较表内各项统计指标.

③使用统计表便于计算和检查统计数据中数字的完整性和正确性.

2. 统计表的结构

①从统计表的内容看，统计表包括主词和宾词两个部分.主词是统计表所要说明的总体的各单位、各级的名称，或者各个时期.宾词是统计表用来说明主词的各个指标，包括指标名称、单位及指标数值.通常，表的主词通常排列在表的左方，列于横栏；表的宾词排列在表的右方、列于纵栏.但有时候为了更好地编排表的内容，也可将主宾词更换位置或合并排列.

②从统计表的形式看，统计表由四部分构成，如图 5.2.5 所示.

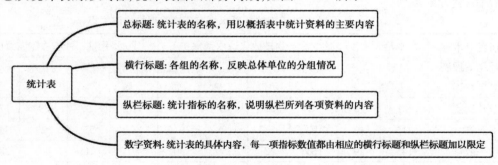

图 5.2.5　统计表的结构

3. 统计表的种类

统计表的种类可根据主词的结构来决定，按照主词是否分组和分组的程度，分为简单表、分组表和复合表.

（1）简单表

简单表是主词未经任何分组的统计表.例如，主词是由总体单位名称组成的一览表；主词是由地区、国家、城市等目录组成的区域表.表 5.2.13 是简单表的一个例子.

表 5.2.13　某企业 2016—2020 年营业收入统计表

年份	营业收入/亿元
2016	1 598
2017	2 419
2018	2 618
2019	2 794
2020	2 857
合计	12 286

（2）分组表

分组表是主词按一个标志进行分组的统计表,利用分组来揭示现象的不同特征,研究总体的内部构成,分析现象之间的依存关系.

（3）复合表

复合表是主词按两个或两个以上标志进行复合分组的统计表,见表5.2.14.

表5.2.14 某公司员工按学历分组情况表

学历	职工人数/人
专科	39
男性	18
女性	21
本科	60
男性	32
女性	28
研究生	9
男性	6
女性	3
合计	108

注:第二标志进行分组的组别名称要后退一、两个字.

4.统计表的编制规则

为了使统计表能更好地反映被研究对象的数量特征,在编制统计表时应做到设计合理、科学、实用、简明、美观,便于比较,具体应遵守以下规则.

①标题醒目准确.总标题和纵横标目(题)能准确、简明扼要地反映统计资料的内容.

②表格样式.统计表的上下端用粗线,表中其他线都用细线,左右两端习惯上均不画线,采用开口式;纵栏之间用细线分开,横行之间可以不加线.如果横行过多,也可以每5行加一细线.

③栏数编号.当表的栏数较多时,要统一编写序号,一般是主体栏部分用甲、乙、丙等文字表明,叙述栏部分用(1)、(2)、(3)等数字编号.

④指标数值.表中数字应填写整齐,上下位置要对齐,当数字为0或因数小可忽略.不计时,要写上0;当缺乏某项资料时,用符号"…"表示;不应有数字时用符号"—"表示;遇到与邻项数字相同时应照写.

⑤合计栏设置.表中的横行"合计",一般列在最后一行(或最前一行),表中纵栏的"合计"一般列在最前一栏.

⑥计量单位.统计表中必须注明数字资料的计量单位,当表中只有一种计量单位时,可以把它写在表头的右上方;如果表中计量单位较多也可列示在指标栏内.

⑦注解或资料来源.必要时,统计表应加注说明或注解.例如,某些指标有特殊的计算口径,某些资料只包括一部分地区,某些数字是由估算来插补的,这些都要加以说明.此外,还要

注明统计资料的来源,以便查考.说明或注解一般写在表的下端.

(二)统计图

1.统计图的概念

统计图是利用统计资料绘制成的几何图形或具体形象,它可以从数量方面直观、形象地显示出研究对象的规模、水平、结构、发展趋势和比例关系,是表现统计资料的一种重要形式.随着计算机技术不断发展,计算机制图功能日益强大,使得统计图的制作更加方便和精确.Excel 的图表向导中就提供了 14 种标准的统计图形,可以根据需要选用不同的表现图形.例如,条形图、柱形图、折线图、饼图、散点图、圆环图、雷达图等.

2.常见的统计图

(1)条形图

条形图是用宽度相同的直条的高低或长短来表示各项统计指标数值大小的图形.条形图可以横置也可以纵置,纵置时又称为柱形图,也就是说,当各类别放在纵轴时,称为条形图;当各类别放在横轴时,又称为柱形图.例如,图 5.2.6 反映了 2016—2020 年我国国内生产总值的分布情况.

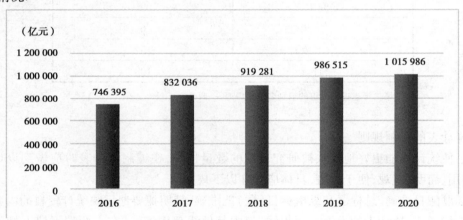

图 5.2.6　2016—2020 年我国国内生产总值

根据条形图表现统计资料内容的不同,条形图又分为单式条形图、复式条形图和结构条形图.

①单式条形图:是以若干距离相等的单一条形的高低、长短来表明指标数值大小的一种图形,如图 5.2.6 所示.

②复式条形图:是以两个以上的条形为一组来进行比较的一种图形,它既可以进行组与组之间的比较,又可以进行组内的比较.它常常用来表现分组资料.

③结构条形图:是以一个独立的条形或几个条形的全部长度代表被说明现象的总体,并把条形分割为几个小段,用来表示构成这一总体的各个组成部分.它既可以比较现象的各部分在总体中所占比重的大小,又可以说明现象在不同时期的构成资料.这些资料可以是绝对数,也可以是百分数,如图 5.2.7 所示.

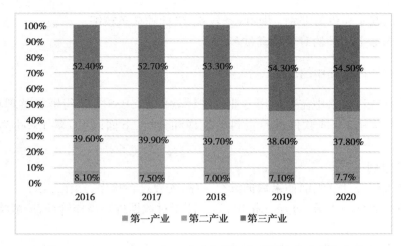

图 5.2.7　2016—2020 年三次产业增加值占国内生产总值比重

（2）圆形图

圆形图又称为饼图，是用圆形和圆内扇形的面积来表示统计指标数值大小的图形，主要用于表示总体中各组成部分所占的比例，对研究结构性问题十分有用．在绘制圆形图时，总体中各部分所占的百分比用圆内的各个扇形面积表示，这些扇形的中心角度是按各部分百分比占 360 的相应比例确定的，如图 5.2.8 所示．

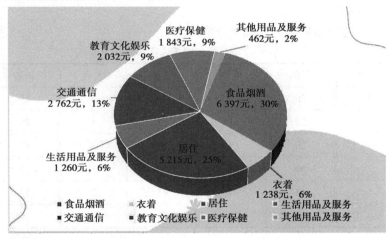

图 5.2.8　2020 年全国居民人均消费支出及其构成

3. 绘制统计图的基本原则

为了使统计图能准确生动地反映被研究对象的数量特征，在编制统计图时应注意以下编制规则．

①统计图的种类很多，我们可针对不同的数据类型和不同的研究目的，去选择合适的图形来显示统计数据．

②图的标题一般位于图的下方．图的标题要简明扼要地说明所要表达的内容．

③对于有纵横轴的图形，纵轴一般表示现象出现的频数或频率，横轴表示研究的对象．纵横轴的尺度要等距分点，要注明单位．

④统计图的线条粗细有差别,图形线条较粗,坐标轴线条较细.

⑤在同一图形上比较的对象不宜过多.

五、Excel 在统计整理中的应用

除了在大型统计项目中需要运用专业的统计软件如 SPSS 等进行资料整理和分析,一般的统计项目均可运用 Excel 软件进行资料的整理和分析.下面以 PC 端 Excel 为例进行统计整理.

(一)统计分组

在对数据进行统计分组前如果数据没有排序,先要进行排序,操作方法:

①先将原始数据输入 Excel 单元格中,为方便于对数据进行操作管理,一般将数据录入在同一列中.

②单击列表按钮 A,选定需进行排序的数据资料所在列.

③在"数据"标签下的"排序和筛选"功能组中,单击"排序"按钮,将"列 A"选择为"升序"排列.

④单击"确定"按钮即可完成排序.

用 Excel 进行统计分组有两种方法,一是利用 FREQUENCY 函数;二是利用数据分析中的"直方图"工具,可以一次完成分组,计算频数、频率,绘制直方图和累计频率以及图表制作等全部操作,此种方法需要加载宏.

如对表 5.2.15 的原始数据进行统计分析.

表 5.2.15　某车间工人年龄资料

年龄	人数	年龄	人数	年龄	人数	年龄	人数
17	2	26	8	36	4	45	2
20	4	28	3	37	1	48	1
21	3	29	4	39	3	50	3
22	2	30	7	40	3	52	1
23	5	33	5	41	2	53	2
25	7	35	5	44	1	55	1

1. 利用 FREQUENCY 函数进行统计分组

FREQUENCY 函数是根据统计数据源,按照设置的分组标准进行自动计算各组次数的函数.

操作步骤如下:

①观察资料,确定组数、组距和组限.

②按分组要求将组限值输入指定位置,如图 5.2.9 所示.

③选定结果存放的单元格区域.

④在"公式"标签下的"函数库"功能组中单击"插入函数"按钮 f_x,或直接单击编辑栏中的 f_x 按钮,打开"插入函数"对话框.

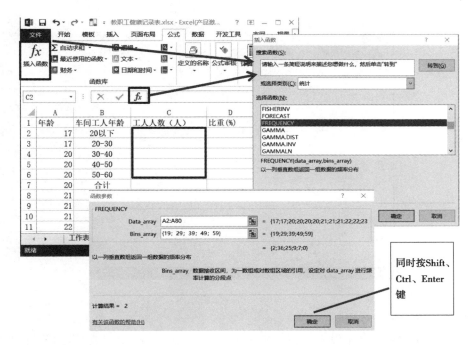

图5.2.9　数据资料分组

⑤在对话框中的函数分类列表中选择"统计",再在统计函数列表中选择其中的"FRE-QUENCY"函数(当前窗口没有,可拖动滚动条寻找),然后单击"确定"按钮,打开"FREQUEN-CY"的"函数参数"对话框.

⑥在"Data_array"框中输入需要分组的原始数据资料所在区域.可键盘输入,也可将光标定位于文本框中后,拖动鼠标选取数据区域.

⑦在"Bins_array"框中输入分组的组限.填入各组的上限值,用分号隔开,并用"{}"括住.

【注】Excel 在统计各组频数时,是按"上限在内"的原则进行统计的,这和前面介绍的分组原则所要求的各组"上限不在内"正好相反.所以,利用 Excel 进行统计分组整理时,要注意两组的差异,在输入上限值时要做适当的调整.如本例中,第二组 20~30 的上限为 30,但在Excel 中该组上限应设为 19,否则原始资料中有 4 个年龄为 20 的人数会统计入第二组内.

⑧输入完毕,即可在文本框中显示出频数分布情况,如图 5.2.9 所示.同时按 Shift、Ctrl、Enter 组合键,即可将计算出的分组次数记入指定的单元区域内.

⑨计算合计数和各组比重.计算合计数可插入 SUM 函数,即 C7 = SUM(C2：C6),按 Enter键后在合计栏中即自动显示合计数据.计算各组比重时,可对第一组的比重使用公式设置法,即 D2 = C2/C7,按 Enter 键后即可得出第一组的频率值,然后运用填充柄完成对其他各组比重的计算.

⑩设置比重数据格式.在"开始"标签下的"数字"功能组中,单击"%"按钮,可将该选取区域设置为百分百格式,得出统计分组结果,如图 5.2.10 所示.

图 5.2.10   统计分组结果

2. 采用"直方图"进行统计分组

如果在 Excel 的功能区中没有数据分析工具,则必须在 Excel 中安装"数据分析"模块.

使用"数据分析"模块中的"直方图"工具,可以将原始资料进行分组,并一次性完成统计各组频数、频率、累计频率和图表绘制的操作. 仍以表 5.2.15 的原始数据为例,对这一工具进行简要说明.

①第一步:确定好各组上限,本例为 19,29,39,49 和 59,并将其输入 Excel 工作表中的 B2:B6 位置. 之后,在"工具"菜单中单击"数据分析"选项,弹出如图 5.2.11 所示的对话框.

②第二步:在"分析工具"中选择"直方图",当确定后,弹出如图 5.2.12 所示的对话框.

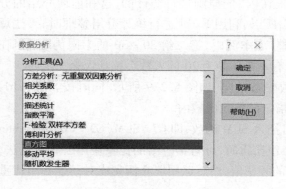

图 5.2.11   数据分析对话框示意图

图 5.2.12   直方图选项对话框示意图

③第三步:在直方图选项对话框中进行适当勾选.

首先,应选择数据所在的工作表区域. 对本例,可将鼠标移动到数据的开始单元格 A1,单击后,"输入区域"就会出现 $A$1,然后再续填上 $A$80. 此步完毕后,矩形框就会将全部数据套住,此时,可通过鼠标上下拉动工作表的滚动条的方式来检查是否是所需要分析的数据. "接受区域"实际就是分组标志和各组上限所在的列位置,本例为 $B$1:$B$6,由于数据第一行含"标志",还应将其勾选上.

在输出选项中,有"输出区域""新工作表组"和"新工作簿"等选择,本例选择与原数据共享同一张工作表,其起始单元格为 C1.

将分组方式中的"累计百分率"和"图表输出"选上,最后得到的统计结果如图 5.2.13 所示.

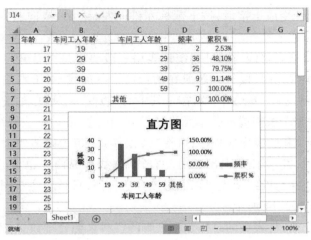

图 5.2.13　直方图制作示意图

这里,频率实际就是频数.另外,如果分组方式中选择了"柏拉图",输出的结果则为按组次数多少的降序式分组和排序直方图.还请注意的是,Excel 所指称的直方图不是相互连接起来的一般直方图,而是统计分组状态下的单式柱形图.

（二）统计制表

Excel 本身就是一张巨大的表格,在一般情况下可以直接根据输入的数据进行处理和分析,无需再制表.但若为了美观和醒目或打印输出,也可以对原有表格进行修饰.

以表 5.2.16 某城市居民关注广告类型为例来说明常见统计表的绘制步骤.

表 5.2.16　某城市居民关注广告类型

广告类型	人数/人	比例	频率/%
商品广告	112	0.560	56.0
服务广告	51	0.255	25.5
金融广告	9	0.045	4.5
房地产广告	16	0.080	8.0
招生招聘广告	10	0.050	5.0
其他广告	2	0.010	1.0
合计	200	1	100.0

第一步:用鼠标单击某一单元格,输入表头"某城市居民关注广告类型";将表体中的文字和数字分别对应输入其他单元格.

第二步:调整单元格列宽.可以先从表体单元格的列宽调整开始,由于 Excel 缺省的单元格列宽为 8 个标准字符即 4 个汉字,如果输入的汉字多于 4 个,就应调整.通常,为了表格的美观,表格各列也可以不是等宽分布,头尾两列适当加宽,中间各列略窄,这之后再考虑等宽度.纵栏标题若超过 4 个汉字,可将其列宽调整到 14 标准字符.其方法有两种:一是先选住该列,从"格式"菜单中选择"列",然后进入"列宽"对话框,将字符数调整到 14 即可;另一更灵活简便的办法是将鼠标指针移至需调整列的列号单元格的右边界(同时也是下一列单元格 C 的左边界),待鼠标指针变成十字后,按下鼠标左键向左(缩小)或向右(扩大)拖拉至所需的宽度再放开鼠标,即可完成操作.

第三步:更改和修饰表格线.在我国,统计表格一般要求是左右开口式的,顶线和底线为粗线或双线,内线为细线,并且横行标题所在的行通常不加线.对于本例,应先将整个表格选住,然后从"格式"菜单找到"单元格"项,按下其中的"边框"对话框,通过预览选取合适的"线条样式",可以一次对整个表格或部分单元格进行上、下、左、右边框或斜线的调整.

如果要将表格顶线和底线变成粗体,可将"线条样式"定为磅值较大的粗线,按上边框按钮和下边框按钮,最后,按"确定"退出即可.两条横内线和纵内线也可通过类似的处理而得到.横行标题和数据所在行的线条也可以通过该办法去掉,只是应注意图案颜色的配合.该过程的关键对话框如图 5.2.14 所示.

第四步:合并单元格,将表头的总标题和表脚的资料来源合理放置.选中待合并的若干个单元格,然后从"格式"菜单找到"单元格"项,按下其中的"对齐"对话框,将"合并单元格"勾上,按"确定"退出就完成了任务.如图 5.2.15 所示.

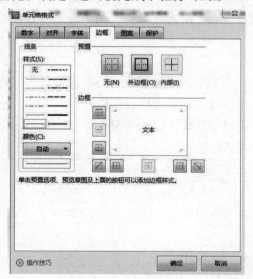

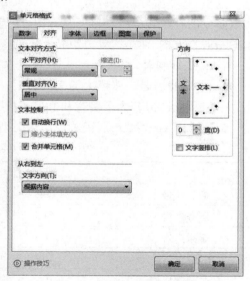

图 5.2.14　表格线调整示意图　　　　　　图 5.2.15　合并单元格示意图

第五步:对表格进行其他方面的更改和修饰.选住对象,根据前述方法,按照"单元格格式—字体",选择字体、字形和字号.比如,将表的总标题设置为 12 号常规黑体,将表体的内容设置为 10 号常规宋体,将资料来源设置为 9 号常规宋体等.字体的设置也可以从"格式"窗口直接调整.对文字和数字再进行左靠齐、右靠齐或居中的处理,使其合乎惯例和美观的要求.

通过上面几步,得到的表格见表 5.2.17.

表 5.2.17　统计制表示意

广告类型	人数/人	比例	频率/%
商品广告	112	0.56	56
服务广告	51	0.255	25.5
金融广告	9	0.045	4.5
房地产广告	16	0.08	8
招生招聘广告	10	0.05	5
其他广告	2	0.01	1
合计	200	1	100

（三）统计制图

Excel 提供的统计图有很多种,包括柱形图(竖列条形图)、条形图(横列条形图)、折线图、饼图、散点图等,各种图形的绘制方法大同小异.

下面以表 5.2.16 某城市居民关注广告类型的数据为例绘制统计图.操作方法如下:

第一步:选定要绘制统计图的资料区域(本例绘制饼图时同时选中 A2:A7 和 D2:D7 区域,需按"Ctrl"键),在选择时,可以将数据所对应的横行标题和纵栏标题一并选上,这样可以使生成的统计图的标题和图例自动说明数据含义.

第二步:在"插入"标签下的"图表"功能组中,单击所需绘制的图表格式按钮,以饼图为例,单击"饼图"按钮,窗口会显示饼图的图例列表,选择合适的饼图图标,即可生成相关饼图,这里我们选择三维饼图,如图 5.2.16 所示.

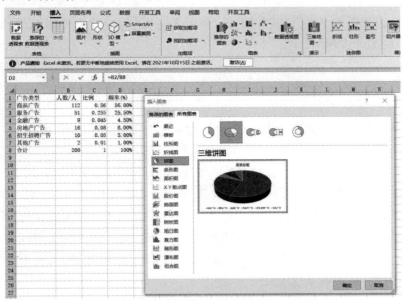

图 5.2.16　饼图的绘制

第三步:单击标题文本框,可重新编辑饼图标题.

第四步:单击饼图点击右键,选择"设置数据标签格式",可以对各标签进行相应的选择和设置,如图 5.2.17 所示.

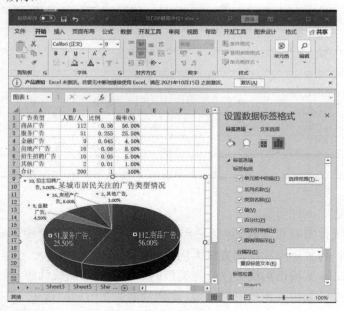

图 5.2.17 设置数据标签格式

任务实施

现在我们来思考一下 A 城市居民对水污染认识情况及对本市水生态环境治理工作满意度调查项目,请你根据本书提供的数据资料,利用 Excel 进行统计资料的整理. 要求根据调查资料编制相应的统计表和统计图.

拓展延伸

中华人民共和国 2021 年国民经济和社会发展统计公报(节选)
国家统计局
2022 年 2 月 28 日

2021 年是党和国家历史上具有里程碑意义的一年. 在以习近平同志为核心的党中央坚强领导下,各地区各部门坚持以习近平新时代中国特色社会主义思想为指导,全面贯彻党的十九大和十九届历次全会精神,弘扬伟大建党精神,按照党中央、国务院决策部署,坚持稳中求进工作总基调,完整、准确、全面贯彻新发展理念,加快构建新发展格局,全面深化改革开放,坚持创新驱动发展,推动高质量发展.

初步核算,全年国内生产总值 1 143 670 亿元,比上年增长 8.1%,两年平均增长 5.1%. 其中,第一产业增加值 83 086 亿元,比上年增长 7.1%;第二产业增加值 450 904 亿元,增长 8.2%;第三产业增加值 609 680 亿元,增长 8.2%. 第一产业增加值占国内生产总值比重为 7.3%,第二产业增加值比重为 39.4%,第三产业增加值比重为 53.3%. 全年最终消费支出拉动国内生产总值增长 5.3 个百分点,资本形成总额拉动国内生产总值增长 1.1 个百分点,货物和服务净出口拉动国内生产总值增长 1.7 个百分点.全年人均国内生产总值 80 976 元,比上年增长 8.0%.国民总收入 1 133 518 亿元,比上年增长 7.9%.全员劳动生产率为 146 380 元/人,比上年提高 8.7%,如图 5.2.18 所示.

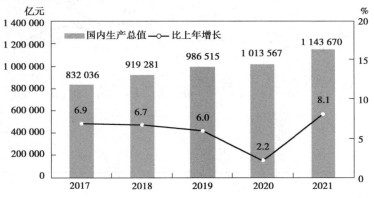

图 5.2.18　2017—2021 年国内生产总值及其增长速度

年末全国人口 141 260 万人,比上年末增加 48 万人,其中城镇常住人口 91 425 万人.全年出生人口 1 062 万人,出生率为 7.52‰;死亡人口 1 014 万人,死亡率为 7.18‰;自然增长率为 0.34‰.全国人户分离的人口 5.04 亿人,其中流动人口 3.85 亿人,见表 5.2.18.

表 5.2.18　2021 年年末人口数及其构成

指标	年末数/万人	比重/%
全国人口	141 260	100.0
其中:城镇	91 425	64.7
乡村	49 835	35.3
其中:男性	72 311	51.2
女性	68 949	48.8
其中:0~15 岁(含不满 16 周岁)	26 302	18.6
16~59 岁(含不满 60 周岁)	88 222	62.5
60 周岁及以上	26 736	18.9
其中:65 周岁及以上	20 056	14.2

全年居民消费价格比上年上涨 0.9%.工业生产者出厂价格上涨 8.1%.工业生产者购进价格上涨 11.0%.农产品生产者价格下降 2.2%.12 月,在 70 个大中城市中,新建商品住宅销售价格同比上涨的城市个数为 53 个,下降的为 17 个;二手住宅销售价格同比上涨的城市个数为 43 个,持平的为 1 个,下降的为 26 个,如图 5.2.19 所示.

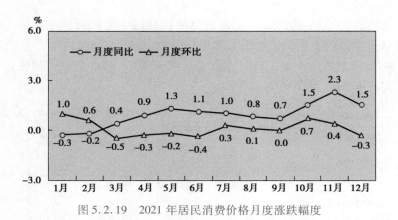

图 5.2.19　2021 年居民消费价格月度涨跌幅度

能力训练

一、单项选择题

1. 统计整理主要是针对(　　)进行加工的过程.

A. 综合统计数据　　　B. 历史数据资料　　　C. 统计分析数据　　　D. 原始调查数据

2. 下列属于品质标志分组的是(　　).

A. 企业按职工人数分组　　　　　　　　B. 企业按工业总产值分组

C. 企业按经济类型分组　　　　　　　　D. 企业按资金占用额分组

3. 下面属于按数量标志分组的是(　　).

A. 工人按政治面貌分组　　　　　　　　B. 工人按年龄分组

C. 工人按性别分组　　　　　　　　　　D. 工人按民族分组

4. 变量数列中各组频率(以百分数表示)的总和应该(　　).

A. 大于 100%　　　B. 小于 100%　　　C. 不等于 100%　　　D. 等于 100%

5. 对于越高越好的现象按连续型变量分组,如第一组为 75 以下,第二组为 75~85,第三组为 85~95,第四组为 95 以上,则数据(　　).

A. 85 在第三组　　　B. 75 在第一组　　　C. 95 在第三组　　　D. 85 在第二组

二、多项选择题

1. 统计分组是将统计总体按一定标志区分为若干部分的统计方法,它(　　).

A. 是统计研究中的基本方法　　　　　　B. 是在统计总体内部进行的

C. 是在统计总体之间进行　　　　　　　D. 对总体而言是分

E. 对个体而言是合

2. 在次数分配数列中(　　).

A. 总次数一定,频数和频率成反比　　　B. 各组的频数之和等于 100

C. 各组频率大于 0,频率之和等于　　　D. 频率又称为次数

E. 频数越小,则该组的标志值所起的作用越小

3. 编制组距数列时,组限的确定(　　).

A. 最小组的下限应大于最小变量值　　　B. 最小组的下限应略小于最小变量值

C.最大组的上限应小于最大变量值　　　　D.最大组的上限应略大于最大变量值

4.统计表按分组情况不同,可分为(　　　).

A.简单表　　　　　　B.汇总表　　　　　　C.分组表　　　　　　D.复合表

5.统计分组的作用在于(　　　).

A.区分现象的类型　　　　　　　　　　B.比较现象间的一般水平

C.分析现象的变化关系　　　　　　　　D.反映现象总体的内部结构变化

E.研究现象之间数量的依存关系

三、简答题

1.统计数据整理的主要内容(步骤)是什么?

2.什么是统计分组? 统计分组的关键是什么?

3.什么是分配数列? 它包括哪两个要素?

4.单项式数列和组距式数列分别适合于表现哪些分布特征?

5.什么是统计表? 其构成有哪些?

6.什么是统计图? 常用的统计图有哪些?

四、技能训练题

1.某企业招聘会计岗位,有 30 位应聘人员经过初试进入复试阶段.总共有 5 道复试题目,那么这 30 位应聘人员答对题目的数量统计如下:

```
4  3  2  4  3  5  2  3  1  4
3  2  3  5  2  1  3  2  4  3
2  5  1  4  3  4  1  3  2  3
```

要求:根据以上资料编制变量数列.

2.某企业销售部 30 名推销员销售额的完成情况如下:(单位:%)

```
98    102    82    106    108    112    109    108    87    125
113   105    116   99     107    115    104    126    85    119
102   106    117   93     111    107    123    114    116   103
```

要求:编制组距数列反映推销员销售额的完成情况分布,并计算向上累计、向下累计次数和频率.

3.根据对本系学生月消费支出情况调查得到的资料进行整理.要求:

①编出统计表.

②绘出统计图.

4.随机收集 50 个硬币,包括一元、五角和一角的面值.硬币上都刻有年份,请你用统计图描绘一下这些硬币的年份分布.不同面值的硬币间有差别吗? 有没有发现异常值?

课件:统计数据的整理与显示

模块六
统计资料分析所需要的基本指标

　　2020 年,是"十三五"规划的收官之年,是我省历史上极不平凡、极不容易、极其难忘的一年.在以习近平同志为核心的党中央坚强领导下,全省各地、各部门以习近平新时代中国特色社会主义思想为指导,深入贯彻习近平生态文明思想,全面落实党的十九大精神,按照省委、省政府决策部署,顶住疫情、汛情两大压力,奋战抗疫、治污两大战场,取得了抗击疫情的决定性成果,打赢了污染防治攻坚的阶段性收官之战,为全面建成小康社会和美丽湖北建设作出了积极贡献.

　　坚决打赢蓝天保卫战.大力推进重点行业污染深度治理,2020 年累计实施大气污染重点治理项目 1 800 余个,单机装机容量 20 万千瓦以上火电燃煤机组基本完成改造,累计完成钢铁行业超低排放改造项目 64 个.强化大气污染防治区域联防联控,全年有效应对重污染天气9 次.国家对我省 2020 年空气质量指标综合评价结果为优.

　　着力打好碧水保卫战.累计实施水污染物减排项目 8 274 个,101 家省级及以上工业集聚区基本建成污水处理设施;新(改、扩)建乡镇污水厂 828 座.全面落实河湖长制和小微水体"一长两员"长效管护机制,清理非法占用河道岸线达 9 531.88 千米,完成五大湖泊退垸(田、渔)还湖 212.5 平方千米.加强江河湖库水量调度管理,全省建立 679 个水工程生态基流监管名录,84 个县域水资源承载能力不超载.国家对我省 2020 年水环境质量指标综合评价结果为优.

　　以上是节选自 2020 年《湖北省生态环境状态公报》,一份报告要达到言而有物,就是要求有翔实的数据,这些数据在统计学里就叫作指标,你能从上面的报告中找出指标并指出它们类型出来吗? 这些指标又是如何计算出来的呢?

任务一　总量分析和相对分析

学习目标

- 能描述出总量指标及其分类
- 能说出总量指标的三种计量单位
- 能辨析六种相对指标及其表现形式
- 能写出几种主要相对指标的计算公式
- 能运用总量指标和相对指标进行统计和判断

任务描述与分析

1.任务描述

党中央、国务院把生态文明建设示范区作为建设生态文明的重要载体,大力推进生态文明建设.湖北省委、省政府在省第十次党代会、省委十届四次全会上提出了生态立省的重要战略.目前,全国已有江苏等十五个省(区、市)先后开展了生态省建设.2013年8月,湖北省成为党的十八大召开后的第一个生态省建设试点.总体目标是从2014—2030年,力争用17年左右的时间,使湖北在转变经济发展方式上走在全国前列,经济社会发展的生态化水平显著提升,全社会生态文明意识显著增强,全省生态环境质量总体稳定并逐步改善,保障人民群众在"天蓝、地绿、水清"的环境中生产生活,基本建成空间布局合理、经济生态高效、城乡环境宜居、资源节约利用、绿色生活普及、生态制度健全的"美丽中国示范区".目前全国很多省份都在开展生态省建设,那么生态的测评标准是什么? 在开展测评的过程中有哪些评价指标?

2.任务分析

对一个总体进行描述需要制定一个指标体系,对于生态省的建设来说,就要有一定的测评标准,也就是制定一个个清晰合理的指标,我们需要解决以下的问题:

①生态省的评价标准有哪些?

②这些指标体系中的指标是如何收集和计算的?

③这些指标体系的类型有哪些?

④这些指标在体系中所占的权重分别有多少?

知识链接

一、总量指标

微课:总量指标

(一)总量指标的概念

总量指标是反映社会经济现象总体规模和水平的统计指标,因其用绝对数形式表现,所以,简称绝对数.

【案例 6.1.1】 湖北省水利厅近日发布的《2021 年湖北省水资源公报》显示千湖之省的湖北去年有多少水?公报显示,全省水资源总量 1 188.82 亿立方米,比常年偏多 17.6%,其中,地表水资源量 1 170.42 亿立方米,地下水资源量 326.21 亿立方米,地下水与地表水资源不重复量为 18.40 亿立方米.水都用到哪里去了?公报显示,2021 年全省总用水量 336.14 亿立方米,其中,生产用水量 284.46 亿立方米,占 84.6%;生活用水量 30.67 亿立方米,占 9.1%;生态用水量 21.01 亿立方米,占 6.3%.

解析:要考察一个国家或地区、城市的情况就要统计它的各种总量指标,用以反映总体的规模和水平.一个国家或地区一定时期的人口数、土地面积、国民生产总值、企业数、水资源总量、用水量等也都是总量指标.有时它也表现为总量之间的绝对差额,或者是增加额或者是减少额.

总量指标的作用:

①总量指标能反映一个国家的基本国情和国力,反映某部门或单位等人财物的基本数据.

②总量指标是制定政策、编制计划、实行社会经济管理的依据之一.

③总量指标是计算相对指标和平均指标的基础.

(二)总量指标的种类

根据不同的分类方法,总量指标有不同的类别,如图 6.1.1 所示.

时期指标有以下特点:

①时期指标可以累计相加.

②时期指标数值的大小与时期的长短有着直接的关系.

③时期总量是通过经常性的全面调查进行连续不断登记所取得的.

时点指标有以下特点:

①时点指标不能累计相加.

②时点指标数值的大小与时点的间隔长短没有直接关系.

③时点指标是通过专门组织的一次性的全面调查所取得的标准时点上的数值.

(三)总量指标的计量单位

总量指标是反映客观实际存在的,具有一定社会经济内容的数字.所以要用计量单位来表示.根据被研究对象的特点、性质和作用,总量指标的计量单位主要有三种,即实物单位、货币单位、劳动单位,见表 6.1.1.

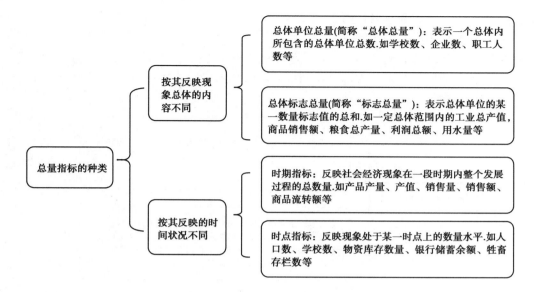

图 6.1.1　总量指标的分类

表 6.1.1　总量指标的计量单位

计量单位	定义	实例
实物单位	反映事物使用价值的计量单位,可以分为自然单位、度量衡单位、双重单位、复合单位和标准实物单位	①自然单位:人、辆、头、台等; ②度量衡单位:千克、吨、米、千米、立方米等; ③双重单位:台/千瓦、台/吨等; ④复合单位:千瓦时、吨公里、人次等; ⑤标准实物单位:标准煤、标准化肥等
货币单位	用货币作为价值尺度来度量物质财富或劳动成果的一种计量单位.如国民生产总值、工资总额、居民消费支出额等	人民币(元)、美元、欧元、日元等
劳动单位	以劳动消耗时间表示的计量单位	工时、工日等

　　价值指标具有广泛的综合性和概括性.它能将不能直接相加的产品数量过渡到能够相加,用以综合说明具有不同使用价值的产品总量或商品销售量等的总规模或总水平.价值指标广泛应用于统计研究和经营管理之中.

　　但价值指标也有其局限性,综合的价值量容易掩盖具体的物质内容,比较抽象.因此,在实际工作中,应注意把价值指标与实物指标结合起来使用,以便全面认识客观事物.

二、相对指标

(一)相对指标的概念及其表现形式

　　相对指标是两个相互联系的指标数值进行对比的比值.如比重、比例、速度、资金利税率、人口密度等都是相对指标.相对指标把两个具体的指标数值加以概括或抽象化了.其数值表现为相对数,因此,相对指标也称为统计相对数.相对指标的

微课:相对指标

表现形式主要有无名数和有名数两种,如图6.1.2所示.

相对指标的作用:

①相对指标能具体表明社会经济现象之间的比例关系.

②相对指标能使一些不能直接对比的事物找出共同比较的基础.

③相对指标便于记忆、易于保密.

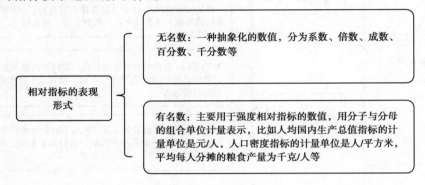

图6.1.2　相对指标的表现形式

（二）相对指标的种类及其计算

（1）结构相对指标

结构相对指标是在对总体分组的基础上,以总体部分数值与总体全部数值对比的结果.表明构成事物总体各部分在总体中所占的比重,也称**比重相对指标**,说明总体结构.一般用百分数表示.计算公式:

$$结构相对指标=\frac{总体内某一部分指标数值}{总体的全部数值}\times100\%$$

由于结构相对指标是总体各部分数值与总体全部数值之比,所以,各部分所占比重之和必定等于100%或者1.分子和分母不能颠倒.分子和分母既可以是总体单位总量,也可以是总体标志总量.

结构相对指标在统计分析中应用广泛,常用来提示总体各组成部分的构成及其变明不同部分地位的变化,以认识事物的类型特征.

【案例6.1.2】　湖北省的水资源都用到哪里去了?《2021年湖北省水资源公报》显示,2021年全省总用水量336.14亿立方米,其中,生产用水量284.46亿立方米,占84.6%;生活用水量30.67亿立方米,占9.1%;生态用水量21.01亿立方米,占6.3%.

$$生活用水量所占比重=\frac{30.67\ 亿立方米}{336.14\ 亿立方米}\times100\%=9.1\%$$

（2）比例相对指标

比例相对数是指总体中的某一部分数值与另一部分数值的比.它反映总体各部分之间的数量联系程度或比例关系,通常以百分比或几比几的形式来表示.计算公式:

$$比例相对指标=\frac{总体内某一部分的数值}{总体内另一部分的数值}\times100\%$$

【案例6.1.3】　2021年5月11日上午,国家统计局、国务院第七次全国人口普查领导小组办公室公布了第七次全国人口普查数据,公布的2021年中国人口最新数据显示,2021年中

国人口总数为 14.117 8 亿人,其中男性人口为 72 334 万人,女性人口为 68 844 万人,则:

$$我国人口的男女比例 = \frac{72\ 334\ 万人}{68\ 844\ 万人} \times 100\% = 105.07\%$$

表明在我国人口总体中,男性人口与女性人口的比为 105.07∶100.

（3）比较相对指标

比较相对指标是将不同空间条件下同类指标数值进行对比,反映同类事物在同一时期不同空间条件下数量对比关系,一般用百分数表示.也可以用倍数.计算公式:

$$比较相对指标 = \frac{某地区某一指标数值}{另一地区同类指标数值} \times 100\%$$

随着研究目的的改变,比较指标的分子和分母的数值可以对换.在经济管理工作中,将各单位的技术经济指标与同类的先进水平对比,或与规定的标准水平对比,便可找出差距.比较相对指标的特点有:一是对比的分子与分母必须是同质现象;二是分子、分母可互换.

（4）强度相对指标

强度相对指标是两个性质不同但有一定联系的总量指标相互对比的结果,说明现象的强度、密度、普遍程度和利用程度,常用来比较不同国家、地区或部门的经济实力或为社会服务的水平.计算公式:

$$强度相对指标 = \frac{某一总体的指标数值}{另一性质不同但有联系的总体的指标数值}$$

【案例 6.1.4】　2019 年湖北省水资源公报显示:全省人均综合用水量 511 立方米.万元国内生产总值(当年价)用水量 66 立方米,万元工业增加值(当年价)用水量 57 立方米.农田灌溉亩均用水量 343 立方米.城镇生活人均日用水量 161 升,农村生活人均日用水量 94 升.

$$人均综合用水量 = \frac{综合用水总量}{人口数}$$

强度相对指标数值的表现形式一般为复合单位,它由分子指标和分母指标原有计量单位组成,如人均国内生产总值用"元/人"为单位、人口密度用"人/平方千米"来表示等.有的强度相对指标数值用次、倍数、系数、百分数、千分数表示.如高炉利用程度用高炉利用系数表示、货币流通速度用货币流通次数表示、流通费用率用百分数表示、人口出生率用千分数表示等.

正指标是指标数值的大小与表示现象强度成正比,反之是逆指标.强度相对指标的正逆指标都是说明现象的强度和密度的,但并非都要计算,具体应用时,看哪个指标通俗明了,说明问题更清楚,就采用哪个指标.

强度相对指标能反映国家、地区的国情国力,反映社会生活条件和效果.这类指标一般是各种技术经济指标,如每个职工平均拥有的固定资产额、每万亩耕地拥有的拖拉机台数、每万元产值的利润等.

（5）动态相对指标

动态相对指标是同类现象在不同时间上的指标数值对比的比率,表明同类事物在不同时间状态下的对比关系,说明现象在时间上的运动、发展和变化的相对程度.在统计中一般将其称为发展速度.计算公式:

$$动态相对指标 = \frac{报告期指标数值}{基期指标数值} \times 100\%$$

通常把用来作为比较标准的时期称为"基期",而把同基期对比的时期称为"报告期".

【案例 6.1.5】 第七次人口普查全国人口共 141 178 万人(14.117 8 亿人),与 2010 年第六次人口普查的 133 972 万人(13.397 2 亿人)相比,增加了 7 206 万人,增长 5.38%,年平均增长率为 0.53%,与 2000—2010 年的年平均增长率为 0.57%,下降 0.04 个百分点.数据表明我国人口 10 年来继续保持低速增长态势.

(6)计划完成程度相对指标

计划完成相对指标是某类现象在某时期内实际完成数与计划任务数对比的结果.一般以百分数表示,用来检查和监督计划的执行情况.计算公式:

$$计划完成程度 = \frac{实际完成数(或实际达到的水平)}{计划完成数(或计划达到的水平)} \times 100\%$$

计划完成指标的特点是:

①分子、分母的一致性

计划完成相对指标的分母是事先规定的计划任务指标,分子是对实际情况进行统计而得到的实际数值.因此,要求分子、分母在指标含义、计算口径、计算方法、计量单位等方面保持一致.

②分子与分母的不可逆性

由于计划数是作为衡量计划完成情况的标准,所以,分子、分母位置不能互换.且公式中的分子项数值减分母项数值表示计划执行的绝对效果.

③对计划完成程度的评价

第一,要注意指标本身的特点.对于指标值越大越好的指标,如产量、利润等,如果计划完成程度低于 100%,则属于未完成计划;如果计划完成程度高于 100%,则属于超额完成计划.对指标值越小越好的指标,如单位产品成本和原材料消耗、能源消耗等指标,如果计划完成程度高于 100%,则属于未完成计划;如果低于 100%,则属于超额完成计划.

第二,在评价计划完成情况的绝对效果时要用实际指标减计划指标,并保留其符号,但在用文字说明时,应将正(+)、负(−)号换为相应的文字.

A. 当计划数为绝对数时:

$$计划完成程度 = \frac{实际完成数}{计划完成数} \times 100\%$$

【案例 6.1.6】 2019 年我国能源消费总量为 48.6 亿吨标准煤,2020 年能源消费总量数据约为 49.7 亿吨标准煤,实现了"十三五"规划纲要制定的"能源消费总量控制在 50 亿吨标准煤以内"的目标,完成了能耗总量控制任务.

$$计划完成程度 = \frac{49.7}{50} \times 100\% = 99.4\%$$

计算结果表明,我国能源消费总量控制在 50 亿吨标准煤以内,差额 0.6%,完成计划.

B. 当计划数为相对数时:

$$计划完成程度 = \frac{实际完成数百分数}{计划完成百分数} \times 100\%$$

或：

$$计划完成程度 = \frac{1+实际提高率}{1+计划提高率} \times 100\%$$

或：

$$计划完成程度 = \frac{1-实际降低率}{1-计划降低率} \times 100\%$$

【案例 6.1.7】 某水利工程计划规定劳动生产率比上年提高 10%，实际提高 15%，则该工程劳动生产率提高计划完成相对指标为：

$$计划完成程度 = \frac{实际完成数百分数}{计划完成百分数} \times 100\%$$

$$= \frac{1+15\%}{1+10\%} = 104.5\%$$

计算结果表明，该工程劳动生产率计划完成程度为 104.5%，超额完成计划 4.5%，实际比计划提高了 4.5 个百分点.

C. 当计划数为平均数时：

$$计划完成程度 = \frac{实际平均水平}{计划平均水平} \times 100\%$$

它多用于考核以平均水平表示的技术经济指标的计划完成情况，如劳动生产率、单位原材料消耗量等.

D. 计划进度执行情况检查：在计划执行过程中，要对计划进度情况经常进行检查，以了解进度的快慢，保证计划的实现. 计算公式：

$$计划进度执行情况 = \frac{累计实际数}{全期计划任务数} \times 100\%$$

式中的累计实际数是期初至检查期止的实际完成累计数.

E. 中长期计划执行情况：中长期计划一般指五年或以上的计划，如我国的"十三五"规划和十年远景规划. 由于计划任务要求和制定方法不同，检查方法也不同.

a. 水平法. 适用于计划指标是按期末应达到的水平制订的计划. 如人口、产值、产量、商品的流转额等计划便是. 计算公式：

$$计划完成程度 = \frac{计划期末年实际达到的水平}{计划期末年计划规定达到的水平}$$

【案例 6.1.8】 某水电站五年计划规定最后一年的发电量达到 1 000 亿千瓦时，实际执行情况见表 6.1.2.

表 6.1.2 某水电站发电量五年计划执行情况

产量	年份											
	第一年	第二年	第三年		第四年				第五年			
			上半年	下半年	一季度	二季度	三季度	四季度	一季度	二季度	三季度	四季度
发电量/亿千瓦时	780	800	400	450	220	230	240	250	250	260	268	275

计划完成程度：$\dfrac{250+260+268+275}{1\,000}\times100\%=105.3\%$

计算结果表明：超额完成产量计划 53 亿千瓦时，即 1 053－1 000＝53 亿千瓦时.

利用水平法检查长期计划执行情况时，计算提前完成计划的时间，是指计划期内连续 12 个月（不管是否在一个日历年度，只要时间是 12 个月），达到计划规定最后一年的计划水平，往后推算所剩余的时间即为提前完成计划的时间.

b. 累计法. 适用于计划指标是按期末应达到的累计数制订的计划，如固定资产投资、造林、新增生产能力等计划指标. 计算公式：

$$计划完成程度=\dfrac{计划期全期累计实际数}{计划期累计计划数}\times100\%$$

【案例 6.1.9】 长江水利委员会某水文局"十三五"规划规定五年累计完成固定资产投资额为 90 亿元，实际执行情况见表 6.1.3.

表 6.1.3 长江水利委员会某水文局"十三五"期间固定资产投资完成情况

投资额	年份							
	第一年	第二年	第三年	第四年	第五年			
					一季度	二季度	三季度	四季度
实际完成投资额/亿元	15	16	18	19	7	7	8	7

计划完成程度：$\dfrac{15+16+18+19+7+7+8+7}{90}\times100\%=107.78\%$

超计划投资额 7 亿元，即 97－90＝7 亿元.

结果表明，长江水利委员会某水文局固定资产投资超额完成计划 7.78%，超额 7 亿元，利用累计法检查长期计划执行情况时，计算其提前完成计划的时间，是将计划期全部时间减去自计划执行之日起，累计至实际数已达到计划任务数的时间止，剩下的时间即为提前完成任务的时间. 表 6.1.3 中，固定资产投资额从执行计划的第一年开始累计至第五年第三季度止，实际完成投资额 90 亿元（15＋16＋18＋19＋7＋7＋8），说明提前三个月完成了五年计划的投资任务.

【案例 6.1.10】 表 6.1.4 是湖北建设生态省部分指标标准的解读.

表 6.1.4 生态省建设部分指标

数据指标	指标类型
重要江河湖泊水功能区水质达标率	结构相对指标
单位 GDP 二氧化碳排放	强度相对指标
新能源汽车保有量增长率	动态相对指标
地表水达到或好于Ⅲ类水体比例	比例相对指标
城市森林覆盖率>同类城市平均水平	比较相对指标
单位工业增加值用水量降低率	计划完成程度相对指标

任务实施

请你根据查阅相关湖北省生态省建设规划方案等相关政策文件,查找生态省建设编制的指标体系,并指出这些指标的种类、意义和计算方法.

拓展延伸

湖北省水利厅近日发布的《2021年湖北省水资源公报》显示,2021年全省平均降水量为1269.0毫米,折合降水总量2359.11亿立方米,较多年平均偏多9.0%,属偏丰年份;从用水量来看,2021年湖北经济疫后强势重振,带来生产用水量比上年增加48.98亿立方米。一系列数据折射出我省经济社会民生高质量发展的可喜变化.

千湖之省的湖北去年有多少水? 公报显示,全省水资源总量1 188.82亿立方米,比常年偏多17.6%,其中,地表水资源量1 170.42亿立方米,地下水资源量326.21亿立方米,地下水与地表水资源不重复量为18.40亿立方米.

水都用到哪里去了? 公报显示,2021年全省总用水量336.14亿立方米,其中,生产用水量284.46亿立方米,占84.6%;生活用水量30.67亿立方米,占9.1%;生态用水量21.01亿立方米,占6.3%.

水资源是基础性资源,与生产生活发展息息相关,是社会经济最重要资源之一.湖北2021年疫后重振取得决定性成果,发展重回主赛道,GDP首破5万亿,带动全省2021年生产用水量比上年增长48.98亿立方米,相当于40个东湖.据了解,全省2020年生产用水量受疫情影响一度掉陡坎,较2019年减少36.85亿立方米.

公报显示,随着节水意识深入人心,供水格局日趋优化.2021年,全省生活用水量比上年减少0.90亿立方米,全省城镇生活人均日用水量170升,同比减少1.2%;还水于河、还水于湖,2021年全省生态用水量比上年增加9.16亿立方米,充分体现了生态优先、绿色发展理念.

农业是用水大户,近年来,我省持续推进农业节水重大工程建设、加强农田水利工程运行管护,并严格落实农业用水总量控制和定额管理,农业用水方式由粗放式向集约化转变.公报显示,2021年农业用水量174.45亿立方米,占全省总用水量51.9%,农田灌溉水有效利用系数0.533,近10年来,全省农田灌溉水有效利用系数正逐年提高.此外,公报还显示,全省万元地区生产总值(当年价)用水量67立方米,万元工业增加值(当年价)用水量55立方米.

能力训练

一、填空题

1.总量指标的计量单位有_____、_____和_____三种.

2.相对指标的表现形式是相对数,具体有_____和_____两种表现形式,除_____相对指标可用_____表示外,其他都用_____表示.

3.男性人口数与女性人口数之比是_____相对指标;男性人口数与人口总数之

比是_____相对指标;人口总数与土地面积之比是_____相对指标;两个国家人口数之比是_____相对指标;两个时期人口数之比是_____相对指标.

4. 总量指标按其说明的内容不同,可分为_____和_____;按其所反映的时间状况不同,可分为_____和_____.

5. 统计指标中_____是基本形式,它是计算_____和_____的基础.

二、单项选择题

1. 某企业计划本年产值比上年增长 4%,实际增长 6%,则该企业产值计划完成程度为( ).

    A. 150%   B. 101.9%   C. 66.7%   D. 无法计算

2. 在婴儿的出生中,男性占 53%,女性占 47%,这是( ).

    A. 比例相对指标   B. 强度相对指标

    C. 比较相对指标   D. 结构相对指标

3. 将粮食产量与人口数相比得到的人均粮食产量指标是( ).

    A. 统计平均数   B. 结构相对数   C. 比较相对数   D. 强度相对数

4. 比较相对指标是( ).

    A. 同类现象在不同空间上对比   B. 同类现象在不同时间上对比

    C. 同一现象的部分与总体的对比   D. 有联系的不同现象的相互对比

5. 正确计算和应用相对指标的前提条件是( ).

    A. 正确选择对比基础   B. 严格保持分子、分母的可比性

    C. 相对指标应与总量指标结合应用   D. 分子、分母必须同类

三、多项选择题

1. 下列指标中属于时期指标的有( ).

    A. 全年出生人数   B. 国民生产总值   C. 粮食总产量

    D. 商品销售额   E. 产品合格率

2. 下列指标中属于时点指标的有( ).

    A. 年末人口数   B. 钢材库存量   C. 粮食产量

    D. 工业总产值   E. 经济增长率

3. 总量指标的计量单位有( ).

    A. 货币单位   B. 劳动量单位   C. 自然单位

    D. 度量衡单位   E. 标准实物单位

4. 相对指标中分子与分母可以互换位置的有( ).

    A. 计划完成程度许多相对指标   B. 结构相对指标   C. 比较相对指标

    D. 强度相对指标   E. 动态相对指标

5. 总量指标与相对指标的关系表现为( ).

    A. 总量指标是计算相对指标的基础   B. 相对指标能补充总量指标的不足

    C. 相对指标可表明总量指标之间的关系   D. 相对指标要与总量指标结合应用

    E. 总量指标和相对指标都是综合指标

6. 相对指标的计量形式可以是( ).

A. 系数　　　　B. 倍数　　　　C. 成数　　　　D. 百分数　　　　　E. 复名数

7. 相对指标中分子与分母不可以互换位置的有(　　).

A. 计划完成程度许多相对指标　　　B. 结构相对指标　　　C. 比较相对指标

D. 强度相对指标　　　　　　　E. 动态相对指标

8. 下列指标中属于强度相对指标的是(　　).

A. 人口密度　　　　　　B. 人均国民生产总值　　　　C. 人口出生率

D. 人口自然增长率　　　E. 男女性别比例

四、简答题

1. 什么是总量指标？它有哪些作用？

2. 相对指标有哪几种？怎样计算？计算和应用相对数应注意哪些问题？

课件:总量分析
与相对分析

任务二　总体分布集中趋势分析

学习目标

- 能归纳集中趋势指标及其特点
- 能解释集中趋势指标的作用
- 能辨析集中趋势指标的类型
- 能计算算术平均数、调和平均数、几何平均数
- 能正确应用数值平均数的原则
- 操作 Excel 计算众数、中位数、分位数

任务描述与分析

1. **任务描述**

2021 年湖北省气候状况数据显示:

湖北地处南北气候过渡带,属亚热带季风气候,四季分明,冬冷夏热,春暖秋爽,雨热同季,时空不均. 年平均气温 16.7 ℃,1 月最冷,大部地区平均气温 3 ~ 5 ℃;7 月最热,大部地区平均气温 27 ~ 29.5 ℃. 年平均降水量 1 200.7 毫米,呈由南向北递减式分布,鄂西南大部、鄂东南最多达 1 300 ~ 1 690 毫米,鄂西北最少为 770 ~ 935 毫米. 降水量年际变化大,最多年(2020 年,1 708 毫米)降水量约为最少年(1966 年,862 毫米)的 2 倍;降水量季节变化明显,夏季多,冬季少,主要集中在 5—9 月,降水量约占全年总量的 63%,梅雨期(6 月中旬—7 月中旬)雨量最多、强度最大. 年平均日照时数 1 100 ~ 2 075 小时,自南向北增加. 年平均无霜期为 220 ~ 310 天.

2021 年气候. 2021 年全省年平均气温 17.4 ℃,位列 1961 年以来第 1 位. 2020/2021 年冬

季气温显著偏高,为强暖冬;春、夏季气温正常略偏高,夏季高温日数略少;秋季气温显著偏高,中东部出现"秋老虎".入春入夏明显提前,入秋入冬明显推迟,夏季长度为 1961 年以来第 6 长.2021 年全省平均年降水量 1 212 毫米,接近常年.春季降水偏多 2 成,阴雨寡照;夏季偏多 1 成,雨期倒置,梅雨期降水少盛夏降水多,入梅晚、出梅早,梅雨强度偏弱,8 月降水偏多 8 成;冬、秋季降水偏少 3 成.年内气象灾害呈现局地性强的特点,主要气象灾害为春季龙卷、风雹、连阴雨、盛夏极端强降水,汉江流域超长秋汛,冬春季雾、霾.气候年景整体较好,热量和降水资源充足,农业气候年景偏好,生态质量总体良好.

2. 任务分析

在统计数据已经收集整理好的情况下,统计指标可以反映总体的状况,其中上述数据中的平均气温、平均降水量就是平均指标,平均指标是反映总体分布的集中趋势的综合指标:

①平均指标有哪些类型?

②这些指标代表的意义是什么?

③这些指标的计算方法是什么?

知识链接

一、平均指标的概念和意义

【案例 6.2.1】 (全球气候是不是在变暖?)据湖北省 2021 年气候状况最新公告显示,2021 年全省年平均气温 17.4 ℃,位列 1961 年以来第 1 位.

微课:平均指标
(数值平均数)

解析:平均气温指某一段时间内.根据计算时间长短不同,可有某日、某月和某年平均气温等,表明一定时期地区气温的高低程度.

某日平均气温:一天 24 小时的平均气温.气象学上通常用一天 2 时、8 时、14 时、20 时四个时刻的平均气温作为一天的平均气温(即四个气温相加除以 4).

某月平均气温:某一月的多日平均气温的平均值.

某年平均气温:某年的多日平均气温(或多月平均气温)的平均值.

要理解平均气温的概念,需要了解平均指标.

(一)平均指标的概念

平均指标又称统计平均数,指同质总体某一标志值在一定的时间、地点、条件下所达到的一般水平,是总体的代表值,反映了总体分布的集中趋势.

(二)平均指标的特点

由于平均指标是反映各总体单位的一般水平,抽象概括总体数量特征的指标,因此,具有以下几个特点.

1. 总体同质性

平均指标只能就同类现象计算,也就是平均指标的各个单位必须具有同类性质,这是计算平均指标的基本前提.例如,在研究全国职工工资收入时,不能把农民收入和个体经营者收入包括在内加以计算,否则就会夸大或缩小全国职工工资收入水平,以致做出错误的判断和结论.

2. 一般代表性

平均指标以一般水平代表总体各单位数量标志值的具体表现,是反映总体某一数量标志的典型水平或代表性水平.

3. 数量抽象性

统计平均指标将总体各单位某一数量标志的各个差异数值进行抽象,概括地反映这一数量标志在具体时间、地点、条件下达到的一般水平,使人们看不到先进与落后的差别.

(三) 平均指标的种类

平均指标的常见种类如图 6.2.1 所示.

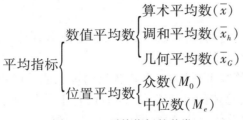

图 6.2.1　平均指标的种类

二、算术平均数

(一) 算术平均指标的基本形式

算术平均指标是统计中最基本最常用的一种综合指标. 它是将总体各单位的标志值相加求其算术总和,然后除以总体单位个数而得. 计算公式:

$$算术平均数 = \frac{总体标志总量}{总体单位总量}$$

【注】

①公式的分子和分母存在着密切的关系,其分子(标志总量)是由分母中总体单位本身所具有的某种标志值加总而得到的. 这是平均指标与强度相对指标最本质的区别.

②总体标志总量是数量标志值之和,由于品质标志不能相加,因而不能计算算术平均数.

③算术平均数是一个有名数,计量单位和标志值的计量单位一致.

若具备总体标志总量与总体单位总量时,可直接利用上面的公式计算,在不具备上述条件时,可根据具体情况而定,通常可采用简单算术平均数和加权算术平均数两种形式计算.

(二) 简单算术平均数

在计算算术平均数时,若掌握的资料是总体各单位的标志值,那么就可以将总体各单位的标志值简单相加求得标志总量,然后除以总体单位总量,即得平均数. 这种方法通常称为简单算术平均法. 用公式表示:

$$\bar{x} = \frac{x_1 + x_2 + x_3 + \cdots + x_n}{n} = \frac{\sum x}{n}$$

式中　$\bar{x}$——算术平均数;

　　　x——各单位标志值;

　　　n——总体单位数.

（三）加权算术平均数

加权算术平均数一般用来计算分组资料的算术平均数，它是用标志值乘以相应的各组单位数求出各组的标志总量，并加总求得总体标志总量，再除以总体单位总数即得.

设有 n 个标志值 $x_1, x_2, x_3, \cdots, x_n$，如果以 $f_1, f_2, f_3, \cdots, f_n$ 为各标志值的权数或次数，则 x 的加权算术平均数计算公式为：

$$\bar{x} = \frac{x_1 f_1 + x_2 f_2 + x_3 f_3 + \cdots + x_n f_n}{f_1 + f_2 + f_3 + \cdots + f_n} = \frac{\sum xf}{\sum f}$$

式中　x——各组标志值；

　　　f——各组单位数.

计算加权算术平均数时有两种情况：一是单项式变量数列计算；二是组距式数列计算.

1. 根据单项式变量数列计算算术平均数

由单项式变量数列计算算术平均数，是将各组的标志值乘以相应的各组的单位数，求出各组标志总量，并加总得出总体的标志总量，同时把各组单位数相加求出总体单位总数，然后，再用总体标志总量除以总体单位总数，即得算术平均数.

【案例6.2.2】　某水文局有120人开展区域水文地质调查，将他们每人每日统计观测点位数编制成单项数列，见表6.2.1.

表 6.2.1　加权算术平均数计算

按日观测点位数分组 x/个	人数 f/人	日总观测点位数 xf/件
20	10	200
22	12	264
24	25	600
26	30	780
30	18	540
32	15	480
33	10	330
合计	120	3 194

$$每人平均日观测点数 = \frac{\sum xf}{\sum f} = \frac{3\ 194}{120} = 26.6（个）$$

从以上的案例中我们可以看到，加权算术平均数同时受到标志值 x 与权数 f 的共同影响. 其中权数起着权衡标志值对平均数影响程度的作用. 一般说来，在分组资料中，标志值小的组拥有较多的次数时，平均数倾向于标志值小的一方；当标志值大的组拥有较多的次数时，平均数倾向于标志值大的一方. 这里次数起着权衡轻重的作用，因此统计中常称它为"权数"，加权算术平均数也由此而得名.

这里需要说明的是，如果各组次数（权数）完全相等，即 $f_1 = f_2 = f_3 = \cdots = f_n$，则各组次数对平均数的影响就会相同，从而它不再起权衡轻重的作用. 这时加权算术平均数就等于简单算术平均数.

2.根据组距式变量数列计算算术平均数

如果掌握的是组距数列资料,其计算方法与上述方法基本相同,有一点不同的是,组距数列以各组的组中值作为变量值.利用组中值计算平均数有一定的假定性,第一,假定各个组的标志值在组内的分布式均匀的,但实际上各组内的标志值分布不会绝对均匀.第二,如果组距数列上下两组是开口组,还假定它们与相邻组组距相仿,这与实际也有出入,所以根据组距数列计算出的加权算术平均数只是近似值.

【案例6.2.3】　某水文站共19年的年降水量的资料见表6.2.2,计算这些年的年平均降水量.

表6.2.2　某站降水量分组统计表

按年降水量分组/毫米	出现次数/年	组中值 x/毫米	xf/毫米
500～600	8	550	4 400
600～700	5	650	3 259
700～800	3	750	2 250
800～900	2	850	1 700
900～1 000	1	950	950
合计	19	—	12 550

解析:在组距数列中没有具体的标志值,各组的组限,只表明标志值的上下界限,因此,必须先算出各组的组中值,来代表各组的标志值,然后计算加权算术平均数.

$$年平均降水量 = \frac{\sum xf}{\sum f} = \frac{12\ 550}{19} = 660.53(毫米)$$

三、调和平均数和几何平均数

（一）调和平均数

调和平均指标也称为调和平均数,是根据标志值的倒数计算的,它是标志值倒数的算术平均数的倒数,所以也称为倒数平均数,用 $\bar{x}_\mu$ 来表示.在统计实践中,由于只有各组标志总量和各组变量值,而缺乏总体单位数资料,不能直接采用算术平均数计算,这时就需要将算术平均数的形式加以改变,按照算术平均数基本算式的需要,算出所需总体单位数,继而再计算平均数,这样就得到另一种平均数的计算方法,这就是调和平均数.调和平均数分为简单调和平均数和加权调和平均数两种.

1.简单调和平均数

简单调和平均数适用于未分组资料或资料虽分组,但各组标志总量均相等的情况.简单算术平均数的计算公式:

$$\bar{x}_\mu = \frac{1+1+1+\cdots+1}{\frac{1}{x_1}+\frac{1}{x_2}+\frac{1}{x_3}+\cdots+\frac{1}{x_n}} = \frac{n}{\sum \frac{1}{x}}$$

式中 $\overline{x}_\mu$ ——调和平均数;

x ——各标志值;

n ——变量值的个数.

2.加权调和平均数

加权调和平均数适用于资料已分组,且各组标志总量不相等的情况.计算公式:

$$\overline{x}_\mu = \frac{m_1 + m_2 + m_3 + \cdots + m_n}{\dfrac{m_1}{x_1} + \dfrac{m_2}{x_2} + \dfrac{m_3}{x_3} + \cdots + \dfrac{m_n}{x_n}} = \frac{\sum m}{\sum \dfrac{m}{x}}$$

式中 m ——各组标志总量.

【案例6.2.4】 已知长江某支流每隔一段距离分3次测量水流速度的情况见表6.2.3.

表6.2.3 水流速度情况表

序号	流速 x/(米·秒$^{-1}$)	测量距离间隔 f/千米
1	4	10
2	4.5	14
3	3.5	18

使用调和平均数计算水流的平均速度,方法如下:

$$\overline{x}_\mu = \frac{10+14+18}{\dfrac{10}{4} + \dfrac{14}{4.5} + \dfrac{18}{3.5}} = 3.91(\text{米/秒})$$

(二)几何平均数

几何平均数是在数列具有连乘积特征的情况下所计算的平均数.

几何平均数的特征是涉及的变量是连续的关系,且变量之间是通过相乘的方式来获得累积效果的.

【案例6.2.5】 "十四五"期间湖北省将加大水利规划投资,已知第一年投资为1 000亿元,三年的增长率分别为10%、15%和20%,计算三年的年平均发展速度.

解析:三年后水利投资为:

$$1\ 000 \times (1+10\%) \times (1+15\%) \times (1+20\%) = 1\ 518(\text{亿元})$$

这种具有连乘积特征的变量关系,在进行平均计算时,需采用几何平均数的方式.

几何平均数的计算公式为:

$$G = \sqrt[n]{\prod x_i}$$

其中符号 $\prod$ 表示连乘的意思.

以上述的数据为例,湖北省三年的水利投资年平均发展速度为:

$$G = \sqrt[n]{\prod x_i} = \sqrt[3]{1.10 \times 1.15 \times 1.20} = 1.149\ 3$$

几何平均数也有加权形式,加权几何平均数的计算公式为:

$$G = \sqrt[\sum f_i]{\prod x_i^{f_i}}$$

四、众数和中位数

(一) 众数

众数是指总体中出现次数最多的标志值.

微课:众数和
中位数

众数能够鲜明地反映数据分布的集中趋势. 它既不受极端变量值大小的影响,也不受极端变量值位置的影响. 在总体单位数多且有明显集中趋势时,确定众数既方便且意义明确. 如总体单位数较少,或虽多但无明显集中趋势,就不存在众数.

变量数列中有两个或几个变量值的次数都比较集中时,就可能有两个或几个众数,这时称为复众数,在实际工作中应用较为普遍,如服装、鞋帽的尺码.

1. 单项式数列确定众数

对于单项式数列,可以根据定义直接求出.

【案例6.2.6】　根据某月日平均气温分组资料见表6.2.4,求众数.

表6.2.4　某月日平均气温分组表

温度/℃	17	18	19	20	21	22
天数/日	1	2	8	15	3	1

经观察发现,20 ℃的天数最多,因此众数为20 ℃.

2. 组距式数列确定众数

对于组距式数列,应先根据定义确定众数所在的组,然后用众数的上限或下限公式求出众数的具体数值.

下限公式:

$$M_0 = L + \frac{\Delta_1}{\Delta_1 + \Delta_2} \cdot d$$

上限公式:

$$M_0 = U - \frac{\Delta_2}{\Delta_1 + \Delta_2} \cdot d$$

式中　M_0——众数;

U——众数所在组的下限;

Δ_1——众数所在组次数与前一组次数之差;

Δ_2——众数所在组次数与后一组次数之差;

d——组距.

【案例6.2.7】　下面已知某站1919—1982年共64年的年降水量资料(表6.2.5),求年降水量的众数.

表 6.2.5　年降水量分组资料

序号	年降水量分组组距 $\Delta P=100/$毫米	各组出现次数 /年	向上累计出现次数 /年	向下累计出现次数 /年	累积频率 p /%
1	900 ~ 1 000	1	1	64	1.6
2	800 ~ 900	3	4	63	6.3
3	700 ~ 800	5	9	60	14.1
4	600 ~ 700	12	21	55	32.8
5	500 ~ 600	23	44	43	68.8
6	400 ~ 500	12	56	20	87.5
7	300 ~ 400	5	61	8	95.3
8	200 ~ 300	3	64	3	100.0
	总计	64	—	—	—

解析：
$$M_0 = 500 + \frac{23-12}{(23-12)+(23-12)} \times 100 = 550（毫米）$$
或
$$M_0 = 600 - \frac{23-12}{(23-12)+(23-12)} \times 100 = 550（毫米）$$

（二）中位数

中位数（M_e）是指位于总体分布中点位置上的标志值.

所谓分布中点，意味着有一半单位的标志值小于该点的标志值，而另一半单位的标志值必定大于该点的标志值. 由此可见，中位数的大小不受两端值的影响，也不受各变量变动大小的影响，仅受所处位置的影响. 由于许多事物的分布均呈正态分布或近似正态分布，因此，中位数可以从另一侧面反映次数分布的集中趋势.

1. 根据未分组资料确定中位数

对于未分组的资料 $x_1, x_2, x_3, \cdots, x_n$ 进行排序后，按下列公式确定中位数的位置.

$$中位数位置 = \frac{n+1}{2}$$

式中　n——数列的项数.

如果项数是奇数，则居于中间位置的那个变量值就是中位数.

如果项数是偶数，则中间位置的两个变量值的算术平均数就是中位数.

2. 根据分组资料确定中位数

分组资料可以分为单项式变量数列和组距式变量数列.

（1）对于单项式变量数列

第一，要确定中位点 $\sum f/2$ 所在的组，即累计次数的半值；

第二，找出中位数所在的组，即含累计次数半值的组，该组的变量值就是中位数.

【案例6.2.8】　某水文局有120人开展区域水文地质调查,将他们每人每日统计观测点位数编制成单项数列,见表6.2.6,确定该调查人员每人每天调统计的观测点数的中位数.

表6.2.6　调查人员每人每天观测点位数分组资料

按每人每天观测点数分组 x /个	人数 f /人	累计次数 $\sum f$	
		向上累计	向下累计
20	10	10	120
22	12	22	110
24	25	47	98
26	30	77	73
30	18	95	43
32	15	110	25
33	10	120	10
合计	120	—	—

解析:
$$中位数位置 = \frac{\sum f}{2} = \frac{120}{2} = 60$$

即中位数在第60人的位置上.

根据计算的累计次数资料可知,累计次数 $\sum f$ 中含有60的累计次数为77(向上累计)或73(向下累计),该组即为中位数组,由此可以确定中位数为26.

(2)对于组距式变量数列

由组距数列确定中位数,同样要先按中位点的公式 $\sum f/2$ 确定中位数所在的组,然后按照下限公式或上限公式来计算中位数的近似值.

中位数的下限公式:

$$M_e = L + \frac{\dfrac{\sum f}{2} - S_{m-1}}{f_m} \times d$$

中位数的上限公式:

$$M_e = U - \frac{\dfrac{\sum f}{2} - S_{m+1}}{f_m} \times d$$

式中　L——中位数所在组的下限;

　　　U——中位数所在组的上限;

　　　f_m——中位数所在组的次数;

　　　d——中位数所在组的组距;

　　　S_{m-1}——中位数所在组前一组的累计次数(其累计次数按向上累计计算);

　　　S_{m+1}——中位数所在组后一组的累计次数(累计次数按向下累计计算).

【案例 6.2.9】 已知某站 1919—1982 年共 64 年的年降水量资料见表 6.2.5,求年降水量的中位数.

解析:

$$M_e = 500 + \frac{\frac{64}{2} - 21}{23} \times 100 = 547.82(毫米)$$

或

$$M_e = 500 - \frac{\frac{64}{2} - 20}{23} \times 100 = 547.82(毫米)$$

五、Excel 在总体分布集中趋势分析中的应用

【案例 6.2.10】 以表 6.2.7 的数据资料为例,说明如何利用 Excel 进行绝对数分配数列算术平均数.

表 6.2.7 某学院学生月消费情况调查统计表

某学院学生月消费分组/元	学生人数/人
1 000 ~ 1 200	240
1 200 ~ 1 400	480
1 400 ~ 1 600	1 050
1 600 ~ 1 800	600
1 800 ~ 2 000	270
2 000 ~ 2 200	210
2 200 ~ 2 400	120
2 400 ~ 2 600	30
合计	3 000

解析: 在数据较多时,要计算平均指标,需要借助计算机,我们下面采用 Excel 软件,在计算机中打开 Excel,具体步骤如下:

第一步:编制计算工作表. 在初如数据表格的右面,增加四列,分别为"组中值""消费总额""学生比重"和"变量与比重之积".

第二步:计算组中值."1000 ~ 1200"组的组中值用公式"=MEDIAN(1000,1200)"进行计算;在此基础上,其他各组可以在上一组的组中值之上加上组距即可,如"1200 ~ 1400"一组的计算公式"MEDIAN(1000,1200)+(1400−1200)".实际应用时可口算,更方便.

第三步:计算各组工资总额. 以组中值乘以学生人数求得各组学生消费总额. 因此,只要在 D2 单元格中输入公式"=$C2∗B2",确认后,向下填充到 D8 单元格中,就完成了计算. 在 D9 单元格中输入公式"=SUM(D2:D8)"计算合计数.

第四步:计算学生比重. 比重是各组学生人数在总人数中所占的比重,因此,只要在 E2 单元格中输入公式"=B2/\$B\$9",确认后,向下填充到 E9 单元格,就完成计算.最后,将单元格的格式设计为百分比样式,并调整到两位小数.

第五步:计算变量与比重之积.即学生工比重为权数,计算各组学生月消费的组中值与权数之积.因此,只要在 F2 单元格中输入公式"=C2*E2",确认后,向下填充到 F8 单元格,在 F9 单元格中输入公式"=SUM(F2:F8)"计算合计数,就完成了计算.计算结果见表 6.2.8.

表 6.2.8　某学院学生平均月消费计算表

某学院学生月消费分组/元	学生人数/人	组中值	各组学生消费总额	学生比重/%	变量与比重之积
1 000~1 200	240	1 100	264 000	8.00	88
1 200~1 400	480	1 300	624 000	16.00	208
1 400~1 600	1 050	1 500	1 575 000	35.00	525
1 600~1 800	600	1 700	1 020 000	20.00	340
1 800~2 000	270	1 900	513 000	9.00	171
2 000~2 200	210	2 100	441 000	7.00	147
2 200~2 400	120	2 300	276 000	4.00	92
2 400~2 600	30	2 500	75 000	1.00	25
合计	3 000	—	4 788 000	100.00	1 596

所以学生平均月消费为 1 596 元.

任务实施

平均气温指某一段时间内.根据计算时间长短不同,可有某日、某月和某年平均气温等,表明一定时期地区气温的高低程度.某日平均气温:指一天 24 小时的平均气温.气象学上通常用一天 2 时、8 时、14 时、20 时四个时刻的平均气温作为一天的平均气温(即四个气温相加除以 4).

某月平均气温:某一月的多日平均气温的平均值.

某年平均气温:某年的多日平均气温(或多月平均气温)的平均值.

请根据以上气象知识,自己动手记测或查询相关资料计算你所在的地区当前日平均气温、当月平均气温和当年的平均气温.

拓展延伸

武汉依水而生、因水而兴,水是武汉宝贵的自然资源.近年来,武汉市着力推进水资源管理.2021 年,武汉市 166 个湖泊中劣 V 类湖泊全面清零,实现了历史性突破.全市水生态系统得到一定程度的修复,水环境质量呈现稳中向好趋势.武汉水资源总量相当于 44 个东湖.

2022 年"世界水日""中国水周"的主题是"推进地下水超采综合治理　复苏河湖生态环境".《武汉市水资源公报》显示,2021 年,武汉地表水资源量 49.23 亿立方米,地下水资源量11.48 亿立方米,扣除地表水、地下水重复计算量 8.43 亿立方米,武汉全市水资源总量达

52.28 亿立方米.

据武汉市水务局相关负责人介绍,武汉水资源丰富,2021 年全市水资源总量大概相当于 44 个东湖的水量. 近日,武汉市也发布了水务发展"十四五"规划总体目标,进一步推动水资源保护:到 2025 年,武汉将基本实现"江湖安澜、供优排畅、河湖健康、人水和谐". 到 2035 年,全面建成幸福河湖、现代水网和世界滨水生态名城,基本实现水务现代化. 节水指标继续保持全国先进水平.

2021 年,武汉市整体城市节水指标继续保持全国先进水平位列,各项节水指标持续提升,节水单元载体建设稳步推进,118 家企业(单位)、26 个小区获得节水示范称号;武汉市政协办公厅荣获国家公共机构水效领跑者单位称号;武汉节水科技馆被命名为国家水情教育基地和全国科普教育基地.

此外,武汉市高校节水减排三年计划收官. 据介绍,湖北工业大学等高校以效益分享的方式实施合同节水管理模式,约定合同期内节水率下降 37%. 开展节水高校示范,支持中国地质大学(武汉)创建湖北省首个节水高校标杆. 2021 年,武汉全市高校用水量在 2018 年基础上下降 21.6%,节水总量达 2 237 万立方米.

《公报》显示,2021 年,武汉市工业用水重复利用率为 91.52%,万元 GDP 用水量 22.2 立方米,万元工业增加值用水量 34.2 立方米;全市用水总量、水功能区水质达标率、用水效率均达到最严格水资源管理控制指标要求.

武汉市江河纵横,河港沟渠交织,湖泊库塘星罗棋布. 现有水面总面积 2 117.6 平方千米,约占全市国土面积的四分之一. 其中列入湖泊保护名录的湖泊有 166 个.

据介绍,与"十二五"末相比,2021 年,武汉市国考断面水质优良比例提升 18.2 个百分点,主要河流断面水质优良比例提升 19 个百分点,湖泊优良水质个数增加 26 个,湖泊劣 V 类水质个数减少 37 个,首次实现劣 V 类湖泊全面清零,纳入省跨界考核的 8 个断面水质达标率 100%,县级及以上集中式饮用水源地水质达标率 100%. 武汉市 166 个湖泊中劣 V 类湖泊全面清零,实现了历史性突破. 此外,2021 年,武汉市 9 座大、中型水库,43 个集中式饮用水水源地水质均达到或优于 III 类标准.

据武汉市水务局介绍,"十四五"期间,武汉市将继续推进水资源节约保护和高效利用,发挥河湖长制优势,推动河湖面貌持续好转,为打造"五个中心"、建设现代化大武汉提供水务支撑.

能力训练

一、填空题

1. 加权算术平均数中以_____为权数,加权调和平均数中以_____为权数.
2. 众数是被研究总体中_____的标志值.
3. _____反映总体各单位标志值分布的集中趋势.
4. 在标志值一定的条件下,算术平均数的大小只受_____的影响;在总次数一定的条件下,分配在变量值较大的组的次数_____,平均数的值偏大.
5. 算术平均数是_____除以_____所得的商,简单算术平均数是根据_____计算的,加权算术平均数是根据_____计算的.

二、单项选择题

1. 在加权算术平均数中,如果各个变量值都扩大 3 倍,而频数都减少为原来的三分之一,则平均数( ).

A. 不变　　　　　　　B. 减少了　　　　　　C. 扩大 3 倍　　　　　　D. 不能确定

2. 由组距数列确定众数时,如果众数组的两个邻组的次数相等,则( ).

A. 众数为 0　　　　　　　　　　　B. 众数组的组中值就是众数

C. 众数组的上限就是众数　　　　　D. 众数组各单位变量值的平均数为众数

3. 平均指标中最常用的是( ).

A. 算术平均数　　B. 调和平均数　　C 几何平均数　　　　D. 位置平均数

4. 已知 5 个水果商店苹果的单价和销售额,要求计算这 5 个商店苹果的平均单价,应采用( ).

A. 简单算术平均法　　　　　　　　B. 加权算术平均法

C. 加权调和平均法　　　　　　　　D. 几何平均法

5. 已知某局 12 个企业的职工人数和工资总额,计算该局职工的平均工资时应采用( ).

A. 简单算术平均法　　　　　　　　B. 加权算术平均法

C. 加权调和平均法　　　　　　　　D. 几何平均法

三、多项选择题

1. 加权算术平均数的大小( ).

A. 受各组变量值大小的影响　　　　B. 受各组次数多少的影响

C. 随 X 的增大而增大　　　　　　　D. 随 X 的减少而减少

E. 与次数多少成反比关系

2. 下列指标中属于平均指标的有( ).

A. 全员劳动生产率　　　B. 工人劳动生产率　　　C. 人均国民收入

D. 平均工资　　　　　　E. 居民家庭收入的中位数

3. 易受极端值影响的平均指标有( ).

A. 算术平均数　　　　　B. 调和平均数　　　　　C. 几何平均数

D. 中位数　　　　　　　E. 众数

四、实践技能训练

1. 某市场有四种规格的苹果,每斤价格分别为 2.40 元、3.80 元、4.80 元和 5.50 元.试计算:

①四种苹果各买一斤,平均每斤多少元?

②四种苹果各买一元,平均每斤多少元?

课件:总体分
布集中趋势
分析

2. 以下是一组儿童首次牙科检查的年龄的样本,求:①对这些儿童首次牙科检查年龄的均值.②中位数年龄.③标准差.

首次牙科检查的年龄 x	1	2	3	4	5
儿童的人数 f	9	11	23	16	21

任务三　总体分布离散趋势分析

学习目标

- 能复述变异指标的概念及其种类
- 能写出全距、平均差、标准差、离散系数以及成数的标准差的计算公式
- 能运用变异指标对社会经济现象进行分析
- 能运用 Excel 计算指标并对社会经济现象进行对比分析

任务描述与分析

1. 任务描述

某流域有 3 个水文站,各水文站均测有 7 次流量(单位:立方米/秒),数据如下:

甲站:100、110、120、130、140、150、160

乙站:110、115、120、130、140、145、150

丙站:115、120、125、130、135、140、145

要求:分别求出甲、乙、丙水文站的所测数据的平均流量.

问题:各站的流量数据不尽相同,哪个站流量数据的差异程度最小,最具有代表性呢?

2. 任务分析

要反映各水文站流量数据的差异程度,就需要找出一个指标来衡量:

①有哪几种变异指标?

②这些变异指标是如何计算的?

③Excel 中如何计算标准差?

知识链接

一、标志变异指标的概念

标志变异指标是用来说明总体各单位的标志值之间差异程度的综合指标,也称为标志变动度.

微课:变异指标

平均指标是将总体各单位某一数量标志值的差异抽象化,只反映总体的一般水平和共性,反映的是总体的集中趋势,同时,也掩盖了总体各单位的数量差异,不能全面描述总体分布的特征.标志变异度指标弥补了这个不足,反映了总体各单位的标志值之间的差异性,也从另一方面说明了总体分布的特征,反映的是总体分布的离中趋势.因此,两者

紧密联系,分别从不同角度分析现象的特征.

平均指标与标志变异指标的区别主要是:

①前者是抽象变量值之间的差异而成的结果,后者则是反映变量之间差异而成的结果.

②前者反映了总体分布的集中趋势,后者反映了总体分布的离中趋势.

二、标志变异指标的计算

(一)平均差的概念和特点

平均差是指各标志值与其算术平均数离差的绝对值的算术平均数.常用 A.D 表示.其计量单位与标志值的计量单位相同.

由于各个标志值对算术平均数的离差有正有负,其和为零.因此,需采用离差的绝对值来计算.平均差仅反映总体各单位的标志值对其平均数的平均离差量.平均差越大,表明标志变异程度越大;反之,则表明标志变异程度越小.用公式表示为:

①对未分组资料,采用简单算术平均式:

$$A.D = \frac{\sum |x - \bar{x}|}{n}$$

②对分组资料,采用加权算术平均式:

$$A.D = \frac{\sum |x - \bar{x}| \cdot f}{\sum f}$$

【案例 6.3.1】　根据某地区测得 50 个月的降雨量资料(表 6.3.1),计算其平均差.

表 6.3.1　平均差计算举例

按降雨量分组/毫米	次数 f/月	组中值 x	xf	$|x-\bar{x}|$	$|x-\bar{x}|f$
20 ~ 30	5	25	125	19	95
30 ~ 40	10	35	350	9	90
40 ~ 50	20	45	900	1	20
50 ~ 60	15	55	825	11	165
合计	50	—	2 200	—	370

解析:根据表 6.3.1 计算:

计算 50 个月的月平均降雨量:

$$\bar{x} = \frac{\sum xf}{\sum f} = \frac{2\ 200}{50} = 44(\text{毫米})$$

降雨量的平均标准差:

$$A.D = \frac{\sum |x - \bar{x}| \cdot f}{\sum f} = \frac{370}{50} = 7.4(\text{毫米})$$

平均差综合了总体各单位的数量差异,因此,能全面地反映总体分布的变异程度.但是,它采用绝对值的方式来消除离差的正负号,不便于代数运算,在数学处理上也不够严密.

（二）标准差的概念、特点及计算

1. 标准差的概念

所谓标准差（σ）就是总体各单位的标志值与其算术平均数离差平方的算术平均数的平方根，故又称为均方根差（简称均方差）. 标准差的平方称为方差. 标准差的意义与平均差相同，它也是各个标志值对其算术平均数的平均离差. 但在数学处理上与平均差有所不同，它是采用平方的方法来消除离差的正负号的. 因此，它比平均差更能准确地反映变量数列之间的离中程度，是统计中最常用的标志变异度指标.

2. 标准差的计算步骤和方法

根据标准差的定义，标准差的计算步骤如下：

第一，求总体各标志值的算术平均数.

第二，求总体各标志值与其算术平均数的离差.

第三，求离差的平方.

第四，求各项离差平方的算术平均数.

第五，对离差平方的算术平均数开平方.

根据所掌握的资料不同，标准差的计算可分为简单平均法与加权平均法两种.

（1）简单平均法

在资料未分组的情况下：

$$\sigma = \sqrt{\frac{\sum (x - \bar{x})^2}{n}}$$

（2）加权平均法

在资料分组的情况下：

$$\sigma = \sqrt{\frac{\sum (x - \bar{x})^2 f}{\sum f}}$$

【**案例** 6.3.2】 以表 6.3.2 资料计算标准差.

表 6.3.2 标准差计算举例

按降雨量分组/毫米	月数 f	组中值 x	$(x-\bar{x})$	$(x-\bar{x})^2$	$(x-\bar{x})^2 f$
20~30	5	25	-19	361	1 805
30~40	10	35	-9	81	810
40~50	20	45	1	1	20
50~60	15	55	11	121	1 815
合计	50	—	—	—	4 450

注：$\bar{x}=44$ mm.

根据表 6.3.2 资料计算得：

$$\sigma = \sqrt{\frac{\sum (x - \bar{x})^2 f}{\sum f}} = \sqrt{\frac{4\ 450}{50}} = 9.43（毫米）$$

计算结果表明，标准差越大，标志变动程度越大；标准差越小，标志变动程度越小.

（三）变异系数的意义和计算

以上所介绍的变异度指标,都是有计量单位的名数.它们是从绝对量上反映数列的变异程度,其数值的大小除了受总体内部标志值的差异程度影响外,还受标志本身水平高低的影响,若直接用上面指标比较不同水平数列的变异程度显然不合适,因而需要消除平均水平高低的影响,消除的办法就是用标准差指标与其自身的算术平均数对比,计算标准差系数(V_σ),也称变异系数.这是实际工作中最常用的一个统计指标.现仅以标准差为例,介绍变异系数的计算.其计算公式为:

$$V_\sigma = \frac{\sigma}{\bar{x}} \times 100\%$$

【案例 6.3.3】 有两个工厂工人劳动生产率资料见表 6.3.3,试确定哪一个工厂的劳动生产率更有代表性.

表 6.3.3 标准差系数比较表

厂名	工人平均劳动生产率	标准差 σ	标准差系数 V_σ
甲厂	16 000	600	3.75
乙厂	8 000	400	5

要比较哪一个工厂的劳动生产率更具有代表性,直接用标准差对比不合理,因为两个工厂劳动生产率水平相差悬殊,需要进一步计算标准差系数.

$$V_\sigma = \frac{\sigma}{\bar{x}} \times 100\% = \frac{600}{16\ 000} \times 100\% = 3.75\%$$

$$V_\sigma = \frac{\sigma}{\bar{x}} \times 100\% = \frac{400}{8\ 000} \times 100\% = 5\%$$

甲厂的标准差系数小于乙厂,说明甲厂的劳动生产率更有代表性.

三、Excel 在总体分布离散趋势分析中的应用

【案例 6.3.4】 某企业工人日产量见表 6.3.4,求日产量的平均差.

表 6.3.4 某企业工人日产量的平均差计算表

按日产量分组/件	工人数 f/人	组中值 x	各组日产量 xf/件	$(x-\bar{x})$	$\lvert x-\bar{x} \rvert f$
60 以下	10	55	550	−27.62	276.20
60~70	19	65	1 235	−17.62	334.78
70~80	50	75	3 750	−7.62	381.00
80~90	36	85	3 060	2.38	85.68
90~100	27	95	2 565	12.38	334.26
100~110	14	105	1 470	22.38	313.32
110 以上	8	115	920	32.38	259.04
合计	164	—	13 550	—	1 650.02

用 Excel 进行加权算术平均式平均差的计算:

①先求出每名工人平均日产零件数 82.62.

②选择单元格 E2,在其中输入" =B2-82.62",回车得第 1 组离差.

③依次选择单元格 E3 至 E8,重复步骤②;或把光标移至 E2 单元格右下角,当光标变为黑十字星时,按住鼠标右键并拖到 E8 区域松开,得各组离差.

④选择单元格 F2 区域,将 E2 取绝对值后乘 B2,得加权绝对离差.

⑤依次选择单元格 F3 至 F8,重复步骤④;或把光标移至 F2 单元格右下角,当光标变为黑十字星时,按住鼠标右键并拖到 F8 区域松开,得各组加权离差.

⑥选择单元格 F2 至 F8 区域,单击自动求和图标"$\sum$"按钮,得各加权绝对值离差的总和 1 650.02.

⑦在单元格 A11 中输入"平均差="字样;选择单元格 F11 区域,在其中输入" =F9/B9",回车得加权平均差,如图 6.3.1 所示.

	A	B	C	D	E	F
1	按日产量分组 / 件	工人数 f / 人	组中值X	各组日产量 xf / 件	$x-\bar{x}$	$|x-\bar{x}|f$
2	60以下	10	55	550	-27.62	276.2
3	60-70	19	65	1235	-17.62	334.78
4	70-80	50	75	3750	-7.62	381
5	80-90	36	85	3060	2.38	85.68
6	90-100	27	95	2565	12.38	334.26
7	100-110	14	105	1470	22.38	313.32
8	110以上	8	115	920	32.38	259.04
9	合计	164	—	13550	—	1650.02
10						
11	平均差=					10.0611
12						

图 6.3.1　加权算术平均式平均差的计算

【案例 6.3.5】某企业工人日产量情况如表 6.3.5 所示,求标准差.

表 6.3.5　某企业工人日产量的加权标准差计算表

按日产量分组/件	工人数 f/人	组中值 x	$x-\bar{x}$	$(x-\bar{x})^2 f$
60 以下	10	55	-27.62	7 628.644 0
60 ~ 70	19	65	-17.62	5 898.823 6
70 ~ 80	50	75	-7.62	2 903.220 0
80 ~ 90	36	85	2.38	203.918 4
90 ~ 100	27	95	12.38	4 138.138 8
100 ~ 110	14	105	22.38	7 012.101 6
110 以上	8	115	32.38	8 387.715 2
合计	164	—	—	36 172.561 6

用 Excel 进行加权平均式标准差的计算.

①先求出每名工人平均日产零件数 82.62.

②选择单元格 D2,在其中输入" =C2-82.62",回车得第一组离差.

③依次选择单元格 D3 至 D8,重复步骤②;或把光标移至 D2 单元格右下角,当光标变为

黑十字星时,按住鼠标右键并拖到 D8 区域松开,得各组离差.

④选择单元格 E2,输入"=D2*D2*B2",回车后得加权绝对离差平方.

⑤依次选择单元格 E3 至 E8,重复步骤④;或把光标移至 E2 单元格右下角,当光标变为黑十字星时,按住鼠标右键并拖到 E8 区域松开,得各组加权绝对离差平方.

⑥选择单元格 E2 至 E8 区域,单击自动求和图标"$\sum$"按钮,得各加权绝对值离差平方的总和 36 172.561 6.

⑦在单元格 A11 中输入"标准差="字样;选择单元格 E11,在其中输入"=E9/B9",回车得加权平均式标准差,如图 6.3.2 所示.

	A	B	C	D	E
1	按日产量分组/件	工人数/人 f	组中值 x	$x-\bar{x}$	$(x-\bar{x})^2 f$
2	60以下	10	55	-27.62	7628.644
3	60-70	19	65	-17.62	5898.8236
4	70-80	50	75	-7.62	2903.22
5	80-90	36	85	2.38	203.9184
6	90-100	27	95	12.38	4138.1388
7	100-110	14	105	22.38	7012.1016
8	110以上	8	115	32.38	8387.7152
9	合计	164			36172.5616
10					
11	标准差=				14.8514107
12					

图 6.3.2　加权平均式标准差的计算

任务实施

现在我们来思考一下某流域有三个水文站,各水文站均测有 7 次流量(单位:立方米/秒),数据如下:

甲站:100、110、120、130、140、150、160

乙站:110、115、120、130、140、145、150

丙站:115、120、125、130、135、140、145

要求:分别用 Excel 求出甲、乙、丙水文站的所测数据的平均值、平均差、标准差、变异系数.

拓展延伸

六大领域构建生态省建设指标体系　湖北力争 2025 年基本建成生态省

"锚定 2025 年基本建成生态省的目标,国家生态文明建设示范区数量将达到 30 个."在 5 月 22 日召开的省委"喜迎党代会　荆楚谱新篇"系列发布会第五场上,省生态环境厅党组书记何开文介绍了湖北建设生态省的举措和展望.

据悉,目前,湖北生态文明示范创建保持全国第一方阵.截至 2021 年底,全省成功创建 5 个"绿水青山就是金山银山"实践创新基地,累计命名国家生态文明建设示范市 2 个、国家生态文明建设示范县 17 个、省级生态文明建设示范县 51 个、省级生态乡镇 727 个、省级生态村

5 749 个.

"湖北省国家生态文明建设示范市县和'绿水青山就是金山银山'实践创新基地数量位居全国第一方阵,但仍存在比较优势不足,引领示范作用不够的问题,需要扩面提质."何开文介绍,下一步,湖北将推进"五级联创"提档升级,进一步擦亮"生态文明建设示范区"品牌,巩固提升示范创建成果.

湖北将推动实现省、市、县、乡、村"五级联创"全覆盖,确保在 2025 年底前,国家生态文明建设示范区数量达到 30 个,有更多的市县进入国家"绿水青山就是金山银山"实践创新基地行列,为生态省建设提供坚实的基础支撑.

为提升创建的示范效应,湖北将以切实解决突出问题和补齐短板为出发点,积极探索形成具有示范价值的先进模式和典型经验,增强比较优势,打造特色鲜明的"湖北样板",全方位提升创建水平.

以"五级联创"为抓手,湖北将把生态示范创建与推进碳达峰碳中和、深入打好污染防治攻坚战、实施长江大保护等重要战略任务结合起来,协调推动生态环境高水平保护和经济社会高质量发展,力争 2025 年基本建成生态省.

据悉,此次纲要修编以习近平生态文明思想为指导,贯彻落实新时代湖北推动高质量发展、加快建成中部地区崛起重要战略支点的总体要求,围绕"建成支点、走在前列、谱写新篇"这条主线,提出"基本建成生态制度健全、空间格局合理、经济生态高效、城乡环境宜居、绿色生活普及、生态文化先进的生态强省,力争到 2025 年基本达到生态省建设要求,并向生态环境部申报终期验收"的总体目标,从空间格局合理、经济生态高效、城乡环境宜居、资源节约利用、绿色生活普及、生态制度健全六大领域构建湖北生态省建设指标体系,共设置 34 项指标.

此外,提出了下一阶段湖北生态省建设八项任务:完善生态文明制度,推进环境治理体系现代化;优化国土空间格局,推动区域协调发展;构建生态经济体系,全面推进碳达峰;加强生态保护与修复,提升生态系统质量和稳定性;统筹"三水共治",彰显"千湖之省"水活力;强化环境治理与风险防范,增强生态安全保障能力;统筹推进融合发展,改善城乡人居环境;推行绿色生活,弘扬生态文化.

能力训练

一、判断题
1. 同一总体的时期指标数值大小与时期长短成正比.　　　　　　　　　　　(　　)
2. 同一时点上的同类现象的时点指标数值可以相加.　　　　　　　　　　　(　　)
3. 相对指标的数值在表现形式上只有无名数.　　　　　　　　　　　　　　(　　)
4. 标志变异指标越大,说明平均数的代数性越大.　　　　　　　　　　　　(　　)
5. 众数既不受数列中极端值的影响,也不受数列中开口组的影响.　　　　　(　　)
二、填空题
1. 某班级中男生人数所占比重是 66.7%,则男生和女生的比例关系是_____.
2. 在频数分布图中,_____表示为曲线的最高点所对应的变量值.
3. 算术平均数、调和平均数、几何平均数又称为_____平均数,众数、中位数又称为_____平均数,其中_____平均数不受极端变量值得影响.

4.调和平均数是根据_____来计算的,所以又称为_____平均数.

5.加权算术平均数是以_____为权数,加权调和平均数是以_____为权数.

6.对于未分组资料,如总体单位数是偶数,则中间位置的两个标志值的算术平均数就是_____.

三、选择题

1.在商品销售额、商品库存量、固定资产投资额、居民储蓄额指标中,属于时点指标的有(　　).

A.1 个　　　　　　B.2 个　　　　　　C.3 个　　　　　　D.4 个

2.将全国粮食产量与人口数比较,属于(　　).

A.算术平均数　　　B.强度相对数　　　C.比较相对数　　　D.动态相对数

3.众数是数列中(　　).

A.最大的变量值　　　　　　　　　　B.最多的次数

C.出现次数最多的变量值　　　　　　D.不是一种平均数

4.中位数的计算公式(　　).

A. $L + \dfrac{\sum f - S_{m-1}}{f_m} i$　B. $L + \dfrac{\dfrac{\sum f}{2} - S_{m+1}}{f_m} i$　C. $L + \dfrac{\dfrac{\sum f}{2} - S_{m-1}}{f_m} i$　D. $L + \dfrac{\dfrac{\sum f}{2} - S_{m+1}}{\sum f} i$

5.几何平均数的计算公式为(　　).

A. $\sqrt{x_1 \cdot x_2 \cdot \cdots \cdot x_n}$

B. $\sqrt[\sum f]{x_1^{f_1} + x_2^{f_2} + \cdots + x_n^{f_n}}$

C. $\sqrt[\sum f]{x_1^{f_1} \cdot x_2^{f_2} \cdot \cdots \cdot x_n^{f_n}}$

D. $\sqrt[n]{x_1^{f_1} \cdot x_2^{f_2} \cdot \cdots \cdot x_n^{f_n}}$

四、简答题

1.试述平均指标的意义、种类及其计算方法.使用平均数时应遵守哪些原则?

2.什么是变异系数?有哪些种类?如何计算?

五、实践技能训练

1.某工厂生产一批零件共 10 万件,为了解这批产品的质量,采取不重复抽样的方法抽取 1 000 件进行检查,其结果见表 6.3.6.

表 6.3.6　某工厂抽样检测结果

使用寿命/小时	零件数/件
700 以下	10
700 ~ 800	60
800 ~ 900	230
900 ~ 1 000	450
1 000 ~ 1 200	190
1 200 以上	60
合计	1 000

试计算这批零件的:

①平均使用寿命、中位数、众数.

②计算平均差、标准差、变异系数.

2. 某大学某学期某年级的学生选课学时数见表6.3.7,试求:

①画出此数据的柱形图.

②集中趋势的如下度量:众数、中位数、均值.

③离散趋势的三种度量(平均差、标准差、方差).

表 6.3.7　某大学某学期某年级的学生选课学时数

学时数	9	10	11	12	13	14	15	16	17	18	19	20
频数	68	90	130	150	170	300	400	850	650	510	230	120

3. 某班50位同学的统计学期中考试成绩如下:97、76、42、67、62、96、66、68、76、51、78、64、56、70、82、84、97、47、77、81、96、83、70、87、76、77、84、57、63、59、76、70、90、80、86、75、73、88、50、90、59、56、76、65、83、71、41、61、57、76,试计算这50位同学成绩相关的平均指标和变异指标.

课件:总体分布离散趋势分析

模块七
统计资料分析方法

    2020年1月1日,农业农村部发布通告,从今年起在长江干流和重要支流除水生生物自然保护区和水产种植资源保护区以外的天然水域实施长江十年禁渔计划.在过去几十年快速、粗放的经济发展模式下,长江生物完整性指数已经到了最差的"无鱼"等级.所以实现禁捕,让长江休养生息迫在眉睫.如何评价长江十年禁渔令?对长江生态保护有哪些意义?

    长江是世界上水生生物多样性最为丰富的河流之一,滔滔江水哺育着424种鱼类,特有鱼类就有183种.保护好长江的生物多样性,事关国家的生态安全与长远发展.在20世纪五六十年代坐长江轮时,随处可见江豚,它们"衣食无忧",吃得胖乎乎的.

    在过去几十年快速、粗放的经济发展模式下,长江付出了沉重的环境代价.如今"四大家鱼"(青鱼、草鱼、鲢鱼、鳙鱼)资源量已大幅萎缩,种苗发生量与20世纪50年代相比下降了90%以上,产卵量从最高1 200亿尾降至最低不足10亿尾.除此之外,2006年白鱀豚被宣布功能性灭绝,2017年长江江豚数量降至1 000头左右.长江鱼是四大家鱼的基因库,如果不保护好鱼类基因库,将来我们就真的会面临无鱼可吃的局面.

    同学们,你们知道这则新闻中的数据是怎样调查得来的吗?

任务一　时间数列分析

学习目标

- 能解释时间数列的含义、种类和编制原则
- 能辨别各种动态分析指标的概念和计算方法
- 能应用动态分析指标对现象进行发展趋势预测
- 能操作 Excel 软件进行动态分析和预测

任务描述与分析

1. 任务描述

中国水资源总量居世界第六位,但人均占有年径流量 2 670 立方米,相当于世界平均数的 1/4. 中国的淡水资源总量为 28 000 亿立方米,占全球水资源的 6%,但人均水资源量只有 2 300 立方米,是全球人均水资源最贫乏的国家之一. 所以节约用水,高效用水势在必行. 通过观察中国 2011—2020 年全国水资源总量等数据资料(表7.1.1),你如何对这些数据进行概括和分析呢?

表 7.1.1　全国 2011—2020 年用水资料

年份	全国水资源总量 /亿立方米	全国用水总量 /亿立方米	年末总人口 /万人	人均综合用水量 /立方米
2011	23 256.7	6 107.2	134 916	454
2012	29 528.8	6 131.2	135 922	454
2013	27 957.9	6 183.4	136 726	456
2014	27 266.9	6 095.0	137 646	447
2015	27 962.6	6 103.2	138 326	445
2016	32 466.4	6 040.2	139 232	438
2017	28 761.2	6 043.4	140 011	412
2018	27 452.5	6 015.5	140 541	432
2019	29 041.0	6 021.2	141 008	431
2020	31 605.2	5 812.9	141 178	412

资料来源:《中国水利统计年鉴》.

2. 任务分析

很多事物在较长的时间跨度中会呈现出一定的发展规律,用动态的眼光来分析和研究社

会经济现象的发展过程,以期从中发现现象的发展规律或者趋势,是一种很重要的统计分析方法.这种动态分析既用于概括较长时期以来事物的发展状况,同时也是重要的预测分析方法.

①在对历史发展状况进行概括时,你需要从以下方面进行描述:

● 总体在一定时期里指标的发展状况是怎样的,是否存在一定的发展轨迹?

● 如果存在一定的发展轨迹,那么是否可以用统计的方法对其进行定量分析?

● 对于其发展变化的规模和速度能够用哪些恰当的指标进行概括?

②在对总体的历史动态规律进行了分析认识的基础上,我们需要进一步考虑以下几个方面:

● 既然总体在过去的较长时期里中呈现出一定的发展规律,我们是否可以利用这种规律进行预测?

● 我们在进行动态预测时可以采用哪些方法?

知识链接

─────────────────────────────

一、时间数列的意义和种类

(一)时间数列的概念和作用

1.时间数列的概念

微课:时间数列的概念

统计中的动态是指社会经济现象在时间上的发展和运动的过程.根据历史资料,应用统计方法来研究社会经济现象数量方面的变化发展过程,认识它的发展规律并预见它的发展趋势,就是动态分析的方法.要进行动态分析,首先要编制动态数列,动态数列指社会经济现象在不同时间上的系列指标值按时间先后顺序排列后形成的数列,又称时间数列.表 7.1.1 表现的是中国 2011—2020 年全国用水量等数据资料的动态数列.从表中可以看出,时间数列在形式上由两部分构成:一是统计资料所属的时间,排列的时间可以是年份、季度、月份或其他任何时间形式;二是在不同时间上对应的指标数值.

2.时间数列分析的作用

①通过时间数列各个时间上指标数值的比较,可以反映现象数量随时间变化的状况和发展程度.

②在编制时间数列的基础上,可以计算分析指标,进一步反映现象发展的绝对水平和相对水平.

③可根据时间数列建立经济计量模型,对现象进行趋势分析和预测.

总之,时间数列的编制和分析,可以描述过去、认识规律和预测未来.

(二)时间数列的种类

根据统计指标表现形式的不同,时间数列可以分为绝对数时间数列、相对数时间数列和平均数时间数列,如图 7.1.1 所示.

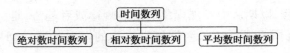

图 7.1.1　时间数列的种类

1. 绝对数时间数列

总量指标的表现形式是绝对数,所以总量指标在有些地方称为绝对指标.总量指标根据所反映时间状况的不同,分为时期指标和时点指标,故绝对数时间数列可以细分为时期数列和时点数列.

（1）时期数列

在绝对数时间数列中,如果各项指标都是反映某种现象在一段时期内发展过程的总量,即时期指标,这种绝对数时间数列就称为时期数列.例如,某企业 2015—2020 年的利润总额排列形成的时间数列即为时期数列.在时期数列中,每一个指标数值所属的时间长度称为时期.每一个指标数值的大小和时期长短密切相关,故要保证时间数列各期指标数值的可比性,同一个时期数列要求时期长短相等.

（2）时点数列

在绝对数时间数列中,如果各项指标都是反映某种现象在某一时刻上的总量,即时点指标,这种绝对数时间数列就称为时点数列.例如,某企业 1—6 月月末库存额排列形成的时间数列即为时点数列.在时点数列中,相邻两个时点的时间间隔称为时点间隔.每一个指标数值反映现象在某一个时刻上的总量,故指标数值的大小与时点间隔无关,时点数列不要求时点间隔相等.

2. 相对数时间数列

相对数时间数列是指某一个相对指标各个时间上的指标数值按时间先后排列形成的时间数列.例如,将我们国家历年的婴儿出生率按时间先后排列形成的时间数列就是一个相对数时间数列.相对数是对比得到的,由于对比基数不同,故相对数时间数列各指标数值直接相加无意义.

3. 平均数时间数列

平均数时间数列是指某一个平均指标各个时间上的指标数值按时间先后排列形成的时间数列.例如,将河南省历年的职工平均工资排列形成的时间数列即为一个平均数时间数列.

用相对数时间数列,平均数时间数列各指标数值直接相加无经济意义.

（三）时间数列的编制原则

编制时间数列的目的是通过比较各个时间上指标数值的大小,来反映社会经济现象在时间上的发展变化过程及其规律性.因此,保证时间数列各指标数值的可比性是编制时间数列遵循的基本原则.可比性具体体现在以下几个方面.

1. 时间上的可比性

指标数值所属的时间是时间数列的一个构成要素.时期数列中每一个指标数值反映的现象在一段时期内累计的总量,指标数值的大小与时期长短密切相关,时期越长,指标数值越大,反之则越小.要保证可比性,时期数列的时期长短要一致,同为月度、季度、或年度资料.时点数列中每一个指标数值反映的是现象在某个瞬间点上的总量,指标数值的大小与时点间隔长短没有直接关系.从理论上来讲,时点数列的时点间隔可以不相同,但在实践的过程中,时点间隔应力求一致.

2.总体范围一致

时间数列中各个指标数值所属的总体范围应当一致.当所要研究的对象范围发生变化时,要根据现在的总体范围对历史数据进行调整之后再比较.

3.指标的经济内容一致

社会经济条件的变化,会导致同一个指标的经济内涵发生变化.例如,国民经济的两个核算体系:MPS 和 SNA.MPS 与高度集中的计划经济体制相适应,SNA 与市场经济条件下的国家宏观管理要求相适应,这两种核算体系在核算范围、核算内容和核算方法上存在差异.中华人民共和国成立后,实行的是 MPS 的核算体系,从 1992 年起实行新的核算体系《中国国民经济核算体系》.对于同一个国民经济总量指标,在不同的核算体系下,内涵是不一致的.

4.指标的计算方法、单位和价格一致

同一个时间数列,每一个指标数值的计算方法、计量单位、计算价格要保持一致.例如,GDP 有三种计算方法:生产法、收入法和支出法,计算价格一般有两种:现行价格和不变价格.在编制 GDP 时间数列时,要注意采用同一计算方法、计量单位和计算价格.

二、时间数列的水平指标分析

微课:时间数列的水平指标分析与速度指标分析

为了研究社会经济现象的发展水平和速度,在编制时间数列的基础上,必须进一步做动态分析.动态分析包括分析现象发展的水平和分析现象发展的速度.水平分析是速度分析的基础,速度分析是水平分析的深入和继续.时间数列的分析指标分类如图 7.1.2 所示.

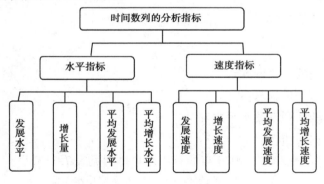

图 7.1.2　时间数列的分析指标分类

(一)发展水平

时间数列中,每一个时间上对应的指标数值称为发展水平.它反映社会经济现象在某一时间上达到的数量.

根据所处位置的不同,发展水平分为最初水平、中间水平和最末水平.时间数列的首项称为最初水平;尾项称为最末水平;其余中间的发展水平称为中间水平.例如,对于给定的时间数列表 7.1.2:$a_0,a_1,a_2,a_3,\cdots,a_n$,$a_0$ 为最初水平,$a_1,a_2,a_3,\cdots,a_{n-1}$ 为中间水平,a_n 为最末水平.根据研究目的的不同,发展水平又可分为报告期水平和基期水平.所要研究的那个时间的发展水平为报告期水平,又可称为计算期水平;选出来作为对比基准的那个时间的发展水平为基期水平,基期水平为报告期前一期或某一固定时期的水平.

表 7.1.2 中国 2011—2020 年全国用水总量

年份	2011	2012	2013	2014	2015	2016	2017	2018	2019	2020
全国用水总量 /亿立方米	6 107.2	6 131.2	6 183.4	6 095.0	6 103.2	6 040.2	6 043.4	6 015.5	6 021.2	5 812.9
表示字母	a_0	a_1	a_2	a_3	a_4	a_5	a_6	a_7	a_8	a_9

(二)平均发展水平

时间数列中,各个时间的发展水平在数量上存在着差异,对不同时间上的发展水平求平均,计算得到的平均数就是平均发展水平,又称为序时平均数或动态平均数.我们在前面章节讲到的平均数为了和平均发展水平相区别,称为一般平均数或静态平均数.两者都是平均数,都可以反映现象的一般水平.但静态平均数反映现象总体各单位在某个数量标志上的一般水平,其数量属于同一时间;而动态平均数反映的是现象总体某个指标在不同时间上的一般水平,是根据时间数列计算的.下面分别介绍每种时间数列平均发展水平的计算.

1. 由绝对数时间数列计算的平均发展水平

绝对数时间数列分为时期数列和时点数列,这两类时间数列具有不同的特点,故计算平均发展水平的方法也不尽相同.

(1)由时期数列计算的平均发展水平

在同一时期数列中,每一个指标数值均反映现象在一定时期内的累积总量,各期指标数值直接相加有意义,反映现象在更长时期内的累积总量.由时期数列计算平均发展水平可采用简单算术平均法,计算公式为:

$$\bar{a} = \frac{\sum a_i}{n}$$

式中 $\bar{a}$——时期数列的平均发展水平;

a_i——第 i 个时期的发展水平;

$\sum a_i$——时期数列发展水平之和;

n——时期数列的项数.

【案例 7.1.1】 全国 2011—2020 年的总用水量排列见表 7.1.3.

表 7.1.3 全国 2011—2020 年全国用水总量

年份	2011	2012	2013	2014	2015	2016	2017	2018	2019	2020
全国用水总量 /亿立方米	6 107.2	6 131.2	6 183.4	6 095.0	6 103.2	6 040.2	6 043.4	6 015.5	6 021.2	5 812.9

求年平均用水总量.

解析:该数列是一个时期数列,所以:

$$\bar{a} = \frac{\sum a_i}{n} = \frac{6\ 107.2 + 6\ 131.2 + 6\ 183.4 + 6\ 095.0 + \cdots + 5\ 812.9}{10}$$

$$= 6\ 055.3(亿立方米)$$

（2）由时点数列计算的平均发展水平

对于不同的数据资料,时点数列平均发展水平的计算方法也不相同. 在经济统计中,将"天"作为最小的统计单位. 如果给的资料是每天的资料,则认为数据的统计是连续的,所形成的时间数列称为连续时点数列;如果不是给定每天的资料,数据资料是间隔一段时间统计一次,则形成的时间数列称为间断时点数列.

1)由连续时点数列计算平均发展水平

掌握的是每天的数据资料,其平均发展水平的计算方法与时期数列相同,均采用简单算术平均法,计算公式为:

$$\bar{a} = \frac{\sum a_i}{n}$$

式中　$\bar{a}$——时点数列的平均发展水平;

a_i——第 i 天的发展水平;

n——天数.

【例 7.1.1】　某班一周内每天的出勤人数资料见表 7.1.4.

表 7.1.4　某班一周内每天的出勤人数资料

日期	星期一	星期二	星期三	星期四	星期五
出勤人数/人	55	56	53	57	54

求这周平均出勤人数.

解:

$$\bar{a} = \frac{\sum a_i}{n} = \frac{55 + 56 + 53 + 57 + 54}{5} = 55(人)$$

很多时候,社会经济现象的数量变动不大. 在日常统计时,只有数量发生变动时,才记录一次. 此时,计算平均发展水平,以数据持续的天数作为权数,采用加权平均法,计算公式为:

$$\bar{a} = \frac{\sum a_i f_i}{\sum f_i}$$

式中　a_i——每次变动的时点水平;

f_i——各时点水平持续的天数.

【例 7.1.2】　某企业 4 月份的出勤人数资料见表 7.1.5.

表 7.1.5　某企业 4 月份的出勤人数资料

日期/日	1—10	11—18	19—30
出勤人数/人	240	258	310

求该企业 4 月份的平均出勤人数.

解:$\bar{a} = \dfrac{\sum a_i f_i}{\sum f_i} = \dfrac{240 \times 10 + 258 \times 8 + 310 \times 12}{30} = 273(人)$

2）由间断时点数列计算平均发展水平

间断时点数列不是给定每天的数据资料，而是间隔一定时间记录一次. 在日常统计时，有些时间间隔相等，有些间隔不等，所以间断时点数列平均发展水平的计算分为以下两种情况.

①间隔相等的间断时点数列：对于间隔相等的间断时点数列，平均发展水平的计算采用简单算术平均法. 相邻两个时点之间平均数的计算，一般通用的计算方法为：（期初水平+期末水平）/2.

根据这种方法算得的平均数能否很好地代表相邻两个时点间的一般水平，关键取决于现象的变动是否为均匀的. 如果是，则代表性好，如果变动不均匀，则代表性差. 对于间隔相等的间断时点数列，计算平均发展水平的基本思路是：先求得相邻两个时点间的平均数，在此基础上再求一次平均数得到整个研究期的平均水平. 计算公式为：

$$\bar{a} = \frac{\frac{a_1+a_2}{2}+\frac{a_2+a_3}{2}+\cdots+\frac{a_{n-1}+a_n}{2}}{n-1} = \frac{\frac{a_1}{2}+a_2+\cdots+a_{n-1}+\frac{a_n}{2}}{n-1}$$

从最终的计算公式可以看出，第一和最后一个数据各取一半，所以这种方法又称为"首尾折半法". 利用该方法求平均发展水平得到的是一个近似值，相邻两个时点间的间距越长，误差可能越大，反之越小. 所以，为了保证计算结果的准确性，时点数列的时点间隔不宜太长.

【例7.1.3】 某商业企业 2020 年第四季度某商品库存量资料见表 7.1.6.

表 7.1.6 某商业企业 2020 年第四季度某商品库存量资料

时间	9 月末	10 月末	11 月末	12 月末
库存量/台	128	134	102	142

求第四季度的平均库存量.

解：

$$\bar{a} = \frac{\frac{a_1}{2}+a_2+\cdots+a_{n-1}+\frac{a_n}{2}}{n-1} = \frac{\frac{128}{2}+134+102+\frac{142}{2}}{4-1} = 123.67（台）$$

②间隔不等的间断时点数列：对于间隔不等的间断时点数列求平均发展水平，采用加权算术平均法. 计算思路是：先求得相邻两个时点间的平均数，再以时点间隔作为权数，对求得的平均数进行加权平均得到总的平均发展水平. 其计算公式为：

$$\bar{a} = \frac{\frac{a_1+a_2}{2}f_1+\frac{a_2+a_3}{2}f_2+\cdots+\frac{a_{n-1}+a_n}{2}f_{n-1}}{\sum_{i=1}^{n-1}f_i}$$

【例7.1.4】 我国 2008—2020 年部分年末人口数见表 7.1.7.

表 7.1.7 我国 2008—2020 年部分年末人口数资料

年份	2008	2010	2013	2017	2018	2020
年末人口/千万人	132.8	134.1	136.7	140.0	140.5	141.2

求 2008—2020 年间的平均人口数.

解:

$$\bar{a} = \cfrac{\dfrac{a_1 + a_2}{2}f_1 + \dfrac{a_2 + a_3}{2}f_2 + \cdots + \dfrac{a_{n-1} + a_n}{2}f_{n-1}}{\displaystyle\sum_{i=1}^{n-1} f_i}$$

$$= \cfrac{\dfrac{132.8+134.1}{2}\times2 + \dfrac{134.1+136.7}{2}\times3 + \dfrac{136.7+140.0}{2}\times4 + \dfrac{140.0+140.5}{2}\times1 + \dfrac{140.5+141.2}{2}\times2}{12}$$

$$= 137.37(千万)$$

2. 由相对数时间数列计算的平均发展水平

相对数时间数列包括 3 种情况:两个时期数列对比形成的时间数列、两个时点数列对比形成的时间数列、由时期数列和时点数列对比形成的时间数列. 相对数时间数列是绝对数时间数列的派生数列,由于在相对数时间数列中,每一个相对数的对比基础不同,故不能直接将不同时间上的相对数相加计算平均发展水平.计算时分别求出子项和母项数列的序时平均数,然后将它们对比求得相对数时间数列的平均发展水平.下面分别介绍 3 种情况下平均发展水平的计算方法.

(1)由两个时期数列对比而成的相对时间数列求序时平均数列

若构成相对数时间数列的分子数列和分母数列为时期数列,则分别用时期数列的公式计算其序时平均数.其计算公式为:

$$\bar{c} = \frac{\bar{a}}{\bar{b}} = \frac{\dfrac{\sum a}{n}}{\dfrac{\sum b}{n}} = \frac{\sum a}{\sum b}$$

【例 7.1.5】 某企业 2016—2020 年的部分财务指标资料见表 7.1.8.

表 7.1.8 某企业 2016—2020 年的部分财务指标资料

年份	2016	2017	2018	2019	2020
利润总额/万元	250	320	350	500	700
成本费用总额/万元	2 000	2 500	3 000	2 800	3 500
成本费用利润率/%	12.5	12.8	11.67	17.86	20

求平均成本费用利润率.

解: 利润总额、成本费用总额为时期指标,它们所形成时间数列为时期数列. 成本费用利润率是利润总额与成本费用总额的比值,是一个相对数,形成相对数时间数列.

$$平均利润总额 = \frac{250+320+350+500+700}{5} = 424(万元)$$

$$平均成本费用总额 = \frac{2\,000+2\,500+3\,000+2\,800+3\,500}{5} = 2\,760(万元)$$

$$平均成本费用利润率 = \frac{平均利润总额}{平均成本费用总额} = \frac{424}{2\ 760} \times 100\% = 15.36\%$$

（2）由两个时点数列对比而成的相对数时间数列求序时平均数

【例 7.1.6】 某企业 2020 年第一季度职工人数资料见表 7.1.9.

表 7.1.9 某企业 2020 年第一季度职工人数资料

时间	1 月 1 日	2 月 1 日	3 月 1 日	4 月 1 日
工人人数/人	342	355	358	364
职工人数/人	448	456	469	474
工人占职工比重/%	76.34	77.85	76.33	76.79

求该企业第一季度工人占职工的平均比重.

解：工人人数、职工人数为时点指标，形成时点数列. 工人占职工比重是工人人数与职工人数的比值，形成相对数时间数列. 由于工人人数、职工人数时点数列为间隔相等的间断时点数列，故平均发展水平计算采用"首尾折半法"，如下：

$$平均工人人数 = \frac{\frac{342}{2} + 355 + 358 + \frac{364}{2}}{4 - 1} = 356（人）$$

$$平均职工人数 = \frac{\frac{448}{2} + 456 + 469 + \frac{474}{2}}{4 - 1} = 462（人）$$

$$工人占职工的平均比重 = \frac{平均工人人数}{平均职工人数} \times 100\% = \frac{356}{462} \times 100\% = 77.1\%$$

（3）由时期数列和时点数列对比形成的相对数时间数列求序时平均数

【例 7.1.7】 某企业 2017—2020 年部分财务指标资料见表 7.1.10.

表 7.1.10 某企业 2017—2020 年部分财务指标资料

年份	2017	2018	2019	2020
净利润/万元	35	40	52	65
年末总资产/万元	280	320	350	420
总资产净利率/%	12.5	12.5	14.86	15.48

该企业 2016 年年末总资产为 230 万元，求 2017—2020 年年平均总资产净利率.

解：净利润形成的时间数列为时期数列，年末总资产形成的时间数列为时点数列，总资产净利率为净利润与总资产的比值，形成相对数时间数列.

$$平均净利润 = \frac{35 + 40 + 52 + 65}{4} = 48（万元）$$

$$平均总资产 = \frac{\frac{230}{2} + 280 + 320 + 350 + \frac{420}{2}}{5 - 1} = 318.75（万元）$$

$$平均总资产净利率 = \frac{平均净利润}{平均总资产} \times 100\% = \frac{48}{318.75} \times 100\% = 15.06\%$$

3. 由平均数时间数列计算的序时平均数

与相对数时间数列相同,平均数时间数列也是绝对数时间数列的派生数列.不同时间上的平均数直接相加无意义,其平均发展水平的计算也是分别求出子项和母项数列的序时平均数,然后将它们对比求得平均数时间数列的平均发展水平.

【例 7.1.8】 某企业第四季度的资料见表 7.1.11.

表 7.1.11 某企业第四季度的资料

时间	9 月	10 月	11 月	12 月
工资总额/万元	340	347	375	398
月末职工人数/人	448	456	469	474
平均工资/元	7 590	7 680	8 100	8 440

求该企业第四季度职工的月平均工资.

解:月平均工资总额 $= \dfrac{347+375+398}{3} = 373.3$(万元)

$$月平均职工人数 = \frac{\dfrac{448}{2}+456+469+\dfrac{474}{2}}{4-1} = 462(人)$$

$$月平均工资 = \frac{月平均工资总额}{月平均职工人数} = \frac{373.3 \times 10^4}{462} = 8\ 080(元)$$

(三)增长量和平均增长量

1. 增长量

增长量是指报告期水平与基期水平之差,可以取正值、零或负值.反映社会经济现象在一段时期内增加或减少的绝对数量,故增长量在有些地方又称为增减量.由于基期水平的不同,增长量可分为逐期增长量和累计增长量.

逐期增长量的计算:基期水平为前一期水平,反映现象逐期增加或减少的绝对数量,其计算式为:

$$a_1-a_0, a_2-a_1, a_3-a_2, \cdots, a_n-a_{n-1}$$

累计增长量的基期水平为某一固定时期的水平,反映现象在一段时期内累计增加或减少的绝对数量,其计算式为:

$$a_1-a_0, a_2-a_0, a_3-a_0, \cdots, a_n-a_0$$

累计增长量和逐期增长量在数量上存在着依存关系,各期逐期增长量之和为最后一期的累计增长量;相邻两个时期的累计增长量之差为相应时期的逐期增长量.

2. 平均增长量

平均增长量是各逐期增长量的序时平均数,用于反映现象在研究期内平均每期增加或减少的绝对数量.其计算公式为:

$$平均增长量 = \frac{逐期增长量之和}{逐期增长量的个数} = \frac{累计增长量}{时间序列的项数-1}$$

三、时间数列的速度指标分析

（一）发展速度

发展速度是表明社会现象发展方向和程度的动态分析指标. 它是根据报告期水平和基期水平对比而得到的动态相对数, 主要说明报告期水平已发展到（或增加到）基期水平的若干倍（或百分之几）. 其计算公式为：

$$发展速度 = \frac{报告期水平}{基期水平}$$

发展速度一般用百分数表示, 也用倍数表示. 若发展速度大于百分之百（或大于 1）则表示为上升速度；若发展速度小于百分之百（或小于 1）则表示为下降速度.

由于对比的基期不同, 可分为定基发展速度和环比发展速度.

1. 定基发展速度

定基发展速度是指报告期水平与某一固定时期水平（通常为最初水平）之比. 它说明报告期水平相当于某一固定时期的多少倍（或百分之几）, 表明这种社会现象在较长时期内总的发展速度. 因此, 有时也称为"总速度", 其计算公式为：

$$定基发展速度 = \frac{报告期水平}{固定基期水平}$$

用符号表示：$\frac{a_1}{a_0}, \frac{a_2}{a_0}, \frac{a_3}{a_0}, \cdots, \frac{a_n}{a_0}$.

2. 环比发展速度

环比发展速度是指报告期水平与其前一期水平之比. 它说明报告期水平相对于前一期水平来说已发展到多少倍（或百分之几）, 表明这种社会现象逐期发展的程度. 如果计算的单位时期为一年, 则这个指标也可称为"年速度". 其计算公式为：

$$环比发展速度 = \frac{报告期水平}{前一期水平}$$

用符号表示：$\frac{a_1}{a_0}, \frac{a_2}{a_1}, \frac{a_3}{a_2}, \cdots, \frac{a_n}{a_{n-1}}$.

3. 定基发展速度与环比发展速度的关系

虽然二者各自说明的问题不同, 但却存在着一定的数量关系.

第一, 定基发展速度等于相应时期内的各个环比发展速度的连乘积, 各环比发展速度的连乘积等于定基发展速度；第二, 相邻两个定基发展速度之比等于相应时期的环比发展速度.

（二）增长速度

增长速度是表明社会现象增长程度的动态相对指标, 它是根据增长量与其基期水平对比求得, 也可用发展速度减 1. 它表明报告期水平比基期水平增长（或降低）了百分之几或若干倍. 其计算公式为：

$$增长速度 = \frac{报告期增长量}{基期水平} = \frac{报告期水平 - 基期水平}{基期水平}$$

增长速度可正可负. 若发展速度大于 1, 则增长速度为正值, 表示这种现象增长的程度. 若发展速度小于 1, 则增长速度为负值, 表示这种现象降低的程度, 此时称为降低速度.

增长速度与发展速度相似,由于采用对比的基期不同,也分为定基增长速度和环比增长速度.

1. 定基增长速度

$$定基增长速度 = \frac{累积增长量}{某一固定基期水平} = \frac{报告期水平-某一固定基期水平}{某一固定基期水平}$$

用符号表示: $\frac{a_1}{a_0}-1, \frac{a_2}{a_0}-1, \frac{a_3}{a_0}-1, \cdots, \frac{a_n}{a_0}-1$.

2. 环比增长速度

环比增长速度是指报告期逐期增长量与前一期水平之比,它表明社会经济现象逐期的相对增长方向和程度.其计算公式为:

$$环比增长速度 = \frac{逐期增长量}{前一期水平} = \frac{报告期水平-前一期水平}{前一期水平}$$

用符号表示: $\frac{a_1}{a_0}-1, \frac{a_2}{a_1}-1, \frac{a_3}{a_2}-1, \cdots, \frac{a_n}{a_{n-1}}-1$.

3. 定基增长速度与环比增长速度之间的换算关系

定基增长速度和环比增长速度都是发展速度的派生指标,它只反映增长部分的相对程度,所以两者之间不能直接换算,即定基增长速度不等于环比增长速度的连乘积.如果要进行换算,则首先将环比增长速度加 1 变成环比发展速度,再将各期环比发展速度连乘积,得到定基发展速度,最后用定基发展速度减 1 即为定基增长速度.

4. 增长 1% 的绝对值

速度指标是反映社会现象发展或增长的相对程度,是一种相对数.由于相对数固有的抽象化特点,速度指标把所对比的发展水平掩盖住了.高速度可能掩盖着低水平,低速度的背后可能隐藏着高水平.因此,仅观察速度指标往往不易全面地认识现象的发展情况.为了了解增长速度带来的实际效果,常常要把增长速度与增长量联系起来,计算增长 1% 的绝对值.

增长 1% 的绝对值是指在报告期水平与基期水平的比较中,报告期比基期每增长 1% 所包含的绝对量.它是用逐期增长量与环比增长速度对比求得的.其计算公式为:

$$增长 1\% 的绝对值 = \frac{逐期增长量}{环比增长速度 \times 100}$$

从公式看,增长 1% 的绝对值等于前一期发展水平除以 100.这样,只要发展水平的小数点向前移两位,即缩小 100 倍,就是增长 1% 的绝对值,计算大大简化.例如,两个地区 2020 年和 2019 年职工平均工资资料见表 7.1.12.

表 7.1.12 两个地区 2019 年和 2020 年职工平均工资资料

年份	甲地区		乙地区	
	职工平均工资/元	增长速度/%	职工平均工资/元	增长速度/%
2019	8 000	—	20 000	—
2020	12 000	50	25 000	25

从增长速度的角度来说,甲地区职工平均工资的增长速度是乙地区的 2 倍,甲地区职工

收入水平的提高要比乙地区好. 但从增长量的角度来看, 甲地区职工平均工资每增长 1% , 可增加 80 元, 而乙地区可增加 200 元. 这就是说, 由于对比基点的不同, 大的速度背后可能增长的绝对量很小, 造成速度上的虚假现象. 因此, 对社会经济现象进行时间数列分析时, 将速度指标和水平指标结合运用, 得到另外一个分析指标: 增长 1% 的绝对值.

四、Excel 在时间数列分析中的应用

(一) 计算时间数列分析指标

1. 测定增长量和平均增长量

根据表 7.1.13 的数据, 计算逐期增长量、累积增长量和平均增长量.

表 7.1.13　2011—2020 年国内生产总值

年份	国内生产总值 y/亿元
2011	487 940.2
2012	538 580.0
2013	592 963.2
2014	643 563.1
2015	688 858.2
2016	746 395.1
2017	832 035.9
2018	919 281.1
2019	986 515.2
2020	1 015 986.2

计算步骤如下.

第一步: 在 A 列输入 "年份", 在 B 列输入 "国内生产总值".

第二步: 计算逐期增长量. 在 C3 单元格输入公式 "=B3-B2", 并用鼠标拖曳将公式复制到 C4 : C11 区域.

第三步: 计算积累增长量. 在 D3 单元格输入公式 "B3-$B$2", 并用鼠标拖动将公式复制到 C4 : C11 区域.

第四步: 计算平均增长量. 在 C13 中输入公式 "=(B11-B2)/8", 按回车键, 即可得到平均增长量.

计算结果见表 7.1.14.

表 7.1.14　计算结果 1

序号	A	B	C	D
1	年份	国内生产总值	逐期增长量	累积增长量
2	2011	487 940.2		

续表

序号	A	B	C	D
3	2012	538 580.0	50 639.8	50 639.8
4	2013	592 963.2	54 383.2	105 023
5	2014	643 563.1	50 599.9	155 622.9
6	2015	688 858.2	45 295.1	200 918
7	2016	746 395.1	57 536.9	258 454.9
8	2017	832 035.9	85 640.8	344 095.7
9	2018	919 281.1	87 245.2	431 340.9
10	2019	986 515.2	67 234.1	498 575
11	2020	1 015 986.2	29 471	528 046
12	平均增长量		58 671.78	

2. 测定发展速度和平均发展速度

仍以表 7.1.13 中的国内生产总值为例,说明如何计算定基发展速度、环比发展速度和平均发展速度.

计算步骤如下.

第一步:在 A 列输入"年份",在 B 列输入"国内生产总值".

第二步:计算定基发展速度. 在 C3 单元格输入公式"=B3/$B$2",并用鼠标拖曳将公式复制到 C4:C11 区域.

第三步:计算环比发展速度. 在 D3 单元格输入公式"=B3/B2",并用鼠标拖曳将公式复制到 D4:D11 区域.

第四步:计算平均发展速度. 在 C13 单元格中输入公式"=CEOMEAN(D3:D11)",按回车键,即可得到平均增长量.

计算结果见表 7.1.15.

表 7.1.15　计算结果 2

序号	A	B	C	D
1	年份	国内生产总值	定基发展速度	环比发展速度
2	2011	487 940.2	—	—
3	2012	538 580.0	1.106 353 796	1.106 353 796
4	2013	592 963.2	1.222 778 167	1.105 232 496
5	2014	643 563.1	1.341 844 239	1.097 373 403
6	2015	688 858.2	1.514 576 185	1.128 727 27
7	2016	746 395.1	1.782 821 924	1.177 109 44
8	2017	832 035.9	2.043 079 002	1.145 980 411

续表

序号	A	B	C	D
9	2018	919 281. 1	2. 363 184 135	1. 156 677 805
10	2019	986 515. 2	2. 869 249 786	1. 214 145 67
11	2020	1 015 986. 2	3. 352 806 904	1. 168 530 854
12	平均发展速度	1. 143 875 155		

(二)测定长期趋势

1.移动平均法

第一步:在 Excel 工作表中 B2∶B13 区域中输入"某公司 2020 年各月销售额"资料.

第二步:在 Excel"工具栏"中选择"数据分析宏",并单击"移动平均"过程.

第三步:在移动平均宏菜单的"输入区域"中输入"B1∶B13",在"间隔"中输入"3"表示进行 3 项移动平均,选择"输出区域",并选择输出"图表输出"和"标准差"输出(图 7.1.3),单击确定,移动平均宏的计算结果如图 7.1.4 所示.

图 7.1.3　移动平均宏

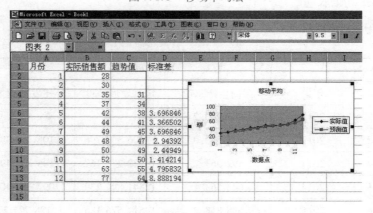

图 7.1.4　利用移动平均宏计算的结果

在图 7.1.4 中,分别产生了 3 项移动平均的估计值 C4∶C13 和估计的标准差 D6∶D12.正如图中 C4 单元格的表达式所示,C4 中的表达式 = AVERAGE(B2∶B4)是对 B2∶B4 单元计算算术平均数,而 D6 单元格中的表达式"=SQRT(SUMXMY2(B4:B6,C4:C6)/3)"相当于标准差公式:

$$S = \sqrt{\frac{\sum (X - \bar{X})^2}{n}}$$

关于 Excel 中的"移动平均"的计算,需要说明两点:一是图 7.1.4 图例说明中的"趋势值",即移动平均值,由于移动平均法是以移动平均值作为趋势估计值,所以也将其称为"趋势值"的.二是移动平均值的位置不是在被平均的 N 项数值的中间位置,而是直接排放在这 N 个时期的最后一期,这一点与通常意义上移动平均值应排放在 N 时期的中间时期有所不同.

图 7.1.4 还绘制出实际观察值与 3 项移动平均估计值之间的拟合曲线,可以看出,移动平均值削弱了上下波动,如果这种波动不是季节波动而是不规则变动的话,显然,移动平均可以削弱不规则变动.对于该例进行 4 项移动平均的结果与 3 项移动角明显不同.也就是说,当数列有季节周期时,只要移动平均的项数和季节波动的周期长度一致,则移动平均值可以消除季节周期,并在一定程度上消除不规则变动,从而揭示出数列的长期趋势.这一点我们将在季节摆动分析中具体讨论.

2. 直线趋势方程

根据表 7.1.13 国内生产总值的数据求直线趋势方程.可以用如下方程组来求直线趋势方程:$y = a + bt$,计算步骤如下:

第一步:将数据输入.

第二步:给时间值 t 分别赋予 1~10.

第三步:计算 t_2.在 D2 单元格输入公式"=B2*B2".

第四步:计算 ty.在 E2 单元格输入公式"=B2*C2".见表 7.1.16.

第五步:计算直线趋势方程的系数.先计算 b,在 B15 单元格中输入公式"=(10*E12−B12*C12)/(10*D12−B12*B12)".再计算 a,在 B14 单元格中输入公式"=(C12−B15*B12)/10".即所求直线趋势方程为 $y = 407\,128.31 + 61\,469.73t$.

表 7.1.16　计算结果 3

序号	A	B	C	D	E
1	年份	时间值 t	国内生产总值 y	t^2	ty
2	2011	1	487 940.2	1	487 940.2
3	2012	2	538 580.0	4	1 077 160
4	2013	3	592 963.2	9	1 778 889.6
5	2014	4	643 563.1	16	2 574 252.4
6	2015	5	688 858.2	25	3 444 291
7	2016	6	746 395.1	36	4 478 370.6
8	2017	7	832 035.9	49	5 824 251.3
9	2018	8	919 281.1	64	7 354 248.8
10	2019	9	986 515.2	81	8 878 636.8

续表

序号	A	B	C	D	E
11	2020	10	1 015 986.2	100	10 159 862
12	总计	55	7 452 118.2	385	46 057 902.7
13	a		407 128.31		
14	b		614 69.73		

任务实施

通过前面的学习,我们可以用统计表或统计图直观地反映每年的用水总量的发展水平,还可以计算各年的发展速度或增长速度,以此来描述全国用水总量的增长趋势. 如果要概括这十年来用水总量的一般水平,我们还可以计算这十年来用水总量的平均发展水平,并使用 Excel 对这十年来的用水总量进行长期趋势分析,然后在此基础上对未来的用水量进行预测. 请你根据中国 2011—2020 年全国水资源总量等数据资料表进行动态分析,以预测 2025 年中国全国用水总量和年末总人口数.

拓展延伸

《中国的全面小康》白皮书新闻发布会答记者问

我国全面建成小康社会的进程,是贫困现象不断减少的过程,也是人民日益富裕起来的进程. 党的十八大以来,我国经济实力持续跃升,人民生活水平全面提高,居民收入分配格局逐步改善. 虽然存在贫富差距,但城乡、地区和不同群体居民收入差距总体上趋于缩小.

一是城乡之间居民收入差距持续缩小. 随着国家脱贫攻坚和农业农村改革发展的深入推进,农村居民收入增速明显快于城镇居民,城乡居民相对收入差距持续缩小. 从收入增长上看,2011—2020 年,农村居民人均可支配收入年均名义增长 10.6%,年均增速快于城镇居民 1.8 个百分点. 从城乡居民收入比看,城乡居民人均可支配收入比逐年下降,从 2010 年的 2.99 下降到 2020 年的 2.56,累计下降 0.43.2020 年,城乡居民人均可支配收入比与 2019 年相比下降 0.08,是党的十八大以来下降最快的一年.

二是地区之间居民收入差距逐年下降. 在区域协调发展战略和区域重大战略实施作用下,地区收入差距随地区发展差距缩小而缩小.2011—2020 年,收入最高省份与最低省份间居民人均可支配收入相对差距逐年下降,收入比由 2011 年的 4.62(上海与西藏居民收入之比)降低到 2020 年的 3.55(上海与甘肃居民收入之比),是进入 21 世纪以来的最低水平.2020 年,东部与西部、中部与西部、东北与西部地区的收入之比分别为 1.62、1.07、1.11,分别比 2013 年下降 0.08、0.03 和 0.18.

三是不同群体之间居民收入差距总体缩小. 基尼系数是衡量居民收入差距的常用指标. 基尼系数通常用居民收入来计算,也用消费支出来计算,世界银行对这两种指标都进行了计算.按居民收入计算,近十几年我国基尼系数总体呈波动下降态势.全国居民人均可支配收入基尼系数在 2008 年达到最高点 0.491 后,2009 年至今呈现波动下降态势,2020 年降至 0.468,累计下降 0.023.同时居民收入分配调节在加大.“十三五”时期,全国居民人均转移净收入年均增长 10.1%,快于居民总体收入的增长.同时可以看到,在世界银行数据库中,2016 年中国消费基尼系数为 0.385,比当年收入基尼系数 0.465 低 0.080,而消费的数据更直接地反映了居民实际生活水平.

四是基本公共服务均等化加快推进.看居民收入,不仅要看家庭可支配收入,还要看政府为改善民生所提供的公共服务.在全面建设小康社会进程中,各地区各部门积极推进基本公共服务均等化.完善多层次社会保障体系成效明显,目前我国已经建成世界上最大的社会保障网,基本医疗保险覆盖超 13.5 亿人,基本养老保险覆盖超 10 亿人.住房保障和供应体系建设稳步推进,全国已累计建设各类保障性住房和棚改安置住房 8 000 多万套,帮助 2 亿多困难群众改善了住房条件.教育公平和质量不断提升,2020 年九年义务教育巩固率为 95.2%.基本医疗和公共卫生服务改善,2020 年一般公共预算卫生健康支出 1.92 万亿元.人民群众通过自己劳动得到的收入、经营得到的收入、转移支付得到的收入在增加.同时,有一些收入并没有进入家庭,而是通过公共服务提供给广大群众,这方面在我们这样的中国特色社会主义国家,各部门各地区做的工作尤其多.

国务院办公厅
2020 年 4 月 8 日

能力训练

一、思考题

1.动态数列的构成要素有哪些? 编制动态数列有什么作用?

2.编制动态数列的主要原则有哪些?

3.计算平均发展速度的水平法和累计法的实质分别是什么?

4.最小平方法的数学要求是什么?

5.时期数列与时点数列有哪些区别?

二、技能训练题

1.假定某商品销售量计划规定 2020 年将比 2015 年增长 120%,试问每年平均增长百分之几才能达到这个目标.若 2017 年该产品比 2015 年增长 55%,问以后三年中每年平均应该增长百分之几才能完成任务?

2.某市 2020 年上半年各月月初现有人口资料见表 7.1.17.

表 7.1.17　某市 2020 年上半年各月月初现有人口数

月份	1 月初	2 月初	3 月初	4 月初	5 月初	6 月初
人口/万人	55	56.2	55.8	57	57.1	57.5

计算:2020 年该市上半年平均人口数.

3.某工厂 2020 年下半年各月末工人数及其比重资料见表 7.1.18.

表 7.1.18　某工厂 2020 年下半年各月末工人数占其比重

月份	6	7	8	9	10	11	12
月末工人数/人	1 550	1 580	1 560	1 565	1 600	1 590	1 590
工人占全部职工人数的月末比重/%	80.0	86.0	81.0	80.0	90.0	87.0	85.0

计算:该工厂 2020 年下半年工人占全部职工人数的平均比重.

4. 我国 2014—2020 年各年普通高中毕业生人数见表 7.1.19.

表 7.1.19　我国 2014—2020 年各年普通高中毕业生人数

年份	2014	2015	2016	2017	2018	2019	2020
毕业生人数/万人	799.6	797.7	792.4	775.7	779.24	789.25	786.53

要求根据上述资料计算:

①逐期增长量、累计增长量及平均增长量.

②定基发展速度、环比发展速度、定基增长速度和平均增长速度.

③2014—2020 年,我国普通高中毕业生的平均发展速度和平均增长速度.

5. 某地区人口从 2015 年起每年以 9‰的增长率增长,截至 2020 年人口数为 2 100 万人.该地区 2015 年人均粮食产量为 350 千克,到 2020 年人均粮食产量达到 400 千克.试计算该地区粮食总产量平均增长速度.

课件:时间数列分析

任务二　统计指数分析

学习目标

- 能辨别指数的含义、作用、种类
- 能描述综合指数和平均指数的编制原则及方法
- 能编制综合指数和平均指数
- 能熟练操作 Excel 运用应用指数体系进行因素分析

任务描述与分析

1. 任务描述

近年来某个仪器设备有限公司销售水质监测仪的规模逐年扩大,但公司的经济效益并不理想,为了强化公司经营管理,对公司经营收入和运营成本进行有效控制和管理,该公司每隔一段时间都会对经营情况进行全面的总结分析,该公司关注的焦点是收入、销售量、成本、价格等与公司经济效益密切相关的因素的变化及其对公司效益的影响. 我们如何对公司经营情况进行深入剖析, 找出经营中存在的问题呢?

2. 任务分析

如果我们所分析的是单一经济现象的变化, 如某产品销售量的变化, 可以计算动态相对指标, 或者使用更全面的动态分析方法来描述和分析现象的发展变化趋势, 但如果我们需要概括分析复杂经济现象的变化, 就难以使用针对单一经济现象变化的动态分析方法了. 在本任务的学习中, 你将学会通过编制指数对复杂经济现象的动态变化进行概括的方法, 还可以根据复杂经济现象之间的内在关系, 使用指数体系和因素分析方法对复杂经济现象变化的内在联系进行定量分析. 指数分析是一项复杂且准确度要求较高的工作, 要完成这项任务, 你需要思考以下几个问题:

①用什么指数来表示复杂现象的变动情况?

②编制这些指数的方法是什么?

③哪些因素造成了现象的变动?

④各个因素在变动中所起的作用是什么? 程度如何?

知识链接

一、统计指数概述

(一) 指数的概念

迄今为止, 统计界认为, 统计指数的概念有广义和狭义两种理解. 广义指数是泛指社会经济现象数量变动或差异程度的相对数, 即用来表明同类现象在不同空间、不同时间、实际与计划对比变动情况的相对数. 狭义指数仅指用来反映那些不能直接相加的复杂社会经济现象总体在数量上综合变动情况的相对数. 例如, 要

微课:统计指数概述和综合指数

说明一个国家或一个地区商品价格综合变动情况, 由于各种商品的经济用途、规格、型号、计量单位等不同, 不能直接将各种商品的价格简单对比, 而要解决这种复杂经济总体各要素相加问题, 就要编制统计指数综合反映它们的变动情况.

本任务主要基于统计指数的狭义概念探讨指数的作用、编制方法及其在统计分析中的运用.

(二) 统计指数作用

统计指数在统计工作中应用广泛, 其主要作用有如下几个方面.

①综合反映社会经济现象总变动方向及变动幅度. 指数法的首要任务, 就是把不能直接相加总的现象过渡到可以加总对比, 从而反映复杂经济现象的总变动方向及变动幅度.

②分析现象总变动中各因素变动的影响方向及影响程度. 利用指数体系理论可以测定复杂社会经济现象总变动中, 各构成因素的变动对现象总变动的影响情况, 并对经济现象变化做综合评价. 任何一个复杂现象都是由多个因子构成的, 如销售额 = 价格 × 销售量.

③反映同类现象变动趋势. 编制一系列反映同类现象变动情况的指数形成指数数列, 可以反映被研究现象的变动趋势.

此外,利用统计指数还可以进行地区经济综合评价、对比,研究计划执行情况.

（三）统计指数的分类

指数的种类很多,可以按不同的标志做不同的分类,如图 7.2.1 所示.

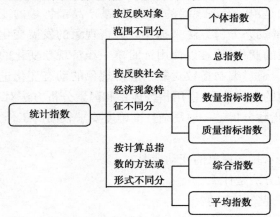

图 7.2.1 统计指数的种类

①按其反映对象范围的不同分为:

个体指数——说明个别事物(如某种商品或产品等)数量变动的相对数称为个体指数.

总指数——说明度量单位不相同的多种事物数量综合变动的相对指数,例如,工业总产量指数、零售物价总指数等.总指数与个体指数有一定的联系,可以用个体指数计算相应的总指数.用个体指数简单平均求得的总指数,称为简单指数;用个体指数加权平均求得的总指数,称为加权指数.

②按其所反映的社会经济现象特征不同分为:

数量指标指数——简称"数量指数",主要是指反映现象的规模、水平变化的指数,例如,商品销售量指数、工业产品产量指数等.

质量指标指数——简称"质量指数",是指综合反映生产经营工作质量变动情况的指数,例如,物价指数、产品成本指数等.

③按照常用的计算总指数的方法或形式可分为:

综合指数——从数量上表明不能直接相加的社会经济现象的总指数.

平均指数——以个体指数为基础,采取平均形式编制的总指数.

二、综合指数

（一）综合指数的概念

综合指数是总指数的一种形式,是两个总量指标对比形成的指数.即一个总量指标可以分解为两个或两个以上的因素指标,将其中一个或一个以上的因素指标固定下来,只反映其中一个因素指标的变动程度,这样的总指数就是综合指数.

编制综合指数的目的在于测定由不同度量单位的许多商品或产品所组成的复杂经济总体数量方面的总动态.

综合指数包括数量指标指数和质量指标指数.

（二）综合指数的编制原理

综合指数是反映复杂经济现象的总变动. 编制综合指数的方法是"先综合,后对比". 编制综合指数必须明确两个概念:一是"指数化指标";二是"同度量因素". 所谓指数化指标就是编制综合指数所要测定的因素. 所谓同度量因素是指媒介因素,借助媒介因素,把不能直接加总的因素过渡到可以同度量并可以加总,所以称其为同度量因素. 编制综合指标的目的是测定指数化指标的变动,同度量因素所起的作用是将不同度量的现象转化为同度量的现象,因此在对比的过程中应加以固定,才能达到反映指数化指标变动的目的.

（三）数量指标综合指数的编制方法

现以案例 7.2.1 的资料为依据,编制产品销售量指数为例,说明数量指标指数的编制原理和方法.

【案例 7.2.1】　某企业三种产品销售量及销售价格资料见表 7.2.1.

表 7.2.1　某企业三种产品的价格和销售量

商品名称	计量单位	销售量		销售价格/元		销售额/元		
		基期 q_0	报告期 q_1	基期 p_0	报告期 p_1	$p_0 q_0$	$p_1 q_1$	$p_0 q_1$
甲	吨	450	500	700	770	315 000	385 000	350 000
乙	件	500	520	350	350	175 000	182 000	182 000
丙	箱	900	1 080	100	110	90 000	118 800	108 000
合计	—	—	—	—	—	580 000	685 800	640 000

解析: 根据表 7.2.1 的资料,我们可以分别编制三种产品的个体销售量指数.

①甲产品的个体销售量指数:

$$k_q = \frac{q_1}{q_0} = \frac{500}{450} \times 100\% \approx 111.11\%$$

②乙产品的个体销售量指数:

$$k_q = \frac{q_1}{q_0} = \frac{520}{500} \times 100\% = 104\%$$

③丙产品的个体销售量指数:

$$k_q = \frac{q_1}{q_0} = \frac{1\ 080}{900} \times 100\% = 120\%$$

编制个体销售量指数,只能分别说明每一种产品销售量的变动情况,要说明三种产品销售量的综合变动情况,就要编制和计算产品销售量综合指数.

产品销售量综合指数的编制有以下三个步骤.

第一步,引入价格同度量因素,使不能直接相加的销售量转化为能够相加的销售额.

价格×销售量=销售额　　$p \times q = pq$

可见,销售额分解为两个因素指标的乘积:一个因素指标是数量指标(销售量);另一个因素指标是质量指标(价格). 在这里,产品的价格起到了"同度量"的作用,它使不能直接相加的销售量转化为能够相加的销售额. 此时,价格称为同度量因素,销售量称为指数化指标.

第二步,为了说明三种产品销售量的综合变动,就需要用两个时期的总销售额对比,而价格不产生变动影响.

产品销售量指数的计算公式为:

$$\overline{k}_q = \frac{\sum pq_1}{\sum pq_0}$$

式中　$\overline{k}_q$——产品销售量综合指数;

　　p——同一时期的价格;

　　q——产品销售量.

分子和分母相对比,只有销售量一个因素发生变化,因此,相比的结果说明产品销售量综合变动的方向和程度.

第三步,确定同度量因素就固定的时期.

使用不同时期的价格作为同度量因素会有不同的结果,也有不同的经济内容.一般来讲,观察产品销售量的变化以不包括价格变化为好,因此,在实际工作中,编制产品销售量指数一般采用基期的价格作为同度量因素.即采用的公式为:

$$\overline{k}_q = \frac{\sum p_0q_1}{\sum p_0q_0}$$

产品销售量综合指数的编制原理和方法,也适用于其他数量指标综合指数的编制.

编制数量指标指数的基本原则:选择质量指标为同度量因素,并且将质量指标固定在基期.

则案例 7.2.1 计算的产品销售量总指数即为:

$$\overline{k}_q = \frac{\sum p_0q_1}{\sum p_0q_0} = \frac{640\ 000}{580\ 000} \times 100\% \approx 110.34\%$$

$$\sum p_0q_1 - \sum p_0q_0 = 640\ 000 - 580\ 000 = 60\ 000(\text{元})$$

计算结果表明:

①三种产品的销售量报告期比基期有增有减,但综合来讲是上涨了 10.34%;同时说明由于产品销售量的增加,使总销售额也上涨了 10.34%.

②分子和分母的差额,说明由于销售量的变动对总销售额的绝对影响,即由于销售量增加使总销售额增加了 60 000 元.

(四)质量指标综合指数的编制方法

仍以案例 7.2.1 的资料为依据,编制产品价格指数为例,说明质量指标综合指数的编制原理和方法.

根据表 7.2.1 的资料,我们可以分别编制三种产品的个体价格指数.

①甲产品的个体价格指数:

$$k_p = \frac{p_1}{p_0} = \frac{770}{700} \times 100\% = 110\%$$

②乙产品的个体价格指数:

$$k_p = \frac{p_1}{p_0} = \frac{350}{350} \times 100\% = 100\%$$

③丙产品的个体价格指数：

$$k_p = \frac{p_1}{p_0} = \frac{110}{100} \times 100\% = 110\%$$

编制个体价格指数，只能分别说明每一种产品价格的变动情况，要说明三种产品综合变动情况，就要编制和计算产品价格总指数.

产品价格综合指数的编制有以下三个步骤：

第一步，引入销售量同度量因素，使不能直接相加的价格转化为能够相加的销售额.

其公式为：

$$价格 \times 销售量 = 销售额 \qquad p \times q = pq$$

在这里，产品的销售量起到了"同度量"的作用，它使不能直接相加的价格转化为能够相加的销售额. 此时，销售量称为同度量因素，价格称为指数化指标.

第二步，为了说明三种产品价格的综合变动，就需要用两个时期的总销售额对比，而销售量必须使用同一时期的，使其不产生影响，即假定在销售量没有变动的情况下，考察产品价格的综合变动.

产品价格综合指数的计算公式为：

$$\bar{k}_p = \frac{\sum p_1 q}{\sum p_0 q}$$

式中　$\bar{k}_p$——产品销售量综合指数；

　　　p——价格；

　　　q——同一时期的销售量.

分子和分母相对比，只有价格一个因素发生变化，因此，相比的结果说明产品价格综合变动的方向和程度.

第三步，确定同度量因素就固定的时期.

通常我们研究的目的是观察价格变动的实际经济效果，使用报告期的销售量作为同度量因素计算的指数比较合理，因为它反映的是企业生产当前的产品销售量时价格的变动情况，实际意义比较强，即采用的公式为：

$$\bar{k}_p = \frac{\sum p_1 q_1}{\sum p_0 q_1}$$

产品价格综合指数的编制原理和方法，也适用于其他质量指标综合指数的编制.

编制质量指标指数的基本原则：选择数量指标为同度量因素，并且将数量指标固定在报告期.

则案例 7.2.1 计算的产品价格总指数即为：

$$\bar{k}_p = \frac{\sum p_1 q_1}{\sum p_0 q_1} = \frac{685\,800}{640\,000} \times 100\% \approx 107.16\%$$

$$\sum p_1 q_1 - \sum p_0 q_0 = 685\,800 - 640\,000 = 45\,800(\text{元})$$

计算结果表明:

①三种产品的价格报告期比基期有涨有落,但综合来讲是上涨了 7.16%;同时说明由于产品价格的提高,使总销售额也上涨了 7.16%.

②分子和分母的差额,说明由于价格的变动对总销售额的绝对影响,即由于价格上涨使总销售额增加了 45 800 万元.

三、平均指数

（一）平均指数的含义

平均指数是根据个体指数,采用一定的权数进行加权平均来编制总指数的一种重要形式.也就是说,平均指数是个体指数的加权平均数.

（二）平均指数的编制原理

与综合指数相同,平均指数也是总指数的基本形式之一,用来反映复杂现象的总变动.但平均指数与综合指数的编制方法不同,编制综合指数的基本方法是"先综合,后对比",平均指数编制的基本方法则是"先对比,后平均".所谓"先对比",是指先通过对比计算个体现象的个体指数;所谓"后平均",则是指将个体指数赋予适当的权数,加以平均计算总指数.

应当明确的是,平均指数之所以称其为平均指数,是因为它利用了平均数的计算形式.在编制平均指数时,主要的计算形式有算术平均和调和平均两种.

（三）加权算术平均指数的编制

加权算术平均指数是编制数量指标总指数的常用形式,是以个体指数为变量值,以基期的总值资料为权数,对个体指数加权算术平均以计算总指数的方法.

【例 7.2.1】 某商店有关商品销售情况见表 7.2.2,求四种商品销售量总指数.

表 7.2.2 某零售商店销售量指数计算表

商品名称	计量单位	销售量		基期销售额/万元 $p_0 q_0$	个体销售量指数 $k_q = \dfrac{q_1}{q_0}$	$k_q p_0 q_0$ /万元
		基期 q_0	报告期 q_1			
（甲）	（乙）	(1)	(2)	(3)	(4)=(2)÷(1)	(5)=(4)×(3)
甲	床	1 000	1 200	5.0	1.200	6.00
乙	个	400	405	2.0	1.013	2.03
丙	辆	600	560	3.0	0.933	2.80
丁	台	450	605	1.5	1.344	2.02
合计	—			11.50	—	12.85

解:由于掌握的资料有限,无法直接运用综合指数的公式编制总指数,需将公式变形使用.

设 k_q 为各种商品的销售个体指数,则 $k_q = \dfrac{q_1}{q_0}$,所以 $q_1 = k_q q_0$,则有:

$$\bar{k}_p = \frac{\sum p_0 q_1}{\sum p_0 q_0} = \frac{\sum p_0 k_q q_0}{\sum p_0 q_0}$$

公式 $\bar{k}_q = \dfrac{\sum p_0 k_q q_0}{\sum p_0 q_0}$ 与加权算数平均数的一般形式相似,个体指数 k_q 变量值,$p_0 q_0$ 是权数,所以,用该公式编制总指数的方式称为加权算数平均法.

根据表 7.2.2 资料,销售量总指数计算为:

$$\bar{k}_p = \frac{\sum p_0 k_q q_0}{\sum p_0 q_0} = \frac{12.85}{11.50} \times 100\% \approx 111.74\%$$

$$\sum p_0 k_q q_0 - \sum p_0 q_0 = 12.85 - 11.50 = 1.35(\text{万元})$$

这表明,该商店出售的四种商品的销售量报告期比基期平均增长了 11.74%,由于销售量增加而增加的销售额为 1.35 万元.

从上例可知,当已知商品个体指数及特定权数为 $p_0 q_0$ 时,可用综合指数法的变形公式加权算术平均法计算总指数,其结果的实际意义与综合指数法的相同. 但是,实际应用中,平均指数既可以使用全面资料,也可以使用非全面资料.若依据非全面资料计算总指数,其结果的实际意义与综合指数将有一定的差别.

（四）加权调和平均指数的编制

加权调和平均指数主要适用于编制质量指标指数,是以个体指数为变量值,以报告期的总值资料为权数,对个体指数加权调和平均以计算总指数的方法.

【例 7.2.2】 某毛纺厂生产情况资料见表 7.2.3,求三种产品的价格总指数.

表 7.2.3　某毛纺厂价格总指数计算表

产品名称	计量单位	出厂价格/元		报告期产值/万元	个体价格指数/%	$\dfrac{p_1 q_1}{k_p}$ /万元
		基期 p_0	报告期 p_1	$p_1 q_1$	$k_p = \dfrac{p_1}{p_0}$	
（甲）	（乙）	（1）	（2）	（3）	（4）=（2）÷（1）	（5）=（3）÷（4）
毛毯	条	50	60	72.00	120.00	60.00
毛呢	米	20	20	80.80	100.00	80.80
毛衫	件	110	100	50.00	90.91	55.00
合计	—	—	—	202.80	—	195.80

解:同理,根据掌握的资料,不能直接运用综合指数的公式编制价格总指数,而应将公式变形使用.

设 k_p 为各种产品的价格个体指数,$k_p = \dfrac{p_1}{p_0}$,$p_0 = \dfrac{p_1}{k_p}$,则有:

$$\bar{k}_q = \frac{\sum p_1 q_1}{\sum p_0 q_1} = \frac{\sum p_1 q_1}{\sum \dfrac{p_1}{k_p} q_1}$$

该公式与加权调和平均数的形式相似,个体价格指数 $\overline{k}_p$ 变量值,p_1q_1 是权数,所以,用该公式编制总指数的方式称为加权调和平均法.

根据案例 7.2.3 资料,价格总指数计算为:

$$\overline{k}_q = \frac{\sum p_1q_1}{\sum \dfrac{p_1}{k_p}q_1} = \frac{202.8}{195.8} \times 100\% = 103.58\%$$

这表明,该厂生产的三种产品的出厂价格报告期比基期平均增长了 3.58%,由于出厂价格的增加而增加的产值为 7.0 万元.

四、指数体系和因素分析

(一)指数体系

经济现象之间的相互联系、相互影响的关系是客观存在的.有些社会经济现象之间的联系可以用经济方程式表现出来,如:

商品销售额=商品销售量×商品销售价格

产品总成本=产品产量×单位产品成本

原材料消耗总额=产品产量×单位产品原材料消耗量×原材料价格

上述等式左边的称为总变动指标,它们是被影响的指标;等式右边的称为因素指标,它们是对总变动指标产生影响的指标.上述指标之间在静态上存在着这种数量关系,在动态上也存在着相应的联系.如按指数形式表现时,同样也存在这种对等关系,即:

商品销售额指数=商品销售量指数×商品销售价格指数

生产总成本指数=产品产量指数×单位产品成本指数

原材料消耗总额指数=产品产量指数×单位产品原材料消耗量指数×原材料价格指数

我们把等式的左边称为总变动指数,把等式的右边称为因素指数.可见,总变动指数等于各因素指数的连乘积.

在统计分析中,将在经济上有联系,在数量上保持对等关系的若干个指数所形成的整体称为指数体系.

上述指数体系,按编制综合指数的一般原理,以符号用公式可写成:

$$\frac{\sum q_1p_1}{\sum q_0p_0} = \frac{\sum q_1p_0}{\sum q_0p_0} \times \frac{\sum q_1p_1}{\sum q_1p_0}$$

不仅在相对数上总变动指数等于各因素指数的连乘积,而且在绝对数上,现象总变动的差额也等于各个因素指标变动影响的差额这种.公式如下:

$$\sum q_1p_1 - \sum q_0p_0 = \left(\sum q_1p_0 - \sum q_0p_0\right) + \left(\sum q_1p_1 - \sum q_0p_1\right)$$

从上面所举的例子中可发现,统计指数体系一般具有两个特征:

①具备三个或三个以上的指数.

②体系中的单个指数在数量上能相互推算.如已知销售额指数、销售量指数,则可推算出

价格指数;已知价格指数、销售量指数,则可推出销售额指数.

③现象总变动差额等于各个因素变动差额的和.

(二)因素分析

根据指数体系,对社会经济现象总变动中各影响因素的影响进行分析,掌握其影响方向、影响程度以及影响所产生的绝对经济效果,这种分析方法称为指数因素分析法.

1. 因素分析的内容

指数因素分析包括以下两方面内容.

①从相对数上分析各影响因素的变动对总变动产生影响的方向和程度.

②从绝对数上分析各影响因素的变动使总变动增加或减少的绝对数额.

2. 因素分析的步骤

①分析被研究对象及其影响因素. 这里的被研究对象是具体的统计指标,例如,商品销售额、产品总成本、原材料费用总额等. 当明确了被研究现象是某个统计指标时,就要分析这个统计指标含有哪些影响因素,这是因素分析的基础.

②分析各因素指标对被研究对象的影响程度和影响方向. 通过编制综合指数,分别从相对数和绝对数的形式分析各因素指标对被分析指标的影响.

③建立指数体系. 利用指数体系,根据总变动指数和各因素指数,以及所影响的绝对值,得到相对数关系式和绝对数关系式. 相对数关系式表现为现象总变动指数等于各因素指数的乘积,绝对数关系式表现为现象总变动指数分子与分母的差额等于各因素指数分子与分母差额之和.

④根据计算结果,做出分析结论和简要的文字说明.

(三)两因素分析

主要介绍总量指标变动的因素分析,对于复杂总体,由于存在不可同度量问题,因而在进行复杂总体的因素分析时,必须严格遵循综合指数计算的一般原则和方法.

复杂总体总量指标的变动(即总指数),可用如下公式表达:

$$\frac{\sum q_1 p_1}{\sum q_0 p_0}$$

总指数可分解为数量指标综合指数和质量指标综合指数两因素的乘积. 指数体系如下:

$$\frac{\sum q_1 p_1}{\sum q_0 p_0} = \frac{\sum q_1 p_0}{\sum q_0 p_0} \times \frac{\sum q_1 p_1}{\sum q_1 p_0}$$

绝对额关系如下:

$$\sum q_1 p_1 - \sum q_0 p_0 = \left(\sum q_1 p_0 - \sum q_0 p_0 \right) + \left(\sum q_1 p_1 - \sum q_0 p_1 \right)$$

【例7.2.3】　根据表7.2.4所示的某商场三种商品的资料,从相对数和绝对数两方面分析销售额变动的原因.

表 7.2.4 某商场服装区三种商品情况表

商品名称	计量单位	销售量		价格/元		销售额/元		
		基期 q_0	报告期 q_1	基期 p_0	报告期 p_1	$q_0 p_0$	$q_1 p_1$	$q_1 p_0$
帽子	顶	200	140	68	70	13 600	9 800	9 520
上衣	件	460	500	300	320	138 000	160 000	150 000
皮鞋	双	120	180	240	200	28 800	36 000	43 200
合计	—	—	—	—	—	180 400	205 800	202 720

解：三种商品销售额的总变动：

$$\text{销售额指数} = \frac{\sum q_1 p_1}{\sum q_0 p_0} = \frac{205\ 800}{180\ 400} \times 100\% \approx 114.08\%$$

报告期销售额比基期增加：

$$\sum q_1 p_1 - \sum q_0 p_0 = 205\ 800 - 180\ 400 = 25\ 400(\text{元})$$

计算结果表明，报告期销售额比基期销售额增长了 14.08%，增加了 25 400 元，这种变动是由于销售量和价格两个因素变动的共同影响.

其中，销售量变动的影响为：

$$\text{销售量指数} = \frac{\sum q_1 p_0}{\sum q_0 p_0} = \frac{202\ 720}{180\ 400} \times 100\% \approx 112.37\%$$

由于销售量的变动而影响的销售额为：

$$\sum q_1 p_0 - \sum q_0 p_0 = 202\ 720 - 180\ 400 = 22\ 320(\text{元})$$

价格变动影响为：

$$\text{价格指数} = \frac{\sum q_1 p_1}{\sum q_1 p_0} = \frac{205\ 800}{202\ 720} \times 100\% \approx 101.52\%$$

由于价格提高使销售额增加的绝对额为：

$$\sum q_1 p_1 - \sum q_1 p_0 = 205\ 800 - 202\ 720 = 3\ 080(\text{元})$$

把以上指数联系起来，组成如下指数体系：

用相对数表示：114.08% = 112.37% × 101.52%；

用绝对额表示：25 400 元 = 22 320 元 + 3 080 元.

以上指数体系说明该商场三种商品销售额报告期基期增长了 14.08%，增加额为 25 400 元，是由于销售量和价格两因素发生变动共同引起的，其中销售量增长 12.37%，使销售额增加 22 320 元，价格增长 1.52%，使销售额增加 3 080 元.

（四）多因素分析

多因素分析主要是对总量指标变动分析而言的. 社会经济现象总体总量变动分析，可以分解为两个因素变动分析，有时也可以分解为两个以上的因素变动分析. 比如：

产值指数 = 职工人数指数 × 工人占职工人数比重指数 × 工人劳动生产率指数

原材料费用总额=产品产量×单位产品原材料消耗量×原材料价格

开展复杂总体多因素分析时,按如下两个原则进行:

第一,把影响复杂总体变动的各个因素按照数量指标在前,质量指标在后的顺序进行排列,并保证相邻的两个因素的乘积一定要有经济意义.

第二,当分析某一因素对复杂总体变动的影响时,未被分析的后面诸因素要固定在基期水平,而已被分析过的前面诸因素,则要固定在报告期水平.

【例7.2.4】 以表7.2.5资料为例,说明复杂总体的多因素分析方法.

表7.2.5　某单位基期、报告期产量及价格情况表

产品名称	计量单位	产品产量		单位产品原材料消耗量/千克		单位原材料价格/元	
		q_0	q_1	m_0	m_1	p_0	p_1
A	吨	1 200	1 000	5	5	110	100
B	台	1 000	1 000	10	12	50	60
C	件	800	1 000	50	41	20	20

解: 从表7.2.5可以看出,该企业原材料费用总额受到产品产量(q)、单位产品原材料消耗量(m)和单位原材料价格(p)三个因素共同影响.指数体系如下:

$$\frac{\sum q_1 m_1 p_1}{\sum q_0 m_0 p_0} = \frac{\sum q_1 m_0 p_0}{\sum q_0 m_0 p_0} \times \frac{\sum q_1 m_1 p_0}{\sum q_1 m_0 p_0} \times \frac{\sum q_1 m_1 p_1}{\sum q_1 m_1 p_0}$$

绝对额关系如下:

$$\sum q_1 m_1 p_1 - \sum q_0 m_0 p_0 =$$
$$\left(\sum q_1 m_0 p_0 - \sum q_0 m_0 p_0\right) + \left(\sum q_1 m_1 p_0 - \sum q_1 m_0 p_0\right) + \left(\sum q_1 m_1 p_1 - \sum q_1 m_1 p_0\right)$$

根据表7.2.5整理计算的原材料费用总额资料见表7.2.6.

表7.2.6　某企业基期、报告期原材料消耗额计算表

产品名称	原材料费用总额/万元			
	基期	报告期	按报告期产量计算的基期费用额	按基期价格计算的报告期费用额
	$q_0 m_0 p_0$	$q_1 m_1 p_1$	$q_1 m_0 p_0$	$q_1 m_1 p_0$
A	66	50	55	55
B	50	72	50	60
C	80	82	100	82
合计	196	204	205	197

$$原材料消耗额指数 = \frac{\sum q_1 m_1 p_1}{\sum q_0 m_0 p_0} = \frac{204}{196} \times 100\% \approx 104.08\%$$

$$原材料费用增加额 = \sum q_1 m_1 p_1 - \sum q_0 m_0 p_0 = 204 - 196 = 8(万元)$$

其中,①产品产量变动影响为:

$$产品产量指数 = \frac{\sum q_1 m_0 p_0}{\sum q_0 m_0 p_0} = \frac{205}{196} \times 100\% \approx 104.59\%$$

由于产品产量变动而影响的原材料费用:

$$\sum q_1 m_0 p_0 - \sum q_0 m_0 p_0 = 205 - 196 = 9(万元)$$

②单位产品原材料消耗量变动影响为:

$$单位产品原材料消耗量指数 = \frac{\sum q_1 m_1 p_0}{\sum q_1 m_0 p_0} = \frac{197}{205} \times 100\% \approx 96.10\%$$

由于单位产品原材料消耗量变动而影响的原材料费用为:

$$\sum q_1 m_1 p_0 - \sum q_1 m_0 p_0 = 197 - 205 = -8(万元)$$

③单位原材料价格变动影响为:

$$\frac{\sum q_1 m_1 p_1}{\sum q_1 m_1 p_0} = \frac{204}{197} \times 100\% \approx 103.55\%$$

由于单位原材料价格变动而影响的原材料费用为:

$$\sum q_1 m_1 p_1 - \sum q_1 m_1 p_0 = 204 - 197 = 7(万元)$$

④综合分析.

用相对数表示:$104.08\% = 104.59\% \times 96.10\% \times 103.55\%$

用绝对额表示:8 万元 = 9 万元 - 8 万元 + 7 万元

综上所述,该企业原材料消耗额由基期 196 万元增加到报告期的 204 万元,增加了 8 万元,增长率为 4.08%,这一结果是由于产品产量、单位产品原材料消耗量和单位原材料价格三个因素共同引起的.其中产品产量增长 4.59%,使原材料消耗额增加 9 万元;单位产品原材料消耗量下降 3.9%,使原材料消耗额减少 8 万元;单位原材料价格增长 3.55%,使原材料消耗额增加 7 万元.

五、Excel 在统计指数分析中的应用

指数分析法是研究社会经济现象数量变动情况的一种统计分析法.指数有总指数与平均指数之分,我们介绍如何用 Excel 进行指数分析与因素分析.

（一）用 Excel 计算总指数

某企业甲、乙、丙三种产品的生产情况见表 7.2.7,以基期价格 P 作为同度量因素,计算生产量指数.

表 7.2.7　某企业甲、乙、丙三种产品的生产情况

产品	计量单位	基期单位成本 p_0	基期产量 q_0	报告期单位成本 p_1	报告期产量 q_1
甲	万件	8	20	6	24
乙	万吨	10	8	8	11
丙	万吨	20	4	17	5

用 Excel 计算总指数资料步骤及结果如下.

第一步:计算各个 p_0q_0. 在 G2 中输入"=C2 * D2",并用鼠标拖曳将公式复制到 G2:G4 区域.

第二步:计算各个 p_0q_1. 在 H2 中输入"=C2 * F2",并用鼠标拖曳将公式复制到 H2:H4 区域.

第三步:计算 $\sum p_0q_0$ 和 $\sum p_0q_1$. 选定 G2:C4 区域,单击工具栏上的"$\sum$"按钮,在 G5 出现该列的求和值. 选定 H2:H4 区域,单击工具栏上的"$\sum$"按钮,在 H5 出现该列的求和值.

第四步:计算生产量综合指数 $Iq = \sum p_0q_1 / \sum p_0q_0$. 在 C6 中输入"=H5/G5"便可得到生产量综合指数.

用 Excel 计算总指数资料的结果见表 7.2.8.

表 7.2.8 某企业甲、乙、丙三种产品的生产情况的 Excel 计算结果

序号	A	B	C	D	E	F	G	H
	产品	计量单位	基期单位成本 p_0	基期产量 q_0	报告期单位成本 p	报告期产量 q_1	p_0q_0	p_0q_1
1								
2	甲	万件	8	20	6	24	160	192
3	乙	万吨	10	8	8	11	80	110
4	丙	万吨	20	4	17	5	80	100
5	合计		—	—	—	—	320	402
6	生产量指数		1.256 25					

(二)用 Excel 计算平均指数

1. 计算加权平均数指数

表 7.2.9 中的 A1:A4 区域内是某企业生产情况的统计资料,我们要以基期总成本为同度量因素,计算生产量平均指数.

表 7.2.9 某企业生产情况的统计资料

A	B	C	D
产品	计量单位	基期产量 q_0	报告期产量 q_1
甲	万件	20	24
乙	万吨	8	11
丙	万吨	4	6

用 Excel 计算平均指数资料的步骤及结果如下.

第一步:计算个体指数后 $K = q_1/q_0$. 在 F2 中输入"=D2/C2",并用鼠标拖曳将公式复制到 F2:F4 区域.

第二步:计算并求和. 在 G2 中输入"=F2 * E2",并用鼠标拖曳将公式复制到 G2:G4 区域. 选定 G2:G4 区域,单击工具栏上的"$\sum$"按钮,在 G5 列出现该列的求和值.

第三步:计算生产量平均指数.在 C6 中输入" =G5/E5"即得到所求的值.

用 Excel 计算总指数资料的结果见表 7.2.10.

表 7.2.10 某企业生产情况的 Excel 计算结果

序号	A	B	C	D	E	F	G
1	产品	计量单位	基期产量 q_0	报告期产量 q_1	基期总成本 p_0q_0	$K=q_1/q_0$	$K*p_0*q_0$
2	甲	万件	20	24	160	1.2	192
3	乙	万吨	8	11	80	1.375	110
4	丙	万吨	4	6	80	1.5	120
5	合计		—	—	—	350	422
6	生产量平均指数			1.318 75			

2. 计算加权调和平均数指数

已知某企业三种产品的生产情况,求产品价格总的变化情况,求得的结果见表 7.2.11.

计算步骤如下.

第一步:在 D2 单元格中输入公式" =B2/C2*100".

第二步:在 D5 单元格中输入公式" =SUM(D2:D4)".

第三步:在 B7 单元格中输入公式" =B5/D5",即可得到所求的加权调和平均数指数.

表 7.2.11 某企业三种产品的生产情况以及加权调和平均数值数计算结果

序号	A	B	C	D
1	产品名称	报告期产值/万元	个体价格指数/%	
2	甲	440	113	389.380 531
3	乙	430	111	387.387 387
4	丙	330	109	302.752 294
5	合计	1 200	—	1 079.520 21
6	价格平均指数		1.111 604 94	

(三)用 Excel 进行因素分析

资料同表 7.2.7,有关资料及运算结果见表 7.2.12 所示,进行因素分析的步骤如下.

表 7.2.12 用 Excel 进行因素分析资料及结果

序号	A	B	C	D	E	F	G	H	I
1	产品	计量单位	基期单位成本 p_0	基期产量 q_0	报告期单位成本 p_1	报告期产量 q_1	p_0q_0	p_0q_1	p_1q_1
2	甲	万件	8	20	6	24	160	192	144
3	乙	万吨	10	8	8	11	80	110	88
4	丙	万吨	20	4	17	6	80	120	102

续表

序号	A	B	C	D	E	F	G	H	I
5	合计		—	—	—	—	320	422	334
6	总成本指数		1.043 75						
7	产量指数		1.318 75						
8	单位成本指数		0.791 469 194						

第一步:计算各个 p_0q_0 和 $\sum p_0q_0$. 在 G2 中输入"=C2*D2",并用鼠标拖曳将公式复制到 G2:G4 区域. 选定 G2:G4 区域,单击工具栏上的"$\sum$"按钮,在 G5 出现该列的求和值.

第二步:计算各个 p_0q_1 和 $\sum p_0q_1$. 在 H2 中输入"=C2*F2",并用鼠标拖曳将公式复制到 H2:H4 区域. 选定 H2:H4 区域,单击工具栏上的"$\sum$"按钮,在 H5 出现该列的求和值.

第三步:计算各个 p_1q_1 和 $\sum p_1q_1$. 在 I2 中输入"=E2*F2",并用鼠标拖曳将公式复制到 I2:I4 区域. 选定 I2:I4 区域,单击工具栏上的"$\sum$"按钮,在 I5 出现该列的求和值.

第四步:计算总成本指数. 在 C6 中输入"=I5/G5",即求得总成本指数.

第五步:计算产量指数. 在 C7 中输入"=H5/G5",即得产量指数.

第六步:计算单位成本指数. 在 C8 中输入"=I5/H5",即求得单位成本指数.

任务实施

现在来思考一下某仪器设备有限公司的经营分析问题. 已知公司的水质监测仪价格于 2020 年 8 月进行了一次调整,价格提高给该公司的经营带来了很大影响,公司 2020 年 9 月的销售收入为 53 550 元,比去年同期增长了 13 490 元,销售收入的增长在多大程度上是由涨价所带来的? 销售量变化对销售收入的影响有多大? 对公司经营成本的影响又有多大? 公司的经营成本又是怎样的情况? 根据所提供的该公司的有关经营业务资料(表 7.2.13),你如何分析公司的经济效益?

表 7.2.13　某公司有关经营业务员资料

产品类型	销售量/件		价格/(元·件$^{-1}$)		单位成本/(元·件$^{-1}$)	
	2019 年 9 月	2020 年 9 月	2019 年 9 月	2020 年 9 月	2019 年 9 月	2020 年 9 月
A	7 500	7 200	1.2	1.5	1.1	1.4
B	8 200	8 250	1.4	1.8	1.3	1.6
C	8 900	9 000	2.2	3.1	1.5	1.8

拓展延伸

<h2 align="center">几种常用的经济指数</h2>

一、消费者价格指数和零售物价指数

消费者价格指数(又称生活费用指数)是综合反映各种消费品和生活服务价格的变动程度的重要经济指数,通常简记为 CPI. 该指数可以用于分析市场物价的基本动态,调整货币工资以得到实际工资水平,等等. 它是政府制定物价政策和工资政策的重要依据,世界各国都在编制这种指数.

我国的消费者价格指数(居民消费价格指数)是采用固定加权算术平均指数方法来编制的. 其主要编制过程和特点是:首先,将各种居民消费划分为八大类,包括食品、衣着、家庭设备及用品、医疗保健、交通和通信工具、文教娱乐用品、居住项目以及服务项目等,下面再划分为若干个中类和小类;其次,从以上各类中选定 325 种有代表性的商品项目(含服务项目)入编指数,利用有关对比时期的价格资料分别计算个体价格指数;再次,依据有关时期内各种商品的销售额构成确定代表品的比重权数,它不仅包括代表品本身的权数(直接权数),而且还要包括该代表品所属的那一类商品中其他项目所具有的权数(附加权数),以此提高入编项目对于所有消费品的一般代表性程度;最后,按从低到高的顺序,采用固定加权算术平均公式,依次编制各小类、中类的消费价格指数和消费价格总指数:

$$K_p = \frac{\sum k_p \cdot w}{\sum w} = \frac{\sum k_p \cdot w}{100}$$

式中　K_p——消费价格总指数;
　　　k_p——某类商品物价指数;
　　　w——某类商品固定指数.

我国的零售物价指数编制程序与消费者价格指数基本相同,也是采用固定加权算术平均指数公式. 目前,零售物价指数的入编商品共计 353 项,其中不包括服务项目(但以往包含一部分对农村居民销售的农业生产资料,现已取消),对商品的分类方式也与消费者价格指数有所不同. 这些都决定了两种价格指数在分析意义上的差别:消费者价格指数综合反映城乡居民所购买的各种消费品和生活服务的价格变动程度,零售物价指数则反映城乡市场各种零售商品(不含服务)的价格变动程度.

二、工业生产指数

工业生产指数概括反映一个国家或地区各种工业产品产量的综合变动程度,它是衡量经济增长水平的重要指标之一. 世界各国都非常重视工业生产指数的编制,但采用的编制方法却不完全相同.

在我国,工业生产指数是通过计算各种工业产品的不变价格产值来加以编制的. 其基本编制过程是:首先,对各种工业产品分别制订相应的不变价格标准(记为 p_c);然后,逐项计算各种产品的不变价格产值,加总起来就得到全部工业产品的不变价格总产值;将不同时期的不变价格总产值加以对比,就得到相应时期的工业生产指数. t 时期的不变价格总产值为 $\sum q_t p_c (t = 0,1,2,3,\cdots)$,则该时期的工业生产指数就是固定加权综合指数的形式:

$$K_p = \frac{\sum q_t p_c}{\sum q_{t-1} p_c} \text{ 或 } K_p = \frac{\sum q_1 p_c}{\sum q_0 p_c}$$

式中　K_p——工业生产指数;

　　　q_t——第 t 期不变价格产量;

　　　p_c——不变价格.

三、股票价格指数

股票作为一种特殊的金融商品,也有价格.广义的股票价格包括票面价格、发行价格、账面价格、清算价格、内在价格、市场价格等.狭义的股票价格,即通常所说的市场价格,也称股票行市.它完全随股市供求行情变化而涨落.股票价格指数是根据精心选择的那些具有代表性和敏感性强的样本股票某时点平均市场价格计算的动态相对数,用以反映某一股市股票价格总的变动趋势.股价指数的单位习惯上用"点"表示,即以基期为100(或1 000),每上升或下降1个单位称为1点.股价指数计算的方法很多,但一般以发行量为权数进行加权综合.其公式为:

$$K = \frac{\sum q_i p_{1i}}{\sum q_i p_{0i}}$$

式中　p_{1i} 和 p_{0i}——为报告期和基期样本股平均价格;

　　　q_i——第 i 种股票报告期发行量.

股价指数是反映证券市场行情变化的重要指标,不仅是广大证券投资者进行投资决策分析的依据,而且也被视为一个地区或国家宏观经济态势的"晴雨表".世界各地的股票市场都有自己的股票价格指数.在一个国家里,同一股市往往有不同的股票价格.

能力训练

一、思考题

1.统计指数如何分类?有哪些类型?

2.什么是数量指标和质量指标?二者有何关系?

3.什么是同度量因素?有什么作用?

4.总指数有哪两种基本形式?各有什么特点?

二、选择题

1.社会经济统计中的指数是指(　　).

A.总指数　　　　B.广义的指数　　　　C.狭义的指数　　　　D.广义和狭义的指数

2.根据指数所包括的范围不同,可把它分为(　　).

A.个体指数和总指数　　　　　　　　B.综合指数和平均指数

C.数量指数和质量指数　　　　　　　D.动态指数和静态指数

3.编制综合指数时对资料的要求是须掌握( ).

A.总体的全面调查资料　　　　　　　B.总体的非全面调查资料

C.代表产品的资料　　　　　　　　　D.同度量因素的资料

4.设 p 表示商品的价格, q 表示商品的销售量, $\dfrac{\sum p_1 q_1}{\sum p_0 q_1}$ 说明了( ).

A.在报告期销售量条件下,价格综合变动的程度

B.在基期销售量条件下,价格综合变动的程度

C.在报告期价格水平下,销售量综合变动的程度

D.在基期价格水平下,销售量综合变动的程度

5.编制数量指标综合指数一般是采用( )作为同度量因素.

A.报告期数量指标　　　　　　　　　B.基期数量指标

C.报告期质量指标　　　　　　　　　D.基期质量指标

6.编制质量指标综合指数一般是采用( )作为同度量因素.

A.报告期数量指标　　　　　　　　　B.基期数量指标

C.报告期质量指标　　　　　　　　　D.基期质量指标

7.某地区职工工资水平本年比上年提高了 5% ,职工人数增加了 2% ,则工资总额增加了
( ).

A.7%　　　　　　B.7.1%　　　　　　C.10%　　　　　　D.11%

8.单位产品成本报告期比基期下降 5% ,产量增加 5% ,则生产费用( ).

A.增加　　　　B.降低　　　　C.不变　　　　D.难以判断

9.平均指标指数中的平均指标通常是( ).

A.简单算术平均指数　　　　　　　　B.加权算术平均指数

C.简单调和平均指数　　　　　　　　D.加权调和平均指数

10.平均指标指数是由两个( )对比所形成的指数.

A.个体指数　　　　B.平均数指数　　　　C.总量指标　　　　D.平均指标

三、技能训练题

1.某商场对两类商品的收购价格和收购额资料见表7.2.14.

表 7.2.14　某商场对两类商品的收购价格和收购额资料

商品种类	收购额/万元		收购价格/元	
	基期	报告期	基期	报告期
甲	100	130	50	55
乙	200	240	61	60

试求收购价格总指数、收购额总指数,并利用指数体系计算收购量总指数.

2.某厂生产的三种产品的有关资料见表 7.2.15.

表 7.2.15　某厂生产种产品的资料

产品名称	产量		单位产品成本/元	
	基期	报告期	基期	报告期
甲	1 000	1 200	10	8
乙	5 000	5 000	4	4.5
丙	1 500	2 000	8	7

要求:

①计算三种产品的单位成本总指数以及因单位产品成本变动使总成本变动的绝对额.

②计算三种产品产量总指数以及因产量变动而使总成本变动的绝对额.

③利用指数体系分析说明总成本(相对程度和绝对额)变动情况.

3. 某公司三种商品销售额及价格变动资料见表7.2.16.

表 7.2.16　某公司三种商品销售额及价格变动的资料

商品名称	商品销售额/万元		价格变动率/%
	基期	报告期	
A	500	650	+1
B	200	200	−5
C	1 000	1 200	+8

计算三种商品的价格总指数和销售量总指数.

4. 某商店三种商品的销售资料见表7.2.17.

表 7.2.17　某商店 3 种商品的销售资料

商品名称	销售额/万元		今年销售量比去年增长/%
	基期	报告期	
甲	150	180	8
乙	200	240	5
丙	400	450	15

试计算:

①销售额指数及销售额增加绝对值.

②销售量指数及由销售量变动而增加的销售额.

课件:统计指数分析

任务三　抽样推断

学习目标

- 能描述抽样推断的概念与作用,以及误差的概念和原理
- 能解释抽样推断中所用到的基本概念——全及总体和抽样总体、总体指标和样本指标、重复抽样和不重复抽样
- 能熟练操作 Excel 进行抽样推断
- 能运用点估计和区间估计两种抽样推断方法解决实际问题

任务描述与分析

1. 任务描述

2019 年中国科学院长江水产研究所的工作人员为了调查长江中江豚的繁殖现状,要在武汉地区长江流域抽样调查江豚的长度和数量. 现在需要思考的是:被调查江豚的长度和数量在多大的程度上反映了长江流域中江豚的长度和数量? 误差的可能有多大? 为了保证调查的准确性,是否需要追加调查?

2. 任务分析

抽样推断这种统计分析方法是认识总体现象的重要方法. 需要完成下述任务:

①根据调查所得的江豚长度和数量数据如何推断总体的长度和数量?

②调查江豚的长度和数量数据与总体的长度和数量的误差有多大?

知识链接

一、抽样推断概述

【案例 7.3.1】 武汉市长江流域面积巨大,并且江豚是游动的,如果对全部的江豚进行调查肯定是不现实的,如果你作为调查队员,该如何在合理的时间内完成这项工作呢?

微课:抽样推断概述　课件:抽样推断

解析:当我们对一个庞大的总体进行分析时,最基本的问题是不可能对总体中所有的单位进行全面调查. 所以我们选择一部分代表,也就是样本,对其进行调查后,用样本的数量特征估计总体的数量特征,来达到认识总体的目的.

（一）抽样推断的含义

1. 抽样推断的特点

抽样推断又称为抽样估计,它是在抽样调查的基础上,利用样本实际资料计算样本指标,并据以推算总体相应数量特征的一种统计调查方式.

【例7.3.1】　从全国所有股份制企业中,抽取一部分企业,详细调查其生产经营状况,根据这部分企业的调查资料来推算所有股份制企业的生产经营状况,这就属于抽样推断.

抽样推断有以下几个特点:

①按随机原则从总体中抽取调查单位.所谓随机原则是指在抽取调查单位时,总体中每个单位都有同等被抽中的机会,完全排除了人为主观意识的影响,哪个单位抽中与否,纯粹是随机的、偶然的.按随机原则抽取调查单位是进行抽样推论的基本要求.

②根据被抽取的调查单位,计算各种指标,并对总体的指标作出估计.

③抽样推断中的抽样误差可以事先计算并加以控制,从而保证抽样推断的结论符合预定的精确度和可靠度要求.

2. 抽样推断的作用

抽样推断的主要作用如下所述.

①对某些不可能进行全面调查而又需要了解全面情况的社会经济现象,可以采用抽样推断方式.另外,对于无限总体也不可能进行全面调查,只能采用抽样推断方式.

②对于某些不必要或在经济上不允许经常采用全面调查的社会经济现象,最适宜采用抽样推断方式.

③对于需要及时了解情况的现象,也经常采用抽样推断方式.因为全面调查浪费人力、物力和财力,资料也不易及时取得,而抽样推断方式不仅节省人力、资金,且时间快,方式灵活,能够及时满足了解情况的需要.

④对全面调查的资料进行评价和修正.全面调查因范围广、工作量大、参加的人员多,发生登记性误差的可能性就大.因此,为了保证全面调查资料的准确性以及检验全面调查资料的质量,在全面调查之后,一般都要进行抽样推断.在总体中再抽取一部分单位重新调查,然后将两次调查的资料进行比较,计算出差错率,并据此对全面调查的资料加以修正.

⑤抽样推断还可以用于工业生产过程中的质量控制.

(二)抽样的基本概念

1. 总体和样本

总体又称全及总体.它是根据研究目的,由全部调查因单位所组成的集合体.总体的单位数通常都是很大的,甚至是无限的,这样才有必要组织抽样调查,进行抽样推断.总体单位数一般用符号 N 表示.

样本又称子样.它是从总体中随机抽取出来的部分调查单位所组成的集合体.样本的单位数是有限的.样本单位数一般用符号 n 表示,也称样本容量.

对于某一特定研究问题来说,作为推断对象的总体是确定的,而且是唯一的.但由于从一个总体中可以抽取许多个样本,所以作为观察对象的样本,不是唯一的,而是可变的.明白这一点对于理解抽样推断原理是很重要的.

【例7.3.2】　长江工程职业技术学院数学建模协会调查学生吃早饭的情况,随机从全校学生中抽取了200人进行调查,那么全校学生就是总体,随机抽取的200名学生就是样本,样本容量为200人.

2. 总体指标和样本指标

总体指标又称参数.它是根据总体各单位的标志表现计算的综合指标.

对于总体中的数量标志,可以计算的总体指标有总体平均数 $\overline{X}$、总体方差 σ^2(或总体标准差 σ).

设总体变量 X 的取值为:$X_1, X_2, \cdots, X_N$,则

$$\overline{X} = \frac{\sum X}{N} \text{ 或 } \overline{X} = \frac{\sum XF}{\sum X}$$

$$\sigma^2 = \frac{\sum (X - \overline{X})^2}{N} \text{ 或 } \sigma^2 = \frac{\sum (X - \overline{X})^2 F}{\sum F}.$$

对于总体中的品质标志来说,由于各单位品质标志不能用数量来表示,因此,可以计算的总体指标有总体成数 $\overline{X}_P$、总体成数方差 σ_P^2 或总体成数标准差 σ_P.

设 P 表示总体中具有某种性质的单位数在总体单位数中所占的比重,Q 表示总体中不具有某种性质的单位数在总体单位数中所占的比重. 在总体 N 个单位中,有 N_1 个单位具有某种性质,N_0 个单位不具有某种性质,$N = N_1 + N_0$. 则

$$P = \frac{N_1}{N}, Q = \frac{N_0}{N} = \frac{N - N_1}{N} = 1 - P$$

如果总体中的品质表现只有"是""非"两种. 例如,产品质量的标志表现为合格和不合格,人口性别的标志表现为男性和女性,则可以把"是"的标志表现表示为 1,而"非"的标志表现表示为 0. 那么成数 P 就可以视为 $(0,1)$ 分布的相对数,并可以计算相应的方差(或标准差). 其计算公式为

$$\overline{X}_P = \frac{\sum XF}{\sum X} = \frac{0 \times N_0 + 1 \times N_1}{N_0 + N_1} = \frac{N_1}{N} = P$$

$$\sigma_P^2 = \frac{(0 - P)^2 N_0 + (1 - P)^2 N_1}{N_0 + N_1} = \frac{P^2 N_0 + Q^2 N_1}{N} = P^2 Q + Q^2 P = PQ(P + Q) = P(1 - P)$$

在抽样推断中,总体指标的意义和计算方法是明确的,但总体指标的具体数值事先是未知的,需要用样本指标来估计它.

样本指标又称统计量. 它是根据样本各单位的标志表现计算的、用来估计总体指标的综合指标. 可以计算的样本指标有样本平均数 $\overline{x}$、样本方差 s^2 和样本成数 p 等.

设样本变量 x 的取值为 $x_1, x_2, \cdots, x_n$,则

$$\overline{x} = \frac{\sum x}{n} \text{ 或 } \overline{x} = \frac{\sum xf}{\sum f}$$

$$s^2 = \frac{\sum (x - \overline{x})^2}{n} \text{ 或 } s^2 = \frac{\sum (x - \overline{x})^2 f}{\sum f}$$

$$\overline{x}_p = \frac{n_1}{n} = p$$

$$s_p^2 = p(1 - p)$$

【例 7.3.3】 长江工程职业技术学院数学建模协会调查学生吃早饭的情况,随机从全校

学生中抽取了 200 人进行调查,其中有 150 名学生有吃早饭的习惯. 那么

$$p = \frac{150}{200} \times 100\% = 75\% , \qquad q = \frac{200-150}{200} \times 100\% = 25\%$$

在抽样推断中,样本指标的计算方法是确定的,但它的取值随着样本的不同,有不同的样本变量. 所以,样本指标本身是随机变量,用它作为总体指标的估计值,有时误差大些,有时误差小些;有时产生正误差,有时产生负误差.

（三）抽样方法

在抽样调查中,从总体中抽取样本单位的方法有两种:重复抽样和不重复抽样.

1. 重复抽样

重复抽样也称重置抽样、放回抽样、回置抽样等. 它是指从总体 N 个单位中随机抽取容量为 n 的样本时,每次抽取一个单位,把结果登记下来后,重新放回,再从总体中抽取下一个样本单位. 在这种抽样方式中,同一单位可能有被重复抽中的机会. 可见,重复抽样的总体单位在各次抽取中都是不变的,每个单位中选的机会在每次抽取中都是均等的.

用重复抽样的方法从总体 N 个单位中抽取 n 个单位组成样本,可能得到的样本总数为 N^n 个.

2. 不重复抽样

不重复抽样也称不重置抽样、不放回抽样、不回置抽样等. 它是指从总体 N 个单位中随机抽取容量为 n 的样本时,每次抽取一个单位后,不再放回去,下一次则从剩下的总体单位中继续抽取,如此反复,最终构成一个样本. 也就是说,每个总体单位至多只能被抽中一次,所以从总体中每抽取一次,总体就少一个单位. 因此,先后抽出来的各个单位被抽中的机会是不相等的.

用不重复抽样的方法从总体 N 个单位中抽取 n 个单位组成样本,可能得到的样本总数为:

$$A_N^n = \frac{N!}{(N-n)!}$$

不考虑顺序的组合数为:

$$C_N^n = \frac{N!}{(N-n)! \; n!}$$

可见,在相同样本容量的要求下,不重复抽样可能得到的样本个数比重复抽样可能得到的样本个数少. 当采用不重复抽样、而全及总体所包含的单位数又不多时,越到后来,留在总体中的单位就越少,被抽中的机会就越大. 不过当全及总体单位数很多、样本总体单位数所占的比重很小时,则对先后抽出来的各个单位被抽中的机会影响不大. 由于不重复抽样简便易行,所以在实际工作中经常被采用.

（四）抽样的组织形式

1. 简单随机抽样

简单随机抽样又称纯随机抽样. 它是对总体中的所有单位不进行任何分组、排队,而是完全随机地直接从总体 N 个单位中抽取 n 个单位,作为一个样本进行调查. 在抽样中保证总体中每个单位都有同等的被抽中的机会.

简单随机抽样是抽样中最基本、最单纯的组织形式,它适用于均匀总体,即具有某种特征

的单位均匀地分布于总体的各个部分,使总体的各个部分都是同等分布的.

获得简单随机样本的具体做法主要有两种:

（1）抽签法

抽签法就是将总体各单位编号,以抽签的方式从中任意抽取所需样本单位的方法.

（2）查随机数表法

所谓随机数表是指含有一系列组别的随机数字的表格.表中数字的出现及其排列是随机的.查随机数表时,可以竖查、横查、顺查、逆查;可以用每组数字左边的前几位数,也可以用其右边的后几位数,还可以用中间的某几位数字.这些都需要事先定好.但一经决定采用某一种具体做法,就必须保证对整个样本的抽取完全遵从同一规则.

简单随机抽样在理论上最符合随机原则,但在实际应用中有很大的局限性:

第一,无论用抽签法还是用查随机数表法取样,均需对总体各个单位逐一编号.而抽样推断中的总体单位数很多,编号查号的工作量很大.

第二,当总体各单位标志变异程度较大时,简单随机抽样的代表性就比较差.

第三,对某些事物根本无法进行简单随机抽样,如对正在连续生产的大量产品进行质量检验,就不可能对全部产品进行编号抽检.

所以,简单随机抽样适用于所调查的总体单位数不多、且各单位标志变异程度较小的情况.

2. 类型抽样

类型抽样也称分类抽样或分层抽样.它是先将总体各单位按主要相关标志分组（或分类）,然后在各组（或各类）中再按随机原则抽取样本单位的组织形式.例如,在进行城市职工家庭旅游消费支出抽样调查时,首先把职工按所属国民经济部门分类,然后再在各部门中抽取若干个调查户;再如,进行星级宾馆入住情况调查时,先将各宾馆按星级标准分为五星、四星、三星、二星和一星五类,然后再在各类宾馆中抽取若干个调查单位.

类型抽样实质上是分组法和随机抽样法相结合的产物.首先划分出性质不同的各个组,以减少组内标志值之间的变异程度;然后按照随机原则,从各组中抽取调查单位.所以,类型抽样所抽取的样本代表性较高,抽样误差小,能够以较少的样本单位数获得比较准确的推断结果.特别是当总体各单位标志值相差很大,各组间标志值变异程度很大时,类型抽样则更为优越.

经过划类分组后,确定各类型组样本单位数一般有两种方法:

第一,不等比例抽样.即各类型组所抽取的单位数,按各类型组标志值的变异程度来确定,变异程度大则多抽一些单位,变异程度小则少抽一些单位.这种方法又称为类型适宜抽样或称一般抽样.

第二,等比例抽样.即按各类型组的单位数占总体单位数的比重进行抽样.

在实际工作中,由于事先很难了解各组的标志变异程度,因此,大多数类型抽样采用等比例抽样法.

类型抽样的特点是,样本单位数不是从整个总体,而是从各类中分别抽取,且彼此独立.

3. 等距抽样

等距抽样也称机械抽样.它是先把总体各单位按照某一标志排队,然后按相等的距离抽取样本单位的组织形式. 排队的标志可以是与调查标志无关的,也可以是与调查标志有关的.

按无关标志排队,是指排队时采用与调查项目无关的标志进行. 例如,按姓氏笔画多少排队、按地名笔画排队、按人名册、户口簿及按地图上的地理位置排队等,也可以按时间顺序排队,例如,检查产品质量,确定按 10% 的比率抽检,这时即可按时间顺序在每 10 个产品中抽取一个进行质量检查,直至将规定的样本单位数抽满为止.

按有关标志排队,是指排队时采用与调查项目有关的标志进行. 例如,进行我国粮食产量抽样调查,由省抽县,县抽乡,乡抽村,都是按前三年的粮食平均亩产量排队的;进行我国城市职工家计抽样调查,是按职工平均工资排队的. 按有关标志排队,能使被研究对象标志值的变动均匀地分布在总体中,保证样本具有较高的代表性.

等距抽样除考虑排队的标志外,还需要考虑抽样距离的问题. 设 N 为全及总体单位数,n 为样本单位数,k 为抽样距离,则:

$$k = \frac{N}{n}$$

等距抽样的随机性表现在抽取的第一个样本单位上,当第一个样本单位确定后,其余的各个样本单位也就确定了. 也就是说,第一个样本单位确定后,每加一个抽样距离就是下一个被抽取的样本单位,直至抽满规定的样本单位数为止. 例如,进行工业产品质量检查,当确定按 5% 的比率抽取样本单位时,可按时间顺序每隔 5 件抽取一件产品进行登记,一直达到预定的样本单位数为止. 又如,进行粮食产量抽样调查时,抽取样本单位是先按最近三年粮食平均亩产量排队,再根据累计播种面积和预定抽取的样本单位数计算抽样距离,第一个样本单位在 1/2 抽样距离处,以后每加一个抽样距离就是下一个被抽取的样本单位,直至抽满规定的样本单位数为止.

等距抽样在按无关标志排队、等距抽取样本单位时,实质上仍是简单随机抽样,其抽样平均误差的计算公式与简单随机抽样相同. 在按有关标志排队、等距抽取样本单位时,实质上就成为类型抽样的特例. 因此,抽样平均误差的公式与类型抽样公式相同. 但按有关标志排队的等距抽样与类型抽样略有不同,等距抽样只在各组中抽取一个单位,而类型抽样是在各组中抽取若干个单位.

4. 整群抽样

整群抽样也称成组抽样. 前面介绍的三种抽样组织形式,都是一个一个地抽取样本单位,故称为个体抽样. 整群抽样则是一批一批地抽取样本单位,每抽取一批时,对其中所有的单位都进行登记调查. 抽取的形式,既可用简单随机抽样形式,也可以用等距抽样形式,一般常用后者. 例如,要按 10% 的比例对饭店餐具进行卫生检验,即可每隔 5 小时从已消毒的餐具中抽取一次消毒过的全部产品作为一群,然后按比例要求抽满群数组成样本,并对每群进行逐个登记.

整群抽样容易组织,多用于进行产品的质量检查. 缺点是由于样本在总体中太集中,分布不均匀,与其他几种抽样方式比较,误差较大,代表性较差. 但是如果群内差异大而群间差异小,即群内方差大,群间方差小,则可使样本代表性提高,使抽样误差减少. 考虑到编制名单和抽取样本的工作比其他各种组织形式简便易行,调查也集中方便,这时整群抽样又是有益的.

案例 7.3.1 解析:武汉市长江流域面积巨大,并且江豚是游动的,如果对全部的江豚进行调查肯定是不现实的. 我们可以利用简单随机抽样的办法,对总体中的所有单位不进行任何分组、排队,而是完全随机地直接从总体中抽取 n 个单位,作为一个样本进行调查. 在抽样中保证总体中每个单位都有同等的被抽中的机会. 用样本的数量特征来推断全部江豚的特征,可以大大地减少工作量,并且可以通过科学的方法来控制准确性.

二、抽样误差分析

【案例 7.3.2】 中国科学院长江水产研究所的工作人员采用随机抽样的方式,抽取成年江豚 30 条,获得的数据资料为:江豚的平均长度为 150 厘米,长度的标准差为 0.9. 接下来我们需要用 30 条江豚数据特征来推断长江流域江豚的长度,会不会有误差? 如果存在误差有多大? 如果要求误差不能超过 0.1 厘米才算调查有意义,那么总体的身高可能出现在哪个区间? 概率是多少呢?

微课:抽样误差分析

解析:在实际工作中,误差是避免不了的,我们不可能消除它,准确计算出误差的大小也是不可能的,只能通过某些科学的方法估计它,并采取一定的措施对它加以控制.

课件:抽样误差分析

(一)抽样误差的含义

在抽样推断中,用样本指标推断总体指标,总会存在一定的误差,其误差来源主要有两个方面:

1. 登记性误差

登记性误差是在调查和整理资料的过程中,由于主、客观因素的影响而引起的误差,如在登记的过程中由于疏忽而将 3 误写为 8,将 1 误写为 7;在计算合计的过程中所造成的计算错误等.

2. 代表性误差

代表性误差是由于样本的结构情况不足以代表总体特征而导致的误差. 代表性误差的产生又有两种情况:

一种是违反了抽样推断的随机原则,如调查者有意地多选较好的单位或多选较差的单位来进行调查,这样计算出来的样本指标必然出现偏高或偏低的情况,造成系统性误差,也称为偏差.

另一种情况是遵守了抽样推断的随机原则,但由于从总体中抽取样本时有多种多样的可能,当取得一个样本时,只要被抽中样本的内部结构与被研究总体的结构有所出入,就会出现或大或小的偶然性的代表性误差,也称为随机误差.

系统性误差和登记性误差都是由于抽样工作组织不好而导致的,应该采取预防措施避免发生. 而偶然性的代表性误差是无法消除的. 抽样误差就是指这种偶然性的代表性误差,即按随机原则抽样时,单纯因不同的随机样本得出不同的估计量而产生的误差.

抽样误差是抽样推断所固有的,虽然它无法避免,但可以运用大数定律的数学公式加以精确计算,确定其具体的数量界限,并通过抽样设计加以控制. 所以,这种抽样误差也称为可控制误差.

（二）抽样平均误差

1. 抽样平均误差的含义

抽样误差描述了样本指标与总体指标之间的离差绝对数，在用样本指标估计相应的总体指标时，它可以反映估计的准确程度. 但是由于抽样误差是随机变量，具有取值的多样性和不确定性特点，因而就不能以它的某一个样本的具体误差数值来代表所有样本与总体之间的平均误差情况，应该用抽样平均误差来反映抽样误差平均水平.

所谓抽样平均误差，就是所有可能出现的样本指标（平均数或成数）的标准差，也可以理解为所有的样本指标与总体指标之间的平均离差. 我们所说的抽样误差可以事先计算和控制，就是针对抽样平均误差而言的. 抽样平均误差是用样本指标推断总体指标时，计算误差范围的基础.

抽样平均误差的计算，与抽样方法和抽样组织形式有直接关系，不同的抽样方法和抽样组织形式计算抽样平均误差的公式是不同的.

2. 抽样平均误差的计算

在实际工作中，只求得一个样本指标，无法得到抽样平均误差（即样本指标的标准差），故通常是根据抽样平均误差和总体标准差的关系来推算. 样本平均数的抽样平均误差计算公式如下：

$$\mu_{\bar{x}} = \sqrt{\frac{(\bar{x} - \bar{X})^2 f}{\sum f}}$$

在一般情况下，总体平均数 $\bar{X}$ 是未知的. 当样本较多时，可用样本平均数的平均数来代替（这已经得到证明）. 而在实际工作中，通常只需从总体中抽取一个样本，这样就可以根据总体标准差和样本单位数的关系来计算.

（1）重复抽样条件下抽样平均误差的计算

数理统计可以证明：在重复抽样条件下，抽样平均误差与总体标准差成正比，与样本单位数的平方根成反比. 故在已知总体标准差的条件下，可用下面的公式计算样本平均数的抽样平均误差：

$$\mu_{\bar{x}} = \frac{\sigma}{\sqrt{n}}$$

在大样本（$n>30$）下，如果没有总体标准差 σ 的资料，可用样本标准差 s 来代替，其公式如下：

$$\mu_{\bar{x}} = \frac{s}{\sqrt{n}}$$

相应地有样本成数的抽样平均误差公式：

$$\mu_p = \sqrt{\frac{P(1-P)}{n}}$$

同样，在大样本下，如果 p 未知，可用样本成数 p 来代替，即

$$\mu_p = \sqrt{\frac{p(1-p)}{n}}$$

　　总体成数方差还有一个特点,就是它的最大值是 0.5×0.5=0.25,也就是说,当两类总体单位各占一半时,它的变异程度最大,方差为 25%,标准差则为 50%. 因此,在总体成数方差值未知时,可用其最大值来代替,这样会使计算出来的抽样平均误差偏大一些,一般而言这对推断认识有益而无害.

　　(2)不重复抽样条件下抽样平均误差的计算

　　对上述重复抽样下的公式作如下修正:

$$\mu_{\bar{x}} = \sqrt{\frac{\sigma^2}{n}\left(1-\frac{n}{N}\right)}$$

$$\mu_P = \sqrt{\frac{p(1-p)}{n}\left(1-\frac{n}{N}\right)}$$

　　不重复抽样的平均误差和重复抽样的平均误差公式,两者相差的因子(1-n/N)永远小于 1. 在不重复抽样下,抽中的单位不再放回,总体单位数逐渐减少,余下的每个单位被抽中的机会就会增大,所以不重复抽样的抽样平均误差小于重复抽样的抽样平均误差,这就是用因子(1-n/N)作为调整系数来修正原式的道理. 但在抽中单位占全体单位的比重 n/N 很小时,这个因子接近于 1,对于计算抽样平均误差所起的作用不大. 因而实际工作中不重复抽样有时仍按重复抽样的公式计算.

　　抽样平均误差的计算,在抽样调查中占有相当重要的地位. 抽样调查的优点在于它能计算出抽样平均误差,且以抽样平均误差作为用样本指标推断总体指标的重要补充指标.

　　【例 7.3.4】　对长江工程职业技术学院 4 000 名新生进行生活费调查,随机抽取 10% 的新生作为样本,调查所得到的数据资料为:样本单位数为 400 人,平均月生活费为 1 500 元,标准差为 127.5 元,请你计算新生月生活费的平均误差?

　　解:根据数据资料可得,

　　重复抽样:

$$\mu_{\bar{x}} = \frac{\sigma}{\sqrt{n}} = \frac{127.5}{\sqrt{400}} = 6.375$$

　　不重复抽样:

$$\mu_{\bar{x}} = \sqrt{\frac{\sigma^2}{n}\left(1-\frac{n}{N}\right)} = \sqrt{\frac{127.5^2}{400}(1-10\%)} = 6.05$$

　　【例 7.3.5】　对长江工程职业技术学院 4 000 名新生随机抽取 10% 进行体能测试,其中合格人数为 360 人,请你计算新生体能测试合格率的平均误差?

　　根据数据资料可得:

$$合格率\ P = \frac{n_1}{n} = \frac{360}{400} = 90\%$$

　　重复抽样:

$$\mu_p = \sqrt{\frac{P(1-P)}{n}} = \sqrt{\frac{90\% \times 10\%}{400}} = 1.5\%$$

　　不重复抽样:

$$\mu_P = \sqrt{\frac{p(1-p)}{n}\left(1-\frac{n}{N}\right)} = \sqrt{\frac{90\% \times 10\%}{400} \times \left(1-\frac{400}{4\ 000}\right)} = 1.4\%$$

（三）影响抽样平均误差的因素

影响抽样平均误差的因素主要有以下三个.

1. 样本单位数的多少

在其他条件不变的情况下,样本单位数越多,抽样误差就越小;反之,样本单位数越少,则抽样误差就越大. 样本单位数越大,样本就越能反映总体的数量特征,如果样本单位数扩大到接近总体单位数时,抽样调查也就接近全面调查,抽样误差就缩小到几乎完全消失的程度.

2. 总体被研究标志的变异程度

在其他条件不变的情况下,总体各单位标志值变异程度越小,则抽样误差也越小,抽样误差和总体变异程度成正比变化. 这是因为总体变异程度小,表示总体各单位标志值之间的差异小,则样本指标与总体指标之间的差异也就小. 如果总体各单位标志值相等,则标志变异程度等于0,样本指标就完全等于总体指标,抽样误差也就不存在了.

3. 抽样的组织形式和抽样方法

在其他条件不变的情况下,不重复抽样下的样本比重复抽样下的样本代表性强,其抽样误差相应也要小. 在不同的抽样组织形式下,抽样误差也不同.

了解影响抽样误差的因素,对于控制和分析抽样误差十分重要. 在上述影响抽样误差的三个因素中,标志变异程度是客观存在的因素,是调查者无法控制的,但样本单位数、抽样方法及抽样的组织形式却是调查者能够选择和控制的. 因此,在实际工作中,应当根据研究的目的和具体情况,做好抽样设计和实施工作,以获得经济有效的抽样效果.

【案例7.3.3】　中国科学院长江水产研究所的工作人员采用随机抽样的方式,抽取成年江豚30条,获得的数据资料为:江豚的平均长度为150厘米,长度的标准差为0.9. 接下来需要用30条江豚数据特征来推断长江流域江豚的长度,会不会有误差? 如果存在误差,有多大?

解析:已知样本的单位数为$n=30$条,平均长度$\bar{x}=150$,平均长度的标准差为$\sigma=0.9$,由于采取的是随机抽样,相对于总体的数量来说,样本相对较小,可忽略不计,所以可以直接代入重复抽样平均误差公式中:

$$\mu_{\bar{x}}=\frac{\sigma}{\sqrt{n}}=\frac{0.9}{\sqrt{30}}=0.164$$

（四）抽样极限误差

1. 抽样极限误差的含义

抽样极限误差是从另一个角度来考虑抽样误差问题的. 用样本指标推断总体指标时,要想达到完全准确和毫无误差,几乎是不可能的. 样本指标和总体指标之间总会有一定的差距,所以在估计总体指标时就必须同时考虑误差的大小. 我们不希望误差太大,因为这会影响样本资料的价值. 误差越大,样本资料的价值就越小,当误差超过一定限度时,样本资料也就毫无价值了. 所以在进行抽样推断时,应该根据所研究对象的变异程度和分析任务的需要确定允许的误差范围,在这个范围内的数字就算是有效的. 这就是抽样极限误差的问题.

抽样极限误差是指样本指标和总体指标之间抽样误差的可能范围. 由于总体指标是一个确定的数,而样本指标则是围绕着总体指标左右变动的量,它与总体指标可能产生正离差,也可能产生负离差,样本指标变动的上限或下限与总体指标之差的绝对值就可以表示抽样误差的可能范围.

设 $\Delta_{\bar{x}}$、Δ_p 分别表示样本平均数的抽样极限误差和样本成数的抽样极限误差,则有:

$$|\bar{x}-\overline{X}| \leqslant \Delta_{\bar{x}}$$
$$|p-P| \leqslant \Delta_P$$

上面的不等式可以变换为下列不等式关系:

$$\overline{X}-\Delta_{\bar{x}} \leqslant \bar{x} \leqslant \overline{X}+\Delta_{\bar{x}}$$
$$P-\Delta_p \leqslant p \leqslant P+\Delta_p$$

上面第一式表明样本平均数是以总体平均数 $\overline{X}$ 为中心,在 $\overline{X}-\Delta_{\bar{x}}$ 至 $\overline{X}+\Delta_{\bar{x}}$ 之间变动的,区间 $(\overline{X}-\Delta_{\bar{x}},\overline{X}+\Delta_{\bar{x}})$ 称为样本平均数的估计区间,区间的长度为 $2\Delta_{\bar{x}}$,在这个区间内样本平均数和总体平均数之间的绝对离差不超过 $\Delta_{\bar{x}}$. 同样,上面第二式表明,样本成数是以总体成数 P 为中心,在 $P-\Delta_p$ 至 $P+\Delta_p$ 之间变动的,在 $(P-\Delta_p,P+\Delta_p)$ 区间内样本成数与总体成数的绝对离差不超过 Δ_p.

由于总体平均数和总体成数是未知的,它需要用实测的样本平均数和样本成数来估计,因而抽样极限误差的实际意义是希望估计区间 $\bar{x}\pm\Delta_{\bar{x}}$ 能以一定的可靠程度覆盖总体平均数 $\overline{X}$,$P\pm\Delta_p$ 能以一定的可靠程度覆盖总体成数 P,因而上面的不等式应变换为

$$\bar{x}-\Delta_{\bar{x}} \leqslant \overline{X} \leqslant \bar{x}+\Delta_{\bar{x}}$$
$$p-\Delta_p \leqslant P \leqslant p+\Delta_p$$

【例 7.3.6】 对长江工程职业技术学院 4 000 名新生进行生活费调查,随机抽取 10% 的新生作为样本,调查所得到的数据资料为:样本单位数为 400 人,平均月生活费为 1 500 元,标准差为 127.5 元. 如果要求误差不超过 10 元,那么请你计算新生月生活费的估计区间?

根据数据资料可得:

$$\Delta_{\bar{x}}=10$$

那么平均月生活费的估计区间为:

$$(\overline{X}-\Delta_{\bar{x}},\overline{X}+\Delta_{\bar{x}})=(1\ 490,1\ 510) 元$$

【案例 7.3.4】 中国科学院长江水产研究所的工作人员采用随机抽样的方式,抽取成年江豚 30 条,获得的数据资料为:江豚的平均长度为 150 厘米,长度的标准差为 0.9. 接下来需要用 30 条江豚数据特征来推断长江流域江豚的长度,如果要求误差不能超过 0.1 厘米才算调查有意义,那么总体的长度可能出现在哪个区间? 概率是多少呢?

关于长度的标准差,如果要求误差不能超过 0.1 厘米才算调查有意义,那么总体的长度可能出现在哪个区间?

解析: 由于要求的误差不差过 2 厘米,所以 $\Delta_{\bar{x}}=0.1$,那么长江流域江豚的长度的估计区间为:

$$(\overline{X}-\Delta_{\bar{x}},\overline{X}+\Delta_{\bar{x}})=(149.9,150.1) 厘米$$

2. 抽样极限误差的概率度

基于概率估计的要求,抽样极限误差通常需要以抽样平均误差 $\mu_{\bar{x}}$ 或 μ_P 为标准单位来衡量. 把抽样极限误差 $\Delta_{\bar{x}}$ 或 Δ_p 分别除以 $\mu_{\bar{x}}$ 或 μ_P,得相对数 t,它表示误差范围为抽样平均误差

的若干倍,t 是测量估计可靠程度的一个参数,称为抽样误差的概率度.

$$t = \frac{\Delta_{\bar{x}}}{\mu_{\bar{x}}} = \frac{|\bar{x} - \bar{X}|}{\mu_{\bar{x}}} \text{ 或 } \Delta_{\bar{x}} = t \, \mu_{\bar{x}}$$

$$t = \frac{\Delta_p}{\mu_p} = \frac{|p - P|}{\mu_p} \text{ 或 } \Delta_p = t \, \mu_p$$

抽样估计的概率度是表明样本指标和总体指标的误差不超过一定范围的概率保证程度. 由于样本指标随着样本的变动而变动,它本身是一个随机变量,因而样本指标和总体指标的误差仍然是一个随机变量,并不能保证误差不超过一定范围这个事件是必然事件,而只能给以一定程度的概率保证. 因此,就有必要计算样本指标落在一定区间范围内的概率,这种概率称为抽样估计的概率保证程度. 根据抽样极限误差的基本公式 $\Delta = t \cdot \mu$ 得出,概率度 t 的大小要根据对推断结果要求的把握程度来确定,即根据概率保证程度的大小来确定. 概率论和数理统计证明,概率度 t 与概率保证程度 $F(t)$ 之间存在着一定的函数关系,给定 t 值,就可以计算出 $F(t)$;相反,给出一定的概率保证程度 $F(t)$,则可以根据总体的分布,获得对应的 t 值.

在实际应用中,因为我们所研究的总体大部分为正态总体,对于正态总体而言,为了应用的方便本书附录附有标准正态分布表以供使用. 根据标准正态分布表,已知概率度 t 可查得相应的概率保证程度 $F(t)$;相反,已知概率保证程度 $F(t)$ 也可查得相应的概率度 t.

【例 7.3.7】　对长江工程职业技术学院 4 000 名新生进行生活费调查,随机抽取 10% 的新生作为样本,调查所得到的数据资料为:样本单位数为 400 人,平均月生活费 1 500 元,标准差为 127. 5 元. 如果要求误差不超过 10 元,那么其概率是多少?

根据数据资料可得:

$$\Delta_{\bar{x}} = 10, \mu_{\bar{x}} = \frac{\sigma}{\sqrt{n}} = \frac{127.5}{\sqrt{400}} = 6.375$$

那么概率度:

$$t = \frac{\Delta_{\bar{x}}}{\mu_{\bar{x}}} = \frac{10}{6.375} \approx 1.57$$

查标准正态分布表,可得概率:

$$F(t) = 88.36\%$$

【案例 7.3.5】　中国科学院长江水产研究所的工作人员采用随机抽样的方式,抽取成年江豚 30 条,获得的数据资料为:江豚的平均长度为 150 厘米,长度的标准差为 0.9. 接下来需要用 30 条江豚数据特征来推断长江流域江豚的长度,如果要求误差不能过 0.1 厘米才算调查有意义,那么总体的长度可能出现在哪个区间? 概率是多少呢?

解析:我们可以计算出:

$$\Delta_{\bar{x}} = 0.1, \mu_{\bar{x}} = \frac{\sigma}{\sqrt{n}} = \frac{0.9}{\sqrt{30}} = 0.164$$

那么概率度:

$$t = \frac{\Delta_{\bar{x}}}{\mu_{\bar{x}}} = \frac{0.1}{0.164} \approx 0.61$$

查标准正态分布表,可得概率:

$$F(t) = 45.85\%$$

从抽样极限误差的计算公式来看,抽样极限误差 Δ 与概率度 t 和抽样平均误差 μ 三者之间存在如下关系:

①在 μ 值保持不变的情况下,增大 t 值,抽样极限误差 Δ 也随之扩大,这时估计的精确度将降低;反之,要提高估计的精确度,就得缩小 t 值,此时概率保证程度也会相应降低.

②在 t 值保持不变的情况下,如果 μ 值小,则抽样极限误差 Δ 就小,估计的精确度就高;反之,如果 μ 值大,抽样极限误差 Δ 就大,估计的精确度就低.

由此可见,估计的精确度与概率保证程度是一对矛盾,进行抽样估计时必须在两者之间进行慎重的选择.

三、抽样估计方法

【案例 7.3.6】 中国科学院长江水产研究所的工作人员采用随机抽样的方式,抽取成年江豚 30 条,获得的数据资料为:江豚的平均长度为150 厘米,长度的标准差为 0.9. 接下来需要用 30 条江豚数据特征来推断长江流域江豚的长度. 现在我们要求以 95% 的概率来保证该年龄段全部成年江豚长度所在的区间.

课件:抽样估计方法

解析:抽样估计是指利用实际调查的样本指标的数值来估计相应的总体指标的数值的方法. 由于总体指标是表明总体数量特征的参数,例如,总体平均数、总体成数等,所以抽样估计也称为参数估计. 参数估计有点估计和区间估计两种方法.

(一)点估计

点估计的基本特点是根据样本资料计算样本指标,再以样本指标数值直接作为相应的总体指标的估计值. 例如,以实际计算的样本平均数作为相应总体平均数的估计值;以实际计算的样本成数作为相应总体成数的估计值等. 设以样本平均数 $\bar{x}$ 作为总体平均数 $\bar{X}$ 的估计值,样本成数 p 作为总体成数 P 的估计值.

点估计的优点是原理直观、计算简便,在实际工作中经常采用. 不足之处是这种估计方法没有考虑到抽样估计的误差,更没有指明误差在一定范围内的概率保证程度. 因此,当抽样误差较小,或抽样误差即使较大也不妨碍对问题的认识和判断时,才可以使用这种方法.

(二)区间估计

1. 区间估计的含义

区间估计的基本特点是根据给定的概率保证程度 $F(t)$ 的要求,利用实际样本资料,给出总体指标估计值的上限和下限,即指出可能覆盖总体指标的区间范围. 也就是说,区间估计要解决两个问题:

第一,根据样本指标和误差范围估计出一个可能包括总体指标的区间,即确定出估计区间的上限和下限.

第二,确定出估计区间覆盖总体未知参数的概率保证程度. 区间估计的基本公式有:

$$\bar{X} = \bar{x} \pm \Delta_{\bar{x}} = \bar{x} \pm t \cdot \mu_{\bar{x}} \qquad \bar{x} - t \cdot \mu_{\bar{x}} \leqslant \bar{X} \leqslant \bar{x} + t \cdot \mu_{\bar{x}}$$

$$P = p \pm \Delta_p = p \pm t \cdot \mu_p \qquad p - t \cdot \mu_p \leqslant P \leqslant p + t \cdot \mu_p$$

从而得到总体平均数的估计区间:

$$(\overline{x}-t \cdot \mu_{\overline{x}}, \overline{x}+t \cdot \mu_{\overline{x}})$$

总体成数的估计区间：

$$(p-t \cdot \mu_p, p+t \cdot \mu_p)$$

2. 区间估计的模式

在进行区间估计时，根据所给定条件的不同，总体平均数和总体成数的估计有以下两种模式可供选择使用.

①根据已给定的误差范围，求概率保证程度. 具体步骤是：

第一步，抽取样本，计算样本指标，即计算样本平均数 $\overline{x}$ 或样本成数 p，作为总体指标的估计值，并计算样本标准差 s 以推算抽样平均误差.

第二步，根据给定的抽样极限误差 Δ，估计总体指标的上限和下限.

第三步，将抽样极限误差 Δ 除以抽样平均误差 μ，求出概率度 t，再根据 t 值查标准正态分布表求出相应的概率保证程度.

【例 7.3.8】　对工厂生产设备中某种型号的机械零件进行耐磨性能检验，抽查的样本资料见表 7.3.1，要求耐磨时数的允许误差范围为 10 小时（$\Delta_{\overline{x}}=10$）. 试估计这批机械零件的平均耐磨时数.

表 7.3.1　某型号机械零件耐磨性能资料

耐磨时数/小时	组中值 x/小时	零件数 f/个
900 以下	875	1
900 ~ 950	925	2
950 ~ 1 000	975	6
1 000 ~ 1 050	1 025	35
1 050 ~ 1 100	1 075	43
1 100 ~ 1 150	1 125	9
1 150 ~ 1 200	1 175	3
1 200 以上	1 225	1
合计	—	100

解：第一步，计算 $\overline{x}, s, \mu_{\overline{x}}$：

$$\overline{x} = \frac{\sum xf}{\sum f} = \frac{105\ 550}{100} = 1\ 055.5 \text{（小时）}$$

$$s = \sqrt{\frac{(x-\overline{x})^2 f}{\sum f}} = 51.91 \text{（小时）}$$

$$\mu_{\overline{x}} = \frac{\sigma}{\sqrt{n}} = \frac{51.91}{\sqrt{100}} = 5.191 \text{（小时）}$$

【注】总体标准差 σ 以样本标准差 s 代替.

第二步，根据给定的 $\Delta_{\overline{x}}=10$，计算总体平均数的上、下限：

$$下限 = \bar{x} - \Delta_{\bar{x}} = 1\,055.5 - 10 = 1\,045.5\ (小时)$$
$$上限 = \bar{x} + \Delta_{\bar{x}} = 1\,055.5 + 10 = 1\,065.5\ (小时)$$

第三步，根据 $t = \dfrac{\Delta_{\bar{x}}}{\mu_{\bar{x}}} = \dfrac{10}{5.191} = 1.93$，查标准正态分布表得概率保证程度 $F(t) = 94.64\%$.

推断的结论是：根据要求耐磨时数的允许误差范围为 10 小时，估计这批机械零件耐磨时数在 $(1\,045.5,1\,065.5)$ 之间，其概率保证程度为 94.64%.

【例 7.3.9】 仍用表 7.3.1 中的资料，设该种型号零件质量标准规定，耐磨时数达 1 000 小时以上为合格品，要求合格率估计的允许误差范围不超过 4%，试估计该批机械零件的合格率.

解：第一步，计算 p, s_p^2, μ_p：

$$p = \frac{n_1}{n} = \frac{91}{100} = 91\%$$
$$s_p^2 = p(1-p) = 0.91 \times 0.09 = 0.081\,9$$
$$\mu_p = \sqrt{\frac{p(1-p)}{n}} = \sqrt{\frac{0.081\,9}{100}} = 2.86\%$$

第二步，根据给定的 $\Delta_p = 4\%$，求总体合格率的上、下限：

$$下限 = p - \Delta_p = 91\% - 4\% = 87\%$$
$$上限 = p + \Delta_p = 91\% + 4\% = 95\%$$

第三步，根据 $t = \Delta_p / \mu_p = 1.4$，查标准正态分布表得概率 $F(t) = 83.85\%$.

推断的结论是：根据要求，合格率允许误差范围不超过 4%，估计这批零件的合格率在 $(87\%,95\%)$ 之间，其概率保证程度为 83.85%.

② 根据已给定的概率保证程度，求抽样极限误差. 具体步骤是：

第一步，抽取样本，计算样本指标，即计算样本平均数 $\bar{x}$ 或样本成数 p，作为总体指标的估计值，并计算样本标准差 s 以推算抽样平均误差.

第二步，根据给定的概率保证程度 $F(t)$，查概率表求得概率度 t 值.

第三步，根据概率度 t 和抽样平均误差 μ 推算出抽样极限误差 Δ，并根据抽样极限误差求出被估计总体指标的上限和下限.

【例 7.3.10】 对中国某中等城市进行居民家庭年人均旅游消费支出调查，随机抽取 400 户居民家庭，调查得知居民家庭年人均旅游消费支出额为 400 元，标准差为 100 元，要求以 95% 的概率保证程度，估计该市年人均旅游消费支出额.

解：第一步，根据已知资料算得：

$$年人均消费支出额\ \bar{x} = 400\ (元)$$
$$样本标准差\ s = 100\ (元)$$
$$\mu_{\bar{x}} = \frac{\sigma}{\sqrt{n}} = \frac{100}{\sqrt{400}} = 5\ (元)$$

【注】总体标准差 σ 以样本标准差 s 代替.

第二步，根据给定的概率保证程度 $F(t) = 95\%$，查标准正态分布表得 $t = 1.96$.

第三步，计算 $\Delta_{\bar{x}} = t\mu_{\bar{x}} = 1.96 \times 5 = 9.80$，则该市居民家庭年人均旅游消费支出额：

$$下限 = \bar{x} - \Delta_{\bar{x}} = 400 - 9.80 = 390.20（元）$$
$$上限 = \bar{x} + \Delta_{\bar{x}} = 400 + 9.80 = 409.80（元）$$

结论:在95%的概率保证程度下,估计该市居民家庭年人均旅游消费支出额在(390.20,409.80)之间.

【例7.3.11】 为了解国内旅游人数情况,在一些地区随机调查5 000人,结果发现800人有当年国内旅游计划,要求以95%的概率保证程度,估计国内旅游人数比率的可能范围.

解: 第一步,根据已知资料算得:

$$样本国内旅游人数比率 = \frac{n_1}{n} = \frac{800}{5\ 000} = 16\%$$

$$样本方差\ s_p^2 = p(1-p) = 0.16 \times 0.84 = 0.134\ 4$$

$$抽样平均误差\ \mu_p = \sqrt{\frac{p(1-p)}{n}} = \sqrt{\frac{0.134\ 4}{5\ 000}} = 0.518\%$$

【注】 $P(1-P)$用$p(1-p)$代替.

第二步,根据给定的概率保证程度$F(t) = 95\%$,查标准正态分布表得概率度$t = 1.96$.

第三步,计算$\Delta_p = t\mu_p = 1.96 \times 0.518\% = 1.015\%$,则总体比率的上、下限为:

$$下限 = p - \Delta_p = 16\% - 1.015\% = 14.985\%$$
$$上限 = p + \Delta_p = 16\% + 1.015\% = 17.015\%$$

结论:在95%的概率保证程度下,估计国内旅游人数的比率在[15%,17%]之间.

【案例7.3.7】 中国科学院长江水产研究所的工作人员采用随机抽样的方式,抽取成年江豚30条,获得的数据资料为:江豚的平均长度为150厘米,长度的标准差为0.9.接下来需要用30条江豚数据特征来推断长江流域江豚的长度.现在我们要求以95%的概率来保证成年江豚长度所在的区间.

解析: 第一步,根据已知资料算得:成年江豚的平均长度$\bar{x} = 150$厘米,样本标准差$s = 0.9$厘米,$\mu_{\bar{x}} = \dfrac{\sigma}{\sqrt{n}} = \dfrac{0.9}{\sqrt{30}} = 0.164$厘米.

第二步,根据给定的概率保证程度$F(t) = 95\%$,查标准正态分布表得$t = 1.96$.

第三步,计算$\Delta_{\bar{x}} = t\mu_{\bar{x}} = 1.96 \times 0.164 = 0.321$,则成年江豚长度:

$$下限 = \bar{x} - \Delta_{\bar{x}} = 150 - 0.321 = 149.679（厘米）$$
$$上限 = \bar{x} + \Delta_{\bar{x}} = 150 + 0.321 = 150.321（厘米）$$

结论:在95%的概率保证程度下,估计成年江豚的平均长度在[149.679,150.321]之间.

四、必要样本单位数的确定

【案例7.3.8】 中国科学院长江水产研究所的工作人员采用随机抽样的方式,通过样本江豚数据特征江豚的平均长度为150厘米,长度的标准差为0.9来推断长江流域江豚的长度.现在要求以95%的概率来保证江豚的平均长度误差不超过0.321,那么用随机抽样的方法需要抽取多少条?

解析: 如果抽取的样本容量过大,会增加很多人力、物力和财力,如果样本容量较小,则难以保证推断结果的准确性.所以样本容量需要科学确定.

（一）样本单位数的确定

科学地组织抽样调查,保证随机抽样条件的实现,并合理有效地取得各项数据,是抽样设计中一个至关重要的问题.注意相关问题如下:

首先,要保证随机原则的实现.

其次,样本单位数确定.

再次,科学选择抽样组织形式.

最后,还必须重视调查费用这个基本因素.

实际上任何一项抽样调查都是在一定费用的限制下进行的.抽样设计应该力求采用调查费用最省的方案.一般来说,提高精确度的要求与节省费用的要求往往有矛盾,抽样误差要求越小,则调查费用需要越多.因此,抽样误差最小的方案并非是最好的方案,在许多情况下,允许一定范围的误差仍能够满足分析的要求.我们的任务就是在允许的误差要求下,选择费用最少的抽样设计方案.

综上所述,抽样设计应该掌握两个基本原则:

第一,保证实现抽样的随机原则,即保证总体各单位的相互独立性,以及任何一个单位在每次抽样中被抽中机会的均等性.

第二,保证实现最大的抽样效果原则,即在一定的调查费用下,选取抽样误差最小的方案;或在给定调查精确度的要求下,选取调查费用最省的方案.

1. 根据平均数的抽样极限误差确定样本单位数

影响抽样误差的因素之一是样本单位数的多少.在抽样调查中,事先确定必要的样本单位数,是一项重要的工作.由于样本单位数 n 是抽样极限误差公式的组成部分,所以可以根据抽样极限误差公式推导出样本单位数.以简单随机抽样为例,测定总体平均数所必需的样本单位数 n.

①重复抽样条件下:

$$n_{\bar{x}} = \frac{t^2 \sigma^2}{\Delta_{\bar{x}}^2}$$

②不重复抽样条件下:

$$n_{\bar{x}} = \frac{t^2 N \sigma^2}{N \Delta_{\bar{x}}^2 + t^2 \sigma^2}$$

2. 根据成数的抽样极限误差确定样本单位数

①重复抽样条件下:

$$n_p = \frac{t^2 P(1-P)}{\Delta_P^2}$$

②不重复抽样条件下:

$$n_p = \frac{t^2 N P(1-P)}{N \Delta_P^2 + t^2 P(1-P)}$$

$n_{\bar{x}}$ 或 n_p 是指在抽样误差不超过预先规定的数值,即满足抽样极限误差小于等于 $\Delta_{\bar{x}}$ 或 Δ_p 的条件下,至少应抽取的样本单位数.

3. 确定必要样本单位数应注意的问题

在确定必要样本单位数的过程中,可能会遇到一些应用性问题,主要应注意以下几个方面:

①总体指标未知的问题. 公式中涉及总体标准差与总体成数资料时,一般可利用以前的经验数据或样本数据来代替. 若遇到有不止一个经验数据或样本数据时,宜选择最大的一个. 若总体成数未知,可选取使成数方差达到最大(0.25)或接近最大的 P 值代入.

②估计对象导致数目不相等的问题. 在同一资料既要估计平均数又要估计成数时,根据这两种估计所求的必要样本单位数可能不相等,这时应选择其中样本单位数较大的进行抽样,以保证抽样推断的精确性和可靠性.

③抽样方式导致数目不相等的问题. 按重复抽样公式计算的必要样本单位数要比按不重复抽样公式确定的必要样本单位数大. 在条件允许的情况下,为保证抽样推断的精确度和可靠程度,原则上,一切抽样调查在计算必要样本单位数时,都可采用重复抽样公式计算.

(二)影响样本单位数的因素

影响样本单位数的因素主要有以下几个方面:

1. 总体标准差

在其他条件不变的情况下,总体标准差与样本单位数成正比. 总体标准差大,说明总体差异程度高,总体各单位标志值较平均数的离散程度高,则样本单位数就多;反之,总体标准差小,则样本单位数就少.

2. 抽样极限误差

在其他条件不变的情况下,抽样极限误差与样本单位数成反比. 如果允许的误差范围越大,对抽样估计的精确度要求越低,则样本单位数就越少;反之,若允许的误差范围越小,对精确度的要求越高,则样本单位数就越多.

3. 抽样方法及抽样的组织形式

抽样方法和抽样组织形式不同,样本单位数的多少也不同. 在其他条件不变的情况下,重复抽样条件下的样本单位数多于不重复抽样条件下的样本单位数;在适宜的条件下,类型抽样比简单重复抽样的样本单位数少.

此外,样本单位数的多少,一方面要考虑耗费的人力、财力、物力和时间的允许条件;另一方面要考虑能否达到研究的预期目的. 一般而言,样本单位数越多,抽样误差越小,样本的代表性越大. 但是,样本单位数越多,耗费的人力、物力、财力和时间也越多,从而又导致研究结果的时效性差. 因此,在确定样本单位数时,还要考虑到这个方面的需要与可能.

【例 7.3.12】　仍利用表 7.3.1 中的资料,确定必要样本单位数.

解:根据表 7.3.1 中的已知资料计算得到:

$\bar{x}=1\,055.5$ 小时,$s=51.91$ 小时,$\Delta_{\bar{x}}=10$ 小时,$t=1.93$,$p=90\%$(耐磨时数达 1 000 小时以上比重),$\Delta_p=4\%$.

按样本平均数的重复抽样公式,确定必要样本单位数为:

$$n_{\bar{x}}=\frac{t^2\sigma^2}{\Delta_{\bar{x}}^2}=\frac{1.93^2\times51.91^2}{10^2}\approx100.4$$

按样本成数的重复抽样公式,确定必要样本单位数为:

$$n_p = \frac{t^2 P(1-P)}{\Delta_P^2} = \frac{1.93^2 \times 0.9(1-0.9)}{0.04^2} \approx 209.5$$

根据计算结果,进行抽样调查时所确定的必要样本单位数应为 210 个.

【案例 7.3.9】 中国科学院长江水产研究所的工作人员采用随机抽样的方式,通过样本江豚数据特征江豚的平均长度为 150 厘米,长度的标准差为 0.9 来推断长江流域江豚的长度. 现在要求以 95% 的概率来保证江豚的平均长度误差不超过 0.321,那么用随机抽样的方法需要抽取多少条?

解析:根据资料计算得到:$\Delta_{\bar{x}} = 0.321$ 厘米,$t = 1.96$,标准差 $\sigma = 0.9$ 厘米.

按样本平均数的重复抽样公式,确定必要样本单位数为:

$$n_{\bar{x}} = \frac{t^2 \sigma^2}{\Delta_{\bar{x}}^2} = \frac{1.96^2 \times 0.9^2}{0.321^2} \approx 30(\text{条})$$

也就是说,我们至少要抽取成年江豚数为 30 条.

任务实施

现在请你根据本书中成年江豚的数据资料,计算成年江豚以 90% 的概率保证下长度的区间估计.

拓展延伸

"您好,我是第七次全国人口普查的事后质量抽查员."近日,在天津市河西区天成公寓,魏若辰身着黑色马甲,佩戴抽查员证,手持平板电脑,敲开了住户何大爷家的门.

"上次普查员到您家是人口普查入户登记,这次是普查的事后质量抽查. 我们随机抽取一小部分小区,再登记一次相关信息,通过前后对比来确保普查数据质量,感谢您的配合."魏若辰解释说.

随着现场登记工作的结束,近日第七次全国人口普查转入事后质量抽查阶段.

记者从国务院第七次全国人口普查领导小组办公室了解到,此次事后质量抽查制订了科学严谨的方案,组建了 31 个抽查组,抽调了 1 000 多名抽查人员,对覆盖 31 个省(区、市)的 141 个县、406 个普查小区、约 3.2 万户、10 万人进行现场调查.

事后质量抽查是检验普查数据质量的有效手段,也是世界各国普遍采用的评估普查数据质量的有效方法.

第七次全国人口普查从 2020 年 11 月 1 日至 12 月 10 日进行入户登记. 700 多万普查人员对 14 亿多人口进行了全面普查,汇集了丰富翔实的普查基础数据. 事后质量抽查,是普查登记之后进行的一次独立调查.

国务院人口普查办公室主任、国家统计局副局长李晓超介绍,通过科学严谨的事后质量抽查,可以准确了解普查登记内容的真实性,并通过差错率和误差率等指标予以量化,为评判人口普查数据质量提供依据,为科学使用人口普查数据提供保障.

李晓超表示,31 个抽查组将严格执行抽查方案,按照统一的标准、方法、时点,对抽中的普查小区开展逐户逐人逐项的询问,根据申报人的回答据实填报,做到不重不漏、准确无误. 此外,国务院人口普查办公室向社会公开招募了社会监督员,对抽查工作实行全过程监督.

我国的人口普查每 10 年开展一次. 在事后质量抽查之后,此次人口普查还将进行数据处理、评估、汇总等,2021 年 4 月开始将陆续公布普查主要数据.

能力训练

1. 下列事项属于抽样推断的有(　　).

A. 为了测定车间的工时损失,对车间中的每三班工人中的第一班工人进行调查

B. 为了解某大学食堂卫生状况,对该校的五个食堂进行调查

C. 对某城市 1% 的家庭进行调查,以便研究该城市居民的消费状况

D. 对某公司三个分厂中的一个分厂进行调查,以便研究该工厂的能源利用效果

2. 总体指标和样本指标(　　).

A. 都是随机变量　　　　　　　　　　　B. 都是确定性变量

C. 前者是唯一确定的,后者是随机变量　D. 前者是随机变量,后者是唯一确定的

3. 抽样误差是(　　).

A. 样本数目过少引起的　　　　　　　　B. 观察、测量、计算的失误引起的

C. 抽样过程中的偶然性因素引起的　　　D. 抽样推断中产生的系统性误差

4. 在一定的误差范围要求下(　　).

A. 概率度大,要求可靠性低,样本数目相应要多

B. 概率度大,要求可靠性高,样本数目相应要多

C. 概率度小,要求可靠性低,样本数目相应要少

D. 概率度小,要求可靠性高,样本数目相应要少

E. 概率度小,要求可靠性低,样本数目相应要多

5. (1)先将总体各单位按某一标志排列,再依固定顺序和间隔来抽取样本单位数的抽样组织形式,被称为(　　).

　　A. 纯随机抽样　　　B. 机械抽样　　　C. 分层抽样　　　D. 整群抽样

(2)先将总体各单位按主要标志分组,再从各组中随机抽取一定单位组成样本,这种抽样组织形式,被称为(　　).

　　A. 纯随机抽样　　　B. 机械抽样　　　C. 分层抽样　　　D. 整群抽样

(3)先将总体各单位划分成若干群,再以群为单位从中按随机原则抽取一些群,对抽中的群的所有单位进行全面调查,这种抽样组织形式,被称为(　　).

　　A. 纯随机抽样　　　B. 机械抽样　　　C. 分层抽样　　　D. 整群抽样

(4)没有重复抽样的抽样组织形式为(　　).

　　A. 纯随机抽样　　　B. 机械抽样　　　C. 分层抽样　　　D. 整群抽样

(5)某工厂产品是连续性生产,为检查产品质量,在 24 小时中每隔 30 分钟,取下一分钟的产品进行全部检查,这是(　　).

　　A. 纯随机抽样　　　B. 机械抽样　　　C. 分层抽样　　　D. 整群抽样

任务四　相关分析和回归分析

学习目标

- 能描述相关分析的概念与作用、回归分析的概念和原理
- 能解释相关分析中所用到的基本概念——相关图、相关表以及相关系数
- 能写出回归分析的基本模型以及回归方程系数的计算步骤
- 能操作 Excel 进行相关分析和回归分析
- 能利用相关分析和回归分析解决实际问题

任务描述与分析

1.任务描述

2022 年中国科学院长江水产研究所的工作人员想要调查调查江豚的长度与质量,将要在武汉地区长江流域抽样调查江豚.现在需要思考的是:长度与质量有没有关系,如果有关系,那么能否用函数表示?

2.任务分析

相关分析和回归分析是研究多个变量之间相互联系的重要方法.本任务需要完成:

①长度与质量的相关关系程度有多高?

②长度与质量的函数关系该如何计算?

知识链接

一、相关分析

【案例 7.4.1】　2022 年中国科学院长江水产研究所的工作人员想要调查调查江豚的长度与质量,在武汉市长江流域获得 20 条成年江豚,长度和质量分别见表 7.4.1.

微课:相关分析　　课件:相关分析

表 7.4.1　成年江豚长度质量表

长度/厘米	147	147	148	148	148	149	149	150	150	150
质量/千克	155	154	155	157	159	156	158	160	158	161
长度/厘米	150	150	151	151	152	153	154	154	156	157
质量/千克	160	163	162	164	167	165	168	164	168	169

江豚的长度与质量有没有关系?

解析: 当在判断若干个变量之间的关系时,可以通过相关图,相关表大致判断,也可以计算相关系数来判断它们之间的联系程度.

（一）相关关系的概念

变量之间的关系存在这两种类型:函数关系和相关关系.

①函数关系.它反映变量之间存在着严格的依存关系,也就是说变量之间存在着一定的函数形式所形成的对应关系,对于某一变量的每一个数值,都有另一个变量的确定值与之相对应,并且这种关系可以用一个数学表达式反映出来.如:圆的面积与半径之间的关系,即 $S = \pi R^2$.

②相关关系.它反映现象之间确实存在的,但关系数值不固定的相互依存关系,它们之间没有严格意义上的一一对应关系.例如,一个家庭的储蓄不仅与其收入有关,还和其消费状况、日常生活必需品价格等有关.

③相关关系与函数关系的联系.由于有观察或测量误差等原因,函数关系在实际中往往通过相关关系表现出来.在研究相关关系时,又常常要使用函数关系的形式来表现,以便找到相关关系的一般数量表现形式.

（二）相关关系的分类

①按相关的程度可分为完全相关、不完全相关和不相关.完全相关实际上说明严格的函数关系,不完全相关则是两者之间有部分联系,不相关则指两者没有明显的趋势程度.表示形态如图 7.4.1 所示.

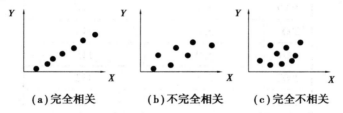

图 7.4.1　按相关的程度对相关关系进行分类

②按相关的方向可分为正相关和负相关.正相关又称顺相关,指因变量随自变量增大而增大;负相关又称逆相关,指因变量随自变量增大而减小.表示形态如图 7.4.2 所示.

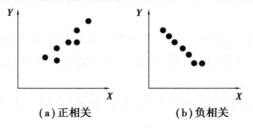

图 7.4.2　按相关的方向对相关关系进行分类

③按相关的形式可分为线性相关和非线性相关.因变量与自变量之间的相关关系可以近似拟合为一条直线,称之为线性相关;因变量与自变量之间的相关关系可以近似拟合为某种曲线,称之为非线性相关,也可以称为曲线相关.表示形态如图 7.4.3 所示.

④按所研究的变量多少可分为单相关、复相关和偏相关.两个因素之间的相关关系称为单相关;一个因素与多个因素之间的相关关系称为复相关.

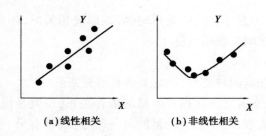

(a)线性相关   (b)非线性相关

图 7.4.3 　按相关的形式对相关关系进行分类

（三）相关表和相关图

1. 相关表

相关表是一种反映变量之间相关关系的统计表. 将某一变量按其取值的大小排列,然后再将与其相关的另一变量的对应值平行排列,便可得到简单的相关表.

【例 7.4.1】 　某地区的一家食品加工厂近 8 年生产产品的产量与生产费用的相关情况见表 7.4.2.

表 7.4.2 　某食品加工厂近八年的生产数据

年份	产品产量 x/千吨	生产费用 y/万元
1997	1.2	62
1998	2.0	86
1999	3.1	80
2000	3.8	110
2001	5.0	115
2002	6.1	132
2003	7.2	135
2004	8.0	160

解:从表 7.4.2 可以看出,产品产量与生产费用之间存在一定的正相关关系.

2. 相关图

相关图又称散点图,它是将相关表中的观测值在平面直角坐标系中用坐标点描绘出来,以表明相关点的分布状况. 通过相关图,可以大致看出两个变量之间有无相关关系以及相关的形态、方向和密切程度.

以表 7.4.2 为例,用相应的统计软件可以绘制相关图(图 7.4.4).

（四）相关系数

1. 相关系数的定义

相关分析的内容主要是研究两个变量之间有无关系,相关系数是用来说明变量之间在直线相关条件下相关关系密切程度和方向的统计分析指标. 其定义公式为:

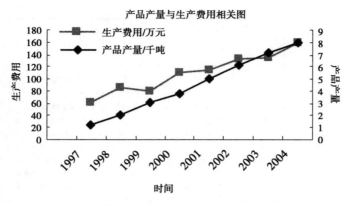

图 7.4.4　例 7.4.1 相关图

$$r = \frac{\sigma_{xy}^2}{\sigma_x \sigma_y} = \frac{\dfrac{\sum (x - \bar{x})(y - \bar{y})}{n}}{\sqrt{\dfrac{\sum (x - \bar{x})^2}{n}} \sqrt{\dfrac{\sum (y - \bar{y})^2}{n}}}$$

式中　σ_{xy}^2——两个变量之间的协方差;

　　　σ_x——变量 x 的标准差;

　　　σ_y——变量 y 的标准差;

　　　$\bar{x}, \bar{y}$——变量 x, y 的均值.

我们需要理解以下两点:

第一,两个变量之间的相关程度和方向,取决于两个变量离差乘积之和 $\sum (x - \bar{x})(y - \bar{y})$,
当它为 0 时,r 为 0;当它为正时,r 为正;当它为负时,r 为负.

第二,相关程度的大小与计量单位无关. 为了消除积差中两个变量原有计量单位的影响,
将各变量的离差除以该变量数列的标准差,使之成为相对积差,即 $(x-\bar{x})/\sigma_x$ 和 $(y-\bar{y})/\sigma_y$,所
以相关系数是无量纲的数量.

2. 相关系数的计算

根据相关系数定义的公式推导得简化公式:

$$r = \frac{n \sum xy - \sum x \cdot \sum y}{\sqrt{n \sum x^2 - (\sum x)^2} \cdot \sqrt{n \sum y^2 - (\sum y)^2}}$$

【例 7.4.2】　以表 7.4.2 为例,计算相关系数.

解:使用 Excel 计算相关系数,见表 7.4.3.

表 7.4.3　例 7.4.1 的相关系数计算表

年份	产品产量 x /千吨	生产费用 y /万元	x^2	y^2	xy
1997	1.2	620	1.44	384 400	744

续表

年份	产品产量 x /千吨	生产费用 y /万元	x^2	y^2	xy
1998	2	860	4	739 600	1 720
1999	3.1	800	9.61	640 000	2 480
2000	3.8	1 100	14.44	1 210 000	4 180
2001	5	1 150	25	1 322 500	5 750
2002	6.1	1 320	37.21	1 742 400	8 052
2003	7.2	1 350	51.84	1 822 500	9 720
2004	8	1 600	64	2 560 000	12 800
合计	36.4	8 800	207.54	10 421 400	45 446

可以得出：

$$r = \frac{8 \times 45\ 446 - 36.4 \times 8\ 800}{\sqrt{8 \times 207.54 - 36.4^2} \cdot \sqrt{8 \times 10\ 421\ 400 - 8\ 800^2}} = 0.969\ 7$$

3. 相关系数的意义

相关系数一般可以从正负符号和绝对数值的大小两个层面理解. 正负说明现象之间是正相关还是负相关. 绝对数值的大小说明两现象之间线性相关的密切程度. 相关系数 r 的取值在 -1 到 $+1$ 之间；当 $r = +1$ 时，说明两变量之间是完全正相关；当 $r = -1$ 时，说明两变量之间是完全负相关，在这两种情况下表明变量之间为完全线性相关，即函数关系；当 $r = 0$ 时，表明两变量无线性相关关系；当 $r > 0$ 时，表明变量之间为正相关；当 $r < 0$ 时，表明变量之间为负相关.

当 r 的绝对值越接近于 1，表明线性相关关系越密切；r 越接近于 0，表明线性相关关系越不密切. 根据经验可将相关程度分为以下几种情况：

① $|r| < 0.3$，为无线性相关.

② $0.3 \leqslant |r| < 0.5$，为低度线性相关.

③ $0.5 \leqslant |r| < 0.8$，为显著线性相关.

④ $|r| \geqslant 0.8$，一般称为高度线性相关.

以上说明必须建立在相关系数通过显著性检验的基础之上.

案例 7.4.1 解析：

使用计算相关系数的方式来判断长度和质量的关系；将数据代入相关系数的简化公式得：

$$r = \frac{n \sum xy - \sum x \cdot \sum y}{\sqrt{n \sum x^2 - (\sum x)^2} \cdot \sqrt{n \sum y^2 - (\sum y)^2}} = 0.92$$

样本中成年江豚的长度和质量存在正相关关系.

二、一元线性回归分析

【案例7.4.2】　2022年中国科学院长江水产研究所的工作人员想要调查调查江豚的长度与质量,在武汉市长江流域获得20条成年江豚,长度和质量见表7.4.1.

微课:一元线性 课件:一元线性
回归分析　　　回归分析

江豚的长度与质量之间的函数关系?

解析:当我们在判断若干个变量之间的函数关系时,需要先判断它们之间的相关性,接下来就可以建立回归方程.

(一)回归的概念和特点

在上一任务中我们知道,相关分析主要是用相关系数去描述变量间相互依存的性质和程度,但不能说明变量间相互关系的具体形式,从而不能从一个变量的变化去推测另一个变量的变化,要做到这一点,还需要进行回归分析以确定变量之间的另一种关系——函数关系.

回归分析就是对具有相关关系的变量之间数量变化的一般关系进行测定,确定一个相关的数学表达式,以便于进行估计或预测的统计方法.

1. 回归分析的特点

①在几个变量之间,我们需要对不实际的研究对象具体确定哪些是自变量,哪个是因变量.

②回归方程的作用在于,在给定自变量的数值情况下来估计因变量的可能值. 一个回归方程只能做一种推算. 推算的结果表明变量之间具体的变动关系,而两者之间是不存在因果关系.

③直线回归方程中,自变量的系数为回归系数. 回归系数的符号为正时,表示正相关;回归系数的符号为负时,表示负相关.

④确定回归方程时,只要求因变量是随机的,而自变量是给定的数值.

2. 回归分析的分类

在对回归分析进行分类时,如果按回归变量的个数不同可以分为一元回归分析和多元回归分析;按回归的形式不同可以分为线性回归分析和非线性回归分析.

(二)回归模型的一般形式

假设因变量y与一个或者多个自变量$x_1,x_2,\cdots,x_n$之间具有统计关系,我们可以这样考虑因变量y由两部分组成,一部分由$x_1,x_2,\cdots,x_n$决定,记作$f(x_1,x_2,\cdots,x_n)$;另一部分由众多的未考虑因素决定,一般称作随机误差记作ε,于是我们得到如下统计模型:

$$y=f(x_1,x_2,\cdots,x_n)+\varepsilon$$

$f(x_1,x_2,\cdots,x_n)$称为y对自变量$x_1,x_2,\cdots,x_n$的回归函数,上式称为回归模型的一般形式. 模型表达了变量$x_1,x_2,\cdots,x_n$与因变量y的相关关系,数理统计学中的"回归"通常指散点分布在一条直线或者曲线附近,并且越靠近该直线,点的分布越密集的情况,称为直线或者曲线的拟合.

当概率模型中的回归函数是线性时,上式变成:

$$y=\beta_0+\beta_1 x_1+\beta_2 x_2+\cdots+\beta_n x_n+\varepsilon$$

其中,$\beta_0,\beta_1,\cdots,\beta_n$为未知参数,$\beta_0$是回归常数,$\beta_1,\cdots,\beta_n$为回归系数,我们把上式称为线性回归模型.

在实际应用中由于 $\beta_0, \beta_1, \cdots, \beta_n$ 都是未知的, 我们要将它们估计出来, 就需要样本观测值 $x_{i1}, x_{i2}, \cdots, x_{in}, i = 1, 2, \cdots, n$, 模型又可表示为:

$$y = \beta_0 + \beta_1 x_{i1} + \beta_2 x_{i2} + \cdots + \beta_n x_{in} + \varepsilon_i$$

假设由这些数据给出 $\beta_0, \beta_1, \cdots, \beta_n$ 的估计值为 $\hat{\beta}_0, \hat{\beta}_1, \cdots, \hat{\beta}_n$, 称为

$$y = \hat{\beta}_0 + \hat{\beta}_1 x_1 + \hat{\beta}_2 x_2 + \cdots + \hat{\beta}_n x_n$$

经验回归方程. 对于任意给定的自变量 $x_1, x_2, \cdots, x_n$, 通过上式可以得到一个量记为 $\hat{y}$, 称为 y 的预测值.

对于模型, 通常规定满足的基本假设由:

①变量 $x_1, x_2, \cdots, x_n$ 是非随机变量, 样本观测值 $x_{i1}, x_{i2}, \cdots, x_{in}$, 是常数.

②高斯-马尔科夫条件:

$$\begin{cases} E(\varepsilon_i) = 0, i = 1, 2, \cdots, n \\ \mathrm{Cov}(\varepsilon_i, \varepsilon_j) = \begin{cases} 0, i \neq j \\ \sigma^2, i = j \end{cases} \end{cases}$$

③正态分布的假定条件:

$$\begin{cases} \varepsilon_i \sim N(0, \sigma^2) \\ \varepsilon_1, \varepsilon_2, \cdots, \varepsilon_n \ \text{相互独立} \end{cases}$$

对于线性回归模型, 我们通常需要研究以下三个问题:

第一, 如何根据样本观测值 $x_{i1}, x_{i2}, \cdots, x_{in}$, 和 y_i 来求出 $\beta_1, \cdots, \beta_n$ 和方差 σ^2 的估计值.

第二, 对回归方程以及回归系数的假设进行检验.

第三, 如何根据回归方程进行预测和控制.

我们把实际回归问题的解决步骤如图 7.4.5 所示.

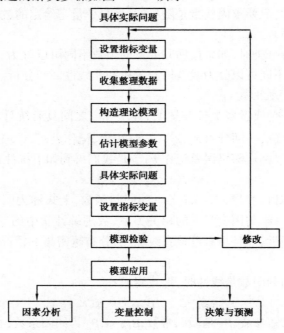

图 7.4.5　回归问题的解决步骤

(三)一元线性回归模型及假设

在研究实际问题时,如果两个变量之间存在线性关系,并且自变量的变化会引起因变量按照线性关系变化,我们就将两个变量用一元线性回归模型来描述:

$$y = \beta_0 + \beta_1 x + \varepsilon$$

模型中 β_0, β_1 是回归系数, ε 是随机误差.

在给定样本观测值 $\{(x_i, y_i), i-1, 2, \cdots, n\}$ 后模型也可以写成:

$$y_i = \beta_0 + \beta_1 x_i + \varepsilon_i$$

$$E(\varepsilon_i) = 0, \quad \mathrm{Var}(\varepsilon_i) = \sigma^2$$

实际问题中常假定 ε_i 相互独立,且都服从同一正态分布 $N(0, \sigma^2)$ 这时模型可以变为:

$$y_i = \beta_0 + \beta_1 x_i + \varepsilon_i, \text{各 } \varepsilon_i \text{ 相互独立且服从 } N(0, \sigma^2)$$

由模型可知 $y_i \sim N(\beta_0 + \beta_1 x_i, \sigma^2)$,且 y_i 相互独立. 我们可以给出模型的矩阵表达式,令:

$$\boldsymbol{Y} = \begin{pmatrix} y_1 \\ y_2 \\ \vdots \\ y_n \end{pmatrix} \quad \boldsymbol{X} = \begin{pmatrix} 1 & x_1 \\ 1 & x_2 \\ \vdots & \vdots \\ 1 & x_n \end{pmatrix} \quad \boldsymbol{\varepsilon} = \begin{pmatrix} \varepsilon_1 \\ \varepsilon_2 \\ \vdots \\ \varepsilon_n \end{pmatrix} \quad \boldsymbol{\beta} = \begin{pmatrix} \beta_0 \\ \beta_1 \end{pmatrix}$$

于是模型可表示为:

$$Y = X\boldsymbol{\beta} + \boldsymbol{\varepsilon}$$

$$\boldsymbol{\varepsilon} \sim N(0, \sigma^2 I_n)$$

模型称为一元线性回归模型的矩阵形式.

(四)参数的最小二乘估计

就 y 是 x 回归方程来讲,参数 β_0, β_1 的最小二乘估计的基本原理是:要使拟合的方程 $y = \beta_0 + \beta_1 x$ 最能概括反映观察值的变化规律. 所配合直线模型使得离差的平方和 $\sum (y_i - E(y_i))^2$ 为最小,我们可以通过拉格朗日乘数法来求参数.

令 $Q(\beta_0, \beta_1) = \sum (y_i - E(y_i))^2 = \sum (y_i - \beta_0 - \beta_1 x_i)^2$,要使函数 $Q(\beta_0, \beta_1)$ 有极小值,则必须满足函数对参数 β_0, β_1 的一阶偏导等于 0. 即:

$$\begin{cases} \dfrac{\partial Q}{\partial \beta_0} = 0 \\[2mm] \dfrac{\partial Q}{\partial \beta_1} = 0 \end{cases}$$

得到方程组:

$$\begin{cases} \sum 2(y_i - \beta_0 - \beta_1 x_i)(-1) = 0 \\ \sum 2(y_i - \beta_0 - \beta_1 x_i)(-x_i) = 0 \end{cases}$$

整理得标准方程组:

$$\begin{cases} n\beta_0 + n\bar{x}\beta_1 = n\bar{y} \\ n\bar{x}\beta_0 + \sum x_i^2 \beta_1 = \sum x_i y_i \end{cases}$$

解该方程组可以得到参数 β_0, β_1 的最小二乘估计得：

$$\begin{cases} \hat{\beta}_1 = \dfrac{\sum(x_i - \bar{x})(y_i - \bar{y})}{\sum(x_i - \bar{x})^2} = \dfrac{\sum x_i y_i - n\bar{x}\bar{y})}{\sum x_i^2 - n\bar{x}^2} \\[4mm] \hat{\beta}_0 = \dfrac{\sum y_i}{n} - \hat{\beta}_1 \dfrac{\sum x_i}{n} = \bar{y} - \hat{\beta}_1 \bar{x} \end{cases}$$

【例 7.4.3】 以表 7.4.2 的资料，继续研究产量与生产费用之间的关系，建立一元线性回归模型.

解：

$$\bar{x} = \frac{36.4}{8} = 4.55, \bar{y} = \frac{8\,800}{8} = 1\,100, \sum x_i^2 = 207.54$$

$$\sum y_i^2 = 10\,421\,400, \sum x_i y_i = 45\,446$$

那么根据公式可得：

$$\hat{\beta}_1 = \frac{45\,446 - 8 \times 4.55 \times 1\,100}{207.54 - 8 \times 4.55^2} = 128.959\,9$$

$$\hat{\beta}_0 = 1\,100 - 128.959\,9 \times 4.55 = 513.232\,3$$

因此，一元线性回归模型为：$\hat{y} = 513.232\,3 + 128.959\,9x$. 以上模型表明：产品产量每增加 1 千吨，生产费用平均增加 128.959 9 万元.

（五）一元线性回归模型显著性检验

在前文中我们知道，只要有样本数据我们就可以估计 β_0, β_1，从而得到我们的回归方程，但是回归方程对样本数据的拟合是否有意义，即拟合程度如何，必须要通过检验才能证实. 如果拟合程度不好，就必须重新假设模型和估计参数. 一元线性回归模型的检验主要包括经济意义检验、统计检验以及计量检验.

经济意义检验就是我们常说的实证分析，即表示我们所建立的模型是否符合经济原理和生活经验.

统计检验是利用统计学中的理论去验证回归模型的可靠性，包括拟合优度检验、相关系数检验、模型的显著性检验（F 检验）以及模型参数的检验（t 检验）.

计量检验是对回归模型的假设条件是否满足进行检验，包括多重共线性、序列相关检验、异方差检验等. 计量检验涉及大量的概率统计理论，内容复杂，在本书中就不做介绍.

1. 模型的显著性检验（F 检验）

模型的显著性检验是为了检验回归方程是否具有显著性，也就是检验 y 对自变量 x_1, $x_2, \cdots, x_n$ 是否具有良好的线性关系. 如果模型中 $\beta_i = 0$ 或者很小，就说明变量 x_i 对 y 的影响很小，那么 y 对自变量 $x_1, x_2, \cdots, x_n$ 就没有很好的线性关系，那么回归模型也就没有什么意义. 因此我们的假设为 $H_0 : \beta_i = 0; H_1 : \beta_i \neq 0$.

在进行 F 检验之前我们先从偏差平方和的分解入手. 总偏差平方和是样本观测到的 y_1, $y_2, \cdots, y_n$ 的差异，即实际观测值与期望值之差的平方和. 记作：

$$\mathrm{SST} = \sum_{i=1}^{n} (y_i - \bar{y})^2$$

造成这种差异的原因有两个：一方面由于原假设中 $\beta_1 = 0$ 不为真，从而对不同的变量 x

值,期望值 $E(y)$ 随之变化. 记作:

$$\text{SSR} = \sum_{i=1}^{n} (\hat{y}_i - \overline{y})^2 = \sum_{i=1}^{n} (\hat{\beta}_0 + \hat{\beta}_1 x_i - \overline{y})^2$$

$$= \sum_{i=1}^{n} (\overline{y} - \hat{\beta}_1 \overline{x} + \hat{\beta}_1 x_i - \overline{y})^2$$

$$= \hat{\beta}_1^2 \sum_{i=1}^{n} (x_i - \overline{x})^2$$

由上式可见 SSR 反映了 $\beta_1 \neq 0$ 引起的数据之间的差异,我们称 SSR 为回归平方和,自由度为 1.

另一方面,由于回归模型中存在随机因素的影响,也会对 y 造成差异,其平方和称为残差平方和. 记作:

$$\text{SSE} = \sum_{i=1}^{n} (y_i - \hat{y})^2$$

SSE/σ^2 服从自由度为 $n-2$ 的 χ^2 分布,残差平方和也称作剩余平方和,其自由度为 $n-2$. 将其进行分解得:

$$\text{SSE} = \sum_{i=1}^{n} (y_i - \hat{y})^2 = \sum_{i=1}^{n} (y_i - \hat{\beta}_0 - \hat{\beta}_1 x_i)^2$$

$$= \sum_{i=1}^{n} [y_i - (\overline{y} - \hat{\beta}_1 \overline{x}) - \hat{\beta}_1 x_i]^2$$

$$= \sum_{i=1}^{n} (y_i - \overline{y})^2 - 2\hat{\beta}_1 \sum_{i=1}^{n} (y_i - \overline{y})(x_i - \overline{x}) + \hat{\beta}_1^2 \sum_{i=1}^{n} (x_i - \overline{x})^2$$

$$= \sum_{i=1}^{n} (y_i - \overline{y})^2 - \hat{\beta}_1^2 \sum_{i=1}^{n} (x_i - \overline{x})^2$$

$$= \text{SST} - \text{SSR}$$

即 SST = SSE + SSR,我们用图 7.4.6 描述.

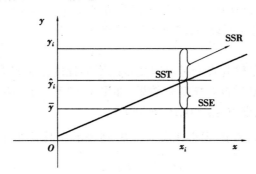

图 7.4.6　SST、SSE 和 SSR 的关系

构建检验统计量 F:

$$F = \frac{\dfrac{\text{SSR}}{1}}{\dfrac{\text{SSE}}{n-2}} = \frac{\sum (\hat{y}_i - \overline{y})^2}{\dfrac{\sum (y - \hat{y}_i)^2}{n-2}}$$

可以证明,在原假设成立的情况下,F 统计量服从 F 分布,第一自由度为 1,第二自由度为 $n-2$,即 $F \sim F(1, n-2)$. 对于给定显著性水平 α,如果 $F > F_\alpha$,拒绝原假设 H_0,表明回归效果显著;反之,则接受原假设,表明线性回归方程的回归效果不显著. 我们把这种检验也称为方差分析.

【例 7.4.4】 以表 7.4.2 的资料为例,对其回归模型作 F 检验.

解: F 检验计算见表 7.4.4.

表 7.4.4 例 7.4.7 F 检验的计算

年份	x	y	$\hat{y}_i$	$(\hat{y}_i - \bar{y})^2$	$(y - \hat{y}_i)^2$
1997	1.2	620	667.984 18	186 637.67	2 302.481 5
1998	2	860	771.152 1	108 140.94	7 893.949 3
1999	3.1	800	913.007 99	34 966.012	12 770.806
2000	3.8	1 100	1 003.279 9	9 354.773 9	9 354.773 9
2001	5	1 150	1 158.031 8	3 367.689 8	64.509 811
2002	6.1	1 320	1 299.887 7	39 955.089	404.505 01
2003	7.2	1 350	1 441.743 6	116 788.67	8 416.884 5
2004	8	1 600	1 544.911 5	197 946.24	3 034.742 8
合计	36.4	8 800	8 799.998 8	697 157.09	44 242.653

$$F = \dfrac{\dfrac{\sum (\hat{y}_i - \bar{y})}{1}}{\dfrac{\sum (y - \hat{y}_i)^2}{n-2}} = \dfrac{697\ 157.09}{\dfrac{44\ 242.653}{6}} = 94.545\ 47$$

对于给定显著性水平 $\alpha = 0.05$,查 F 分布得临界值 $F_{0.05}(1, 6) = 5.99$,有 $F = 94.545\ 47 > F_{0.05}(1, 6) = 5.99$,所以拒绝原假设 H_0,表明回归效果显著.

2. 回归系数的检验

对回归系数的检验就是检验自变量对因变量的影响程度是否显著的问题. 在回归分析中我们还需要考虑每一个变量是否对模型有效,如果 x_i 的系数 $\beta_i = 0$ 或者很小,则 x_i 无显著作用. 即对每个因素提出假设 $H_0 : \beta_i = 0$,$H_1 : \beta_i \neq 0$.

由于 $\hat{\beta}_i$ 是 β_i 的估计值,若 $\hat{\beta}_i$ 很小或者等于 0,则表示 x_i 作用很小,可以构建统计量 t:

$$t = \frac{\beta_1}{S_{\beta_1}} \sim t(n-2)$$

其中:S_{β_1} 是回归系数 β_1 的标准差,S_y 表示估计标准误差. 计算公式如下:

$$S_y = \sqrt{\frac{\sum (y - \hat{y}_i)^2}{n-2}} = \sqrt{\frac{\sum y^2 - \beta_0 \sum y - \beta_1 \sum xy}{n-2}}$$

$$S_{\beta_1} = \sqrt{\frac{S_y^2}{\sum (x - \bar{x})^2}}$$

对于显著性水平 α（通常 $\alpha=0.05$），并根据自由度 $n-2$ 查 t 分布表得相应的临界值 $t_{\frac{\alpha}{2}}$. 若 $|t|>t_{\frac{\alpha}{2}}$，拒绝 H_0，表示回归系数 $\beta_1=0$ 的可能性小于 5%，表明两个变量之间存在线性关系；反之，表明两个变量之间不存在线性关系.

【例7.4.5】 以表 7.4.2 为例，对回归模型做回归系数检验.

解：提出原假设

$$H_0:\beta_1=0, H_1:\beta_1\neq 0$$

计算回归系数标准差：

$$S_{\beta_1}=\sqrt{\frac{S_y^2}{\sum(x-\overline{x})^2}}=\sqrt{\frac{85.87^2}{41.92}}=13.262\ 77$$

得到统计量 $t=\beta_1/S_{\beta_1}=128.959\ 9/13.262\ 77=9.723\ 45$，对于著性水平 $\alpha=0.05$，并根据自由度 $n-2=6$，查 t 分布表得相应的临界值 $t_{\frac{\alpha}{2}}=t_{0.025}=2.446\ 9<t=9.723\ 45$，因此拒绝 H_0，表明样本回归系数是显著的，生产费用与产品产量之间确实存在着线性关系，产品产量是影响生产费用的显著因素.

（六）一元线性回归模型预测以及区间估计

在对一元线性回归模型检验其显著性之后，就可以利用该模型进行预测. 所谓预测，就是当自变量 x 取一个值 x_0 时，估计 y 的取值. 一般有点预测和区间预测两种，而点预测的结果往往与实际结果有偏差，所以，我们通常用区间预测来估计因变量值的可能范围.

在小样本情况下（$n<30$），通常用 t 分布进行预测. 当给定置信水平 $1-\alpha$ 时，y_0 值的预测区间为：

$$y_0-t_{\frac{\alpha}{2}}(n-2)S_y\sqrt{1+\frac{1}{n}+\frac{(x_0-\overline{x})^2}{\sum(x-\overline{x})^2}}\leqslant y_0\leqslant y_0+t_{\frac{\alpha}{2}}(n-2)S_y\sqrt{1+\frac{1}{n}+\frac{(x_0-\overline{x})^2}{\sum(x-\overline{x})^2}}$$

【例7.4.6】 以表 7.4.2 所建的回归方程为例，取 $x_0=10$ 千吨，试计算生产费用在 95% 的预测区间.

解：根据前例计算结果有：

$$\hat{y}_i=513.232\ 3+128.959\ 9x$$
$$S_y=85.87, t_{\frac{\alpha}{2}}=t_{0.025}=2.446\ 9$$

取 $x_0=10$ 千吨时，根据回归方程得：

$$\hat{y}_0=513.232\ 3+128.959\ 9\times 10=1\ 802.83(万元)$$

于是，y_0 值的预测区间为：

$$\left[1\ 802.83-2.446\ 9\times 85.87\sqrt{1+\frac{1}{8}+\frac{29.7}{41.92}}, 1\ 802.83+2.446\ 9\times 85.87\sqrt{1+\frac{1}{8}+\frac{29.7}{41.92}}\right]$$

计算可得：

$$1\ 518.32\leqslant y_0\leqslant 2\ 087.35$$

以上预测区间说明，我们可以 95% 的概率保证，当产量为 10 千吨时，生产费用在 1 518.32 到 2 087.35 千元.

【注】在大样本情况下（$n>30$），则根据正态分布原理预测，当给定置信水平 $1-\alpha$ 时，y_0 值

的预测区间为：$\left[y_0-u_{\frac{\alpha}{2}}S_y,y_0+u_{\frac{\alpha}{2}}S_y\right]$.

（七）非线性问题的线性化

在许多实际问题中,变量之间不一定符合线性关系,如果说在进行相关分析时相关图大致符合某曲线,并且该曲线能够转变成直线时,可将其转化为线性回归问题.表7.4.5是几种常见的曲线回归问题.

表7.4.5　曲线函数的线性化

曲线函数	变换	线性形式
$y=ax^b$	$Y=\ln y,X=\ln x$	$Y=\ln a+bX$
$y=ae^{bx}$	$Y=\ln y$	$Y=\ln a+bx$
$y=a+b\ln x$	$X=\ln x$	$y=a+bX$
$y=\dfrac{x}{ax-b}$	$Y=\dfrac{1}{y},X=\dfrac{1}{x}$	$Y=a-bX$

【例7.4.7】　某农业研究机构在进行树苗培育试验,发现添加不同剂量(x)的微量元素给幼苗,苗期高度(y)有差异.实验数据见表7.4.6,试建立两者间的函数关系.

表7.4.6　树苗培育实验相关资料

x	28	32	40	50	60	72	80	80	85
y	8	12	18	28	30	55	61	85	80

解:将(x,y)的散点图作在直角坐标系下,并拟合直线如图7.4.7所示,样本数据点不是均匀地分布在直线两侧,而是偏重于直线的右下侧的中段和直线两端的上方,故将x与y视为线性关系不太合适.

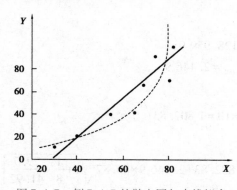 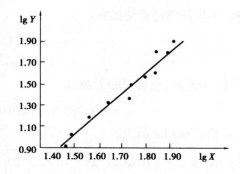

图7.4.7　例7.4.7的散点圆与直线拟合　　　图7.4.8　例7.4.7的对数变化和拟合

在散点图7.4.7中作一条曲线(见虚线),则点均匀分布在其两侧,我们需要求出它的方程,我们考虑拟合曲线

$$y=ax^b$$

按照表7.4.7两边取对数:$Y=\lg y,X=\lg x$.有:

$$\lg y = \lg a + b \lg x$$

我们将表7.4.6的数据作变换得到表7.4.7,并作(X,Y)散点图(图7.4.8),观察后发现点均匀分布于一直线两侧.

表 7.4.7 例 7.4.7 数的对数变换

$X = \lg x$	1.45	1.51	1.60	1.70	1.78	1.86	1.90	1.90	1.93
$Y = \lg y$	0.90	1.08	1.26	1.45	1.48	1.74	1.79	1.93	1.90

由表7.4.8的数据求出回归直线方程

$$Y = \lg a + bX$$

可以求出相应的统计量见表7.4.8.

表 7.4.8 例 7.4.7 对数变换后的相应统计量

x	X	X^2	y	Y	Y^2	XY
28	1.447 2	2.094 4	8	0.903 1	0.815 6	1.307
32	1.505 1	2.265 3	12	1.079 2	1.164 7	1.624 3
40	1.602 1	2.566 7	18	1.255 3	1.575 8	2.011 1
50	1.699 0	2.886 6	28	1.447 2	2.094 4	2.458 8
60	1.778 2	3.162 0	30	1.477 1	2.181 8	2.626 6
72	1.857 3	3.449 6	55	1.740 4	3.029 0	3.232 4
80	1.903 1	3.621 8	61	1.785 3	3.187 3	3.397 6
80	1.903 1	3.621 8	85	1.929 4	3.722 6	3.671 8
85	1.929 4	3.722 6	80	1.903 1	3.621 8	3.671 8
合计	15.624 5	27.390 8	—	13.520 1	21.393	24.001 5
平均	1.736 1	—	—	1.502 2	—	—

由表7.4.8中的统计量可以解得回归系数的最小二乘估计为:

$$\hat{a}' = -1.958\ 8,\hat{b}' = -1.993\ 6,(\hat{a}'、\hat{b}'是 \lg a、b 的估计值)$$

回归方程为:

$$Y = -1.958\ 8 + 1.993\ 6X$$

从而$\hat{y} = 0.011x^{1.993\ 6}$.

三、Excel 在相关和回归分析中的应用

本小节采用 Excel 进行相关分析与回归分析.

【案例 7.4.3】 10 个学生身高和体重的情况见表7.4.9,要求对身高和体重作相关和回归分析.

表 7.4.9　　　10 个学生身高和体重的情况表

学生	身高/厘米	体重/千克	学生	身高/厘米	体重/千克
1	171	53	6	175	66
2	167	56	7	163	52
3	177	64	8	152	47
4	154	49	9	172	58
5	169	55	10	160	50

解析:

(1)步骤 1:用 Excel 进行相关分析

首先把有关数据输入 Excel 的单元格中,如图 7.4.9 所示.用 Excel 进行相关分析有散点图、计算相关系数,另一种是利用相关分析宏.

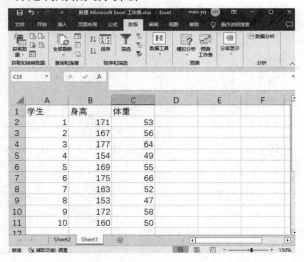

图 7.4.9　案例 7-4-3 的 Excel 数据集

①作散点图.

②利用函数计算相关系数在 Excel 中,提供了两个计算两个变量之间相关系数的方法,CORREL 函数和 PERSON 函数,这两个函数是等价的,这里介绍用 CORREL 函数计算相关系数.

第一步:单击任一个空白单元格,单击"插入"菜单,选择"函数"选项,打开粘贴函数对话框,在函数分类中选择统计,在函数名中选择 CORREL,单击确定后,出现 CORREL 对话框.

第二步:在 array1 中输入 B2:B11,在 array2 中输入 C2:C11,即可在对话框下方显示出计算结果为 0.896,如图 7.4.10 所示.

③用相关系数宏计算相关系数.

第一步:单击"工具"菜单,选择"数据分析"选项,在数据分析选项中选择"相关系数",弹出相关系数对话框,如图 7.4.11 所示.

图 7.4.10　CORREL 对话框及输入结果

图 7.4.11　相关系数对话框

第二步:在输入区域输入\$B\$1:\$C\$, 分组方式选择逐列, 选择标志位于第一行, 在输出区域中输入\$E\$1, 单击"确定", 得输出结果如图 7.4.12 所示.

	A	B	C	D	E	F	G
1	学生	身高	体重			身高	体重
2	1	171	53		身高	1	
3	2	167	56		体重	0.8980451	1
4	3	177	64				
5	4	154	49				
6	5	169	55				
7	6	175	66				
8	7	163	52				
9	8	153	47				

图 7.4.12　相关分析输出结果

在上面的输出结果中,身高和体重的自相关系数均为 1,身高和体重的相关系数为 0.896, 和用函数计算的结果完全相同.

(2)步骤 2:用 Excel 进行回归分析

Excel 进行回归分析同样分函数和回归分析宏两种形式,其提供了 9 个函数用于建立回归模型和预测. 这 9 个函数见表 7.4.10.

表 7.4.10　Excel 中回归分析的相关函数

函数	作用
INTERCEPT	返回线性回归模型的截距
SLOPE	返回线性回归模型的斜率
RSQ	返回线性回归模型的判定系数
FORECAST	返回一元线性回归模型的预测值
STEYX	计算估计的标准误
TREND	计算线性回归线的趋势值
GROWTH	返回指数曲线的趋势值
LINEST	返回线性回归模型的参数
LOGEST	返回指数曲线模型的参数

用函数进行回归分析比较麻烦,这里介绍使用回归分析宏进行回归分析.

第一步:单击"工具"菜单,选择"数据分析"选项,出现数据分析对话框,在分析工具中选择"回归",如图 7.4.13 所示.

图 7.4.13　数据分析对话

第二步:单击"确定"按钮,弹出"回归"对话框,在 Y 值输入区域输入"$B$2:$B$11",在 X 值输入区域输入"$C$2:$C$11",在输出选项选择新工作表组,如图 7.4.14 所示.

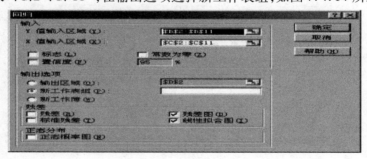

图 7.4.14　回归对话框

第三步:单击"确定"按钮,得回归分析结果,如图 7.4.15 所示.

在上面的输出结果中,第一部分为汇总统计,MultipleR 指复相关系数,RSquare 指判定系数,Adjusted 指调整的判定系数,标准误差指估计的标准误,观测值指样本容量;第二部分为方差分析,df 指自由度,SS 指平方和,MS 指均方,F 指 F 统计量,Significance of F 指 p 值;第三部分包括:Intercept 指截距,Coefficient 指系数,t Stat 指 t 统计量.

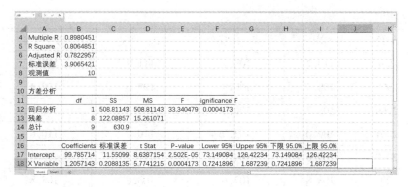

图 7.4.15　Excel 回归分析结果

任务实施

现在请你根据本书中成年江豚的数据资料,计算成年江豚的长度与质量的一元回归模型.

拓展延伸

"回归"一词最先由 F. 高尔顿(F. Galton)在《家庭身材相似性》一文中提出.

高尔顿发现:虽然有一个趋势,父母高,儿女也高;父母矮,儿女也矮.但给定父母的身高,儿女辈的身高却趋向或者回归到全体人口的平均身高,高尔顿称之为"回归到中等".在近代统计学中,我们对回归的解释是通过一个或多个解释变量在重复抽样中的已知值,去估计被解释变量的总体均值.

能力训练

1. 某城市随机抽查城市居民家庭关于月平均收入与月平均支出的样本,数据见表 7.4.11(单位:元),试判断食品支出与家庭收入是否存在线性相关关系, 计算出相关系数.

表 7.4.11　某城市随机抽查的居民家庭月平均收入和支出

月收入	368	435	536	630	762	905	1 038	1 276
月支出	360	424	530	550	690	796	901	1 088
抽样数	573	1 154	1 195	2 410	2 434	2 423	1 200	1 184

2. 从国家统计年鉴上查到武汉市 1996—2005 年 GDP 与三种产业的年发展速度见表 7-4-12(单位:亿元).

表 7.4.12　武汉市 1996—2005 年 GDP 与三种产业的年发展速度

年份	GDP	第一产业	第二产业	第三产业
1996	110.4	106.5	113.5	110.4
1997	112.1	106.2	116.3	112.6

续表

年份	GDP	第一产业	第二产业	第三产业
1998	110.7	106.1	111.3	111.5
1999	108.5	100.9	109.6	108.4
2000	108.3	100.3	109.3	107.8
2001	109.0	103.9	110.2	110.6
2002	109.6	104.0	111.5	110.8
2003	108.8	102.6	108.8	108.8
2004	109.5	103.6	112.4	109.6
2005	112.0	107.4	116.2	112.4

试求出 GDP 与三种产业的相关系数.

3. 在经济学中认为家庭的消费支出主要由收入决定.某城市政府为研究支出与收入之间的关系通过问卷调查得到表 7.4.13(单位:元).

表 7.4.13 某城市问卷调查的家庭收入与支出

序号	1	2	3	4	5	6	7	8	9	10
收入	800	1 200	2 000	3 000	4 000	5 000	7 000	9 000	10 000	12 000
支出	770	110	1 300	2 200	2 100	2 700	3 800	3 900	5 500	6 600

①画出散点图.
②收入和支出是否存在线性关系?
③请用最小二乘估计求出回归方程.
④对回归模型回归方程进行方差分析.
⑤对回归系数给出置信度为 95% 的置信区间.
⑥当收入为 6 000 元时,置信度为 95% 支出的预测区间.

4. 为了解百货商店销售额(万元)与流通费率(%)之间的关系,从某城市的九个百货商店调查得到的数据见表 7.4.14.

表 7.4.14 某城市调查九个百货商店的销售额与流通费率

序号	1	2	3	4	5	6	7	8	9
销售额	1.5	4.5	7.5	10.5	13.5	16.5	19.5	22.5	25.5
流通费率	7	4.8	3.6	3.1	2.7	2.5	2.4	2.3	2.2

①试用相关图法确定销售额(万元)与流通费率(%)之间是否存在相关关系?
②拟合销售额(万元)与流通费率(%)的对数回归模型?
③当销售额为 20 万元时的流通费率?

附　录

$$\Phi(z) = \int_{-\infty}^{x} \frac{1}{\sqrt{2\pi}} e^{-\frac{u^2}{2}} du = P(Z \leqslant z)$$

z	0	1	2	3	4	5	6	7	8	9
0.0	0.500 0	0.504 0	0.508 0	0.512 0	0.516 0	0.519 9	0.523 9	0.527 9	0.531 9	0.535 9
0.1	0.539 8	0.543 8	0.547 8	0.551 7	0.555 7	0.559 6	0.563 6	0.567 5	0.571 4	0.575 3
0.2	0.579 3	0.583 2	0.587 1	0.591 0	0.594 8	0.598 7	0.602 6	0.606 4	0.610 3	0.614 1
0.3	0.617 9	0.621 7	0.625 5	0.629 3	0.633 1	0.636 8	0.640 6	0.644 3	0.648 0	0.651 7
0.4	0.655 4	0.659 1	0.662 8	0.666 4	0.670 0	0.673 6	0.677 2	0.680 8	0.684 4	0.687 9
0.5	0.691 5	0.695 0	0.698 5	0.701 9	0.705 4	0.708 8	0.712 3	0.715 7	0.719 0	0.722 4
0.6	0.725 7	0.729 1	0.732 4	0.735 7	0.738 9	0.742 2	0.745 4	0.748 6	0.751 7	0.754 9
0.7	0.758 0	0.761 1	0.764 2	0.767 3	0.770 4	0.773 4	0.776 4	0.779 4	0.782 3	0.785 2
0.8	0.788 1	0.791 0	0.793 9	0.796 7	0.799 5	0.802 3	0.805 1	0.807 8	0.810 6	0.813 3
0.9	0.815 9	0.818 6	0.821 2	0.823 8	0.826 4	0.828 9	0.831 5	0.834 0	0.836 5	0.838 9
1.0	0.841 3	0.843 8	0.846 1	0.848 5	0.850 8	0.853 1	0.855 4	0.857 7	0.859 9	0.862 1
1.1	0.864 3	0.866 5	0.868 6	0.870 8	0.872 9	0.874 9	0.877 0	0.879 0	0.881 0	0.883 0
1.2	0.884 9	0.886 9	0.888 8	0.890 7	0.892 5	0.894 4	0.896 2	0.898 0	0.899 7	0.901 5
1.3	0.903 2	0.904 9	0.906 6	0.908 2	0.909 9	0.911 5	0.913 1	0.914 7	0.916 2	0.917 7
1.4	0.919 2	0.920 7	0.922 2	0.923 6	0.925 1	0.926 5	0.927 9	0.929 2	0.930 6	0.931 9
1.5	0.933 2	0.934 5	0.935 7	0.937 0	0.938 2	0.939 4	0.940 6	0.941 8	0.942 9	0.944 1

续表

z	0	1	2	3	4	5	6	7	8	9
1.6	0.945 2	0.946 3	0.947 4	0.948 4	0.949 5	0.950 5	0.951 5	0.952 5	0.953 5	0.954 5
1.7	0.955 4	0.956 4	0.957 3	0.958 2	0.959 1	0.959 9	0.960 8	0.961 6	0.962 5	0.963 3
1.8	0.964 1	0.964 9	0.965 6	0.966 4	0.967 1	0.967 8	0.968 6	0.969 3	0.969 9	0.970 6
1.9	0.971 3	0.971 9	0.972 6	0.973 2	0.973 8	0.974 4	0.975 0	0.975 6	0.976 1	0.976 7
2.0	0.977 2	0.977 8	0.978 3	0.978 8	0.979 3	0.979 8	0.980 3	0.980 8	0.981 2	0.981 7
2.1	0.982 1	0.982 6	0.983 0	0.983 4	0.983 8	0.984 2	0.984 6	0.985 0	0.985 4	0.985 7
2.2	0.986 1	0.986 4	0.986 8	0.987 1	0.987 5	0.987 8	0.988 1	0.988 4	0.988 7	0.989 0
2.3	0.989 3	0.989 6	0.989 8	0.990 1	0.990 4	0.990 6	0.990 9	0.991 1	0.991 3	0.991 6
2.4	0.991 8	0.992 0	0.992 2	0.992 5	0.992 7	0.992 9	0.993 1	0.993 2	0.993 4	0.993 6
2.5	0.993 8	0.994 0	0.994 1	0.994 3	0.994 5	0.994 6	0.994 8	0.994 9	0.995 1	0.995 2
2.6	0.995 3	0.995 5	0.995 6	0.995 7	0.995 9	0.996 0	0.996 1	0.996 2	0.996 3	0.996 4
2.7	0.996 5	0.996 6	0.996 7	0.996 8	0.996 9	0.997 0	0.997 1	0.997 2	0.997 3	0.997 4
2.8	0.997 4	0.997 5	0.997 6	0.997 7	0.997 7	0.997 8	0.997 9	0.997 9	0.998 0	0.998 1
2.9	0.998 1	0.998 2	0.998 2	0.998 3	0.998 4	0.998 4	0.998 5	0.998 5	0.998 6	0.998 6
3.0	0.998 7	0.998 7	0.998 7	0.998 8	0.998 8	0.998 9	0.998 9	0.998 9	0.999 0	0.999 0

附表 2　泊松分布表

$$P\{X \leqslant x\} = \sum_{k=0}^{x} \frac{\lambda^k}{k!} e^{\lambda}$$

x \ λ	0.1	0.2	0.3	0.4	0.5	0.6	0.7	0.8	0.9	1.0
0	0.904 8	0.818 7	0.740 8	0.670 3	0.606 5	0.548 8	0.496 6	0.449 3	0.406 6	0.367 9
1	0.995 3	0.982 5	0.963 1	0.938 4	0.909 8	0.878 1	0.844 2	0.808 8	0.772 5	0.735 8
2	0.999 8	0.998 9	0.996 4	0.992 1	0.985 6	0.976 9	0.965 9	0.952 6	0.937 1	0.919 7
3	1.000 0	0.999 9	0.999 7	0.999 2	0.998 2	0.996 6	0.994 2	0.990 9	0.986 5	0.981 0
4		1.000 0	1.000 0	0.999 9	0.999 8	0.999 6	0.999 2	0.998 6	0.997 7	0.996 3
5				1.000 0	1.000 0	1.000 0	0.999 9	0.999 8	0.999 7	0.999 4
6							1.000 0	1.000 0	1.000 0	0.999 9
7										1.000 0

续表

x＼λ	1.5	2.0	2.5	3.0	3.5	4.0	4.5	5.0	5.5	6.0
0	0.223 1	0.135 3	0.082 1	0.049 8	0.030 2	0.018 3	0.011 1	0.006 7	0.004 1	0.002 5
1	0.557 8	0.406 0	0.287 3	0.199 1	0.135 9	0.091 6	0.061 1	0.040 4	0.026 6	0.017 4
2	0.808 8	0.676 7	0.543 8	0.423 2	0.320 8	0.238 1	0.173 6	0.124 7	0.088 4	0.062 0
3	0.934 4	0.857 1	0.757 6	0.647 2	0.536 6	0.433 5	0.342 3	0.265 0	0.201 7	0.151 2
4	0.981 4	0.947 3	0.891 2	0.815 3	0.725 4	0.628 8	0.532 1	0.440 5	0.357 5	0.285 1
5	0.995 5	0.983 4	0.958 0	0.916 1	0.857 6	0.785 1	0.702 9	0.616 0	0.528 9	0.445 7
6	0.999 1	0.995 5	0.985 8	0.966 5	0.934 7	0.889 3	0.831 1	0.762 2	0.686 0	0.606 3
7	0.999 8	0.998 9	0.995 8	0.988 1	0.973 3	0.948 9	0.913 4	0.866 6	0.809 5	0.744 0
8	1.000 0	0.999 8	0.998 9	0.996 2	0.990 1	0.978 6	0.959 7	0.931 9	0.894 4	0.847 2
9		1.000 0	0.999 7	0.998 9	0.996 7	0.991 9	0.982 9	0.968 2	0.946 2	0.916 1
10			0.999 9	0.999 7	0.999 0	0.997 2	0.993 3	0.986 3	0.974 7	0.957 4
11			1.000 0	0.999 9	0.999 7	0.999 1	0.997 6	0.994 5	0.989 0	0.979 9
12					0.999 9	0.999 7	0.999 2	0.998 0	0.995 5	0.991 2
13				1.000 0	0.999 9	0.999 7	0.999 3	0.998 3	0.996 4
14					1.000 0	0.999 9	0.999 8	0.999 4	0.998 6
15						1.000 0	0.999 9	0.999 8	0.999 5
16							1.000 0	0.999 9	0.999 8
17								1.000 0	0.999 9
18									1.000 0

附表3　t 分布临界值表

$P(\,|\,T\,|\geqslant\lambda)=\alpha$　（自由度为 m）

m＼α	0.100	0.050	0.025	0.010	0.005	0.001	0.000 5
1	6.314	12.706	25.452	63.657	127.321	636.619	1 273.239
2	2.920	4.303	6.205	9.925	14.089	31.599	44.705
3	2.353	3.182	4.177	5.841	7.453	12.924	16.326
4	2.132	2.776	3.495	4.604	5.598	8.610	10.306
5	2.015	2.571	3.163	4.032	4.773	6.869	7.976
6	1.943	2.447	2.969	3.707	4.317	5.959	6.788
7	1.895	2.365	2.841	3.499	4.029	5.408	6.082

续表

m＼α	0.100	0.050	0.025	0.010	0.005	0.001	0.000 5
8	1.860	2.306	2.752	3.355	3.833	5.041	5.617
9	1.833	2.262	2.685	3.250	3.690	4.781	5.291
10	1.812	2.228	2.634	3.169	3.581	4.587	5.049
11	1.796	2.201	2.593	3.106	3.497	4.437	4.863
12	1.782	2.179	2.560	3.055	3.428	4.318	4.716
13	1.771	2.160	2.533	3.012	3.372	4.221	4.597
14	1.761	2.145	2.510	2.977	3.326	4.140	4.499
15	1.753	2.131	2.490	2.947	3.286	4.073	4.417
16	1.746	2.120	2.473	2.921	3.252	4.015	4.346
17	1.740	2.110	2.458	2.898	3.222	3.965	4.286
18	1.734	2.101	2.445	2.878	3.197	3.922	4.233
19	1.729	2.093	2.433	2.861	3.174	3.883	4.187
20	1.725	2.086	2.423	2.845	3.153	3.850	4.146
21	1.721	2.080	2.414	2.831	3.135	3.819	4.110
22	1.717	2.074	2.405	2.819	3.119	3.792	4.077
23	1.714	2.069	2.398	2.807	3.104	3.768	4.047
24	1.711	2.064	2.391	2.797	3.091	3.745	4.021
25	1.708	2.060	2.385	2.787	3.078	3.725	3.996
26	1.706	2.056	2.379	2.779	3.067	3.707	3.974
27	1.703	2.052	2.373	2.771	3.057	3.690	3.954
28	1.701	2.048	2.368	2.763	3.047	3.674	3.935
29	1.699	2.045	2.364	2.756	3.038	3.659	3.918
30	1.697	2.042	2.360	2.750	3.030	3.646	3.902
31	1.696	2.040	2.356	2.744	3.022	3.633	3.887
32	1.694	2.037	2.352	2.738	3.015	3.622	3.873
33	1.692	2.035	2.348	2.733	3.008	3.611	3.860
34	1.691	2.032	2.345	2.728	3.002	3.601	3.848
35	1.690	2.030	2.342	2.724	2.996	3.591	3.836

附表 4　χ^2 分布临界值表

$P(\chi^2 \geqslant \lambda) = \alpha$ 　（自由度为 m）

m \ α	0.995	0.975	0.950	0.900	0.100	0.050	0.025	0.010	0.005
1	0.000	0.001	0.004	0.016	2.706	3.841	5.024	6.635	7.879
2	0.010	0.051	0.103	0.211	4.605	5.991	7.378	9.210	10.597
3	0.072	0.216	0.352	0.584	6.251	7.815	9.348	11.345	12.838
4	0.207	0.484	0.711	1.064	7.779	9.488	11.143	13.277	14.860
5	0.412	0.831	1.145	1.610	9.236	11.070	12.833	15.086	16.750
6	0.676	1.237	1.635	2.204	10.645	12.592	14.449	16.812	18.548
7	0.989	1.690	2.167	2.833	12.017	14.067	16.013	18.475	20.278
8	1.344	2.180	2.733	3.490	13.362	15.507	17.535	20.090	21.955
9	1.735	2.700	3.325	4.168	14.684	16.919	19.023	21.666	23.589
10	2.156	3.247	3.940	4.865	15.987	18.307	20.483	23.209	25.188
11	2.603	3.816	4.575	5.578	17.275	19.675	21.920	24.725	26.757
12	3.074	4.404	5.226	6.304	18.549	21.026	23.337	26.217	28.300
13	3.565	5.009	5.892	7.042	19.812	22.362	24.736	27.688	29.819
14	4.075	5.629	6.571	7.790	21.064	23.685	26.119	29.141	31.319
15	4.601	6.262	7.261	8.547	22.307	24.996	27.488	30.578	32.801
16	5.142	6.908	7.962	9.312	23.542	26.296	28.845	32.000	34.267
17	5.697	7.564	8.672	10.085	24.769	27.587	30.191	33.409	35.718
18	6.265	8.231	9.390	10.865	25.989	28.869	31.526	34.805	37.156
19	6.844	8.907	10.117	11.651	27.204	30.144	32.852	36.191	38.582
20	7.434	9.591	10.851	12.443	28.412	31.410	34.170	37.566	39.997
21	8.034	10.283	11.591	13.240	29.615	32.671	35.479	38.932	41.401
22	8.643	10.982	12.338	14.041	30.813	33.924	36.781	40.289	42.796
23	9.260	11.689	13.091	14.848	32.007	35.172	38.076	41.638	44.181
24	9.886	12.401	13.848	15.659	33.196	36.415	39.364	42.980	45.559
25	10.520	13.120	14.611	16.473	34.382	37.652	40.646	44.314	46.928
26	11.160	13.844	15.379	17.292	35.563	38.885	41.923	45.642	48.290
27	11.808	14.573	16.151	18.114	36.741	40.113	43.195	46.963	49.645
28	12.461	15.308	16.928	18.939	37.916	41.337	44.461	48.278	50.993
29	13.121	16.047	17.708	19.768	39.087	42.557	45.722	49.588	52.336
30	13.787	16.791	18.493	20.599	40.256	43.773	46.979	50.892	53.672

续表

m \ α	0.995	0.975	0.950	0.900	0.100	0.050	0.025	0.010	0.005
31	14.458	17.539	19.281	21.434	41.422	44.985	48.232	52.191	55.003
32	15.134	18.291	20.072	22.271	42.585	46.194	49.480	53.486	56.328
33	15.815	19.047	20.867	23.110	43.745	47.400	50.725	54.776	57.648
34	16.501	19.806	21.664	23.952	44.903	48.602	51.966	56.061	58.964
35	17.192	20.569	22.465	24.797	46.059	49.802	53.203	57.342	60.275
36	17.887	21.336	23.269	25.643	47.212	50.998	54.437	58.619	61.581
37	18.586	22.106	24.075	26.492	48.363	52.192	55.668	59.893	62.883
38	19.289	22.878	24.884	27.343	49.513	53.384	56.896	61.162	64.181
39	19.996	23.654	25.695	28.196	50.660	54.572	58.120	62.428	65.476
40	20.707	24.433	26.509	29.051	51.805	55.758	59.342	63.691	66.766
41	21.421	25.215	27.326	29.907	52.949	56.942	60.561	64.950	68.053
42	22.138	25.999	28.144	30.765	54.090	58.124	61.777	66.206	69.336
43	22.859	26.785	28.965	31.625	55.230	59.304	62.990	67.459	70.616
44	23.584	27.575	29.787	32.487	56.369	60.481	64.201	68.710	71.893
45	24.311	28.366	30.612	33.350	57.505	61.656	65.410	69.957	73.166
46	25.041	29.160	31.439	34.215	58.641	62.830	66.617	71.201	74.437

参考文献

[1] 威廉·M.门登霍尔,特里·L.辛西奇.统计学(原书第 6 版)[M].关静,等译.北京:机械工业出版社,2018.

[2] 孙曦媚,高秀香.统计学原理[M].北京:北京理工大学出版社,2017.

[3] 胡春春.统计学[M].北京:北京理工大学出版社,2017.

[4] 朱建平.应用多元统计分析[M].北京:北京大学出版社,2017.

[5] 贾俊平,何晓群,金勇进.统计学基础[M].8 版.北京:中国人民大学出版社,2021.

[6] 何书元.概率论基础[M].北京:高等教育出版社,2021.

[7] 浃建红,姬忠莉.统计学基础及应用[M].4 版.北京:人民邮电出版社,2022.

[8] 应坚刚,何萍.概率论[M].2 版.上海:复旦大学出版社,2016.

[9] 刘嘉.概率论通识讲义[M].北京:新星出版社,2021.

[10] 田霞.概率入门:清醒思考再作决策的 88 个概率知识[M].北京:中国纺织出版社,2021.

[11] 王生喜.应用统计学[M].2 版.北京:科学出版社,2022.

[12] 贾俊平,谭英平.应用统计学[M].3 版.北京:中国人民大学出版社,2017.

[13] 赵爱威,陈行.统计学基础[M].北京:中国轻工业出版社,2018.